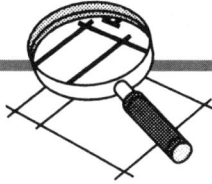

社区设计

社区设计

——关于郊区和小型社区的新城市主义

[美] 肯尼斯·B·霍尔·JR
杰拉尔德·A·波特菲尔德 著

许熙巍 徐 波 译

中国建筑工业出版社

著作权合同登记图字：01-2003-1030 号

图书在版编目(CIP)数据

社区设计——关于郊区和小型社区的新城市主义/(美)霍尔，(美）波特菲尔德著；许熙巍，徐波译. —北京：中国建筑工业出版社，2004
ISBN 978-7-112-06809-8

Ⅰ.社…　Ⅱ.①霍…②波…③许…④徐…　Ⅲ.居住区－建筑设计
Ⅳ.TU241

中国版本图书馆 CIP 数据核字(2004)第 085820 号

责任编辑：戚琳琳
责任设计：彭路路
责任校对：刘　梅　王　爽

社区设计
——关于郊区和小型社区的新城市主义

[美]　肯尼斯·B·霍尔·JR　　　著
　　　杰拉尔德·A·波特菲尔德
　　　许熙巍　徐　波　　　译
　　　　　　＊
中国建筑工业出版社出版、发行(北京西郊百万庄)
各地新华书店、建筑书店经销
北京嘉泰利德公司制版
北京建筑工业印刷厂印刷
　　　　　　＊
开本：787×1092毫米　1/16　印张：19½　字数：475千字
2009年1月第一版　2009年1月第一次印刷
定价：62.00元
ISBN 978-7-112-06809-8
　　　　(12763)

目　录

第 1 篇

让我们困惑的问题

第 1 章　什么是社区设计？   3

第7章　你更愿意到哪里购物？ 167

前 言

　　《社区设计》是由我们早些时候的一本著作《社区设计简明
手册》发展而来的，我们将原书的部分内容进行了更新、扩展和
归纳，你会发现多了许多新的插图和照片，也增加了许多令本书
读起来更亲切的细节。

　　这本书共分为两篇。第1篇为"让我们困惑的问题"，从第
1章到第5章都是围绕着这个问题展开的。在这一部分里，讨论
各种我们可能引入到社区设计里面来的因素，诸如我们应该怎么
定义社区设计，以及设计过程应该是怎样的等等。第2篇"因素
汇总"，从第6章开始都是讲的这部分内容。其中我们提到社区
设计的因素，以及我们如何使之综合运用来创造我们可以引以为
豪的家园。在这些章节中，阐释了典型的传统郊区发展的方式，
由这些发展带来的问题和基于几乎与美国同龄的传统邻里设计的
准则，以及我们可以寻求到什么样的解决办法等。

　　用生动的草图和照片作为媒介来理解两种方法之间的区别，

比单单列举最成功和最失败的设计案例要强得多。为了进一步比较，我们将列举几个在社区设计领域知名的事务所所关注的实例，以向读者证明我们的建议不仅仅停留在理论上。它们是切实有效的设计方法，值得读者认真对待。通过向读者提供这些信息，我们希望本书能成为那些想参与到社区设计过程中来的人的一本手册。本书所提供的指导原则能使你们培养出一双批判的眼睛，不仅能发现自己社区内部的问题，而且更重要的是，能清楚地知道如何解决这些问题。任何人都能从事物以往的处理方法中发现问题，但是在解决问题时寻求完美则似乎过誉了。

书中符号的含义

本书使用三种符号用来强调文中特定的内容。它们的含义是：

- 这个记号代表需要被强调的特定内容。你将会发现它可能是一个很有帮助的名词或概念。

- 这个放大镜代表一些你可能会希望深入了解的内容。例如，我们可能会推荐一本书或一个网址让读者去参阅。

- 这个灯泡说明这个内容引述自《新城市主义议会宪章》。新城市主义议会是"一个有深远基础的，由公众、私有土地所有者、社区积极分子以及那些受委托重建艺术和建筑之间联系和通过公众参与设计创造社区的多种学科领域的专业人士组成的组织"。

谁应该读这本书？

让我们面对它吧。郊区以它现有形式存在是因为土地的发展是受商业利益驱动的。开发商以低廉的价格买入土地，通过在上面建造住宅、购物中心或办公建筑而使土地增值，然后再卖掉。这些建筑为日常的市场行情而建，领导机构为能保证回报率的项目投资，消费者买他们买得起的房子。每个人都满意了，除了我们对这些无精打采的建筑、柏油路、交通灯和汽车尾灯的海洋以及在我们最喜爱的零售店里排长队的厌倦。

不得不承认，郊区可使一些家庭安家，因为他们可能在许多大都市里因为价格而被市场拒之门外。在华盛顿特区，土地和住房的高价已迫使许多在环路内工作的人们搬得越来越远，到很偏远的弗吉尼亚和马里兰落户只是因为想买一栋面积合理的住宅。但是，长长的车流和日益增长的交通量增加了个人和家庭的压力，引起了许多小镇的爆炸性生长，由于毫无办法又得不到专家的指导，成为无法解决现代问题的"哈姆雷特"。

私人开发商为了建造 tract 住宅、购物中心、高尔夫球场和办公楼，雇用专业设计人员如建筑师、景观设计师、结构师以及土地设计人员创作方案和工作设计书，以应付城市的监察董事会和委员会。区划的规定已经变得如此标准化和充满逻辑语言，以致于我们的社区看上去都差不多。区划法，如快餐一样，使一些只是满足最低标准要求的共性元素成为一般的标准，所有的努力都花在了把我们隔离在功能单一的建筑里，和cul-de-sacs的三角中。今天，越来越多的建筑专家、政治家和市民在积极参与保证使他们的社区成为真正景观的活动。这本书就是为他们写的——也为那些不仅仅是活动中的一分子，而是确实想知道所有事实的人们。他们或许想了解一些专业术语，想与朋友们谈论社区的问题，或至少想了解关于这场纷扰的所有方面。

致 谢

　　本书的创作过程得到了一些人的帮助和配合。在 Hanbury
Evans Newill Vlattas：感谢 Beth Bennet 推荐我使用符号的建
议，感谢Mike Taylor先生帮助创造了它们，感谢插图皇后Hillary
Spencer 帮助我们筹划在实例的说明中怎样利用这些符号。感谢
HENV 和 Wesley Page 先生贡献的艺术作品和在空中拍摄的像海
一样的瓦片屋顶的鸟瞰照片。特别感谢 Dover Kohl 事务所的 Joe
Kohl、在城镇规划合作处的Rich McLaughlin，感谢Looney Rick
Kiss 的 Carson Looney、Tobey Israel、Beth Bozeman 和 Ann
Brazda 为本书的工程实例说明部分收集了适合的优秀工程，感谢
在新城市主义议会的Shelley Potichia允许我们引用议会宪章的部
分内容，感谢我们在麦格劳－希尔的编辑 Wendy Lochner，他相
信本书会成为一本巨著，很耐心地和我们一起并肩作战。最后，当
然不是最微薄的，深深感谢给我有力支持的 Hall 一家，尤其是
Susan，她担任了校对工作和一般标点符号的指导使用。

绪 论

可以确定地说，20世纪后半叶以来，我们丢弃了美国沿用了450年来发展的社区设计艺术。从16世纪中叶到20世纪40年代中期，美国城镇的设计概念基于一种想像，一种关于社区生活应该形成什么类型的核心的超前性观念。从指导西班牙的"东印度法令"到给我们塑造新英格兰城镇模型的"城市法则"，社区设计都包括其中并被不断完善——有时启发个人想出好点子（如威廉姆·本的"费城计划"），有时引导政府的倡议（如城市绿带运动）。

随着美国的成长和工业革命给海岸带来的拥挤人群，社会改革家们的乌托邦式的设计计划也随之而来。霍华德的"田园城市"的概念、产业家们的新城镇模型和罗曼蒂克的郊区设计，都被东北部和中西部地区接纳和支持。像这样的思潮的衰落和泛滥往往是因为基于怎样规划这些土地和应该颁布什么样的社会法令

"城市和它的腹地以及自然环境之间有一种必然而脆弱的联系。这种联系是环境上的、经济上的，也是文脉上的。农田和自然环境对于城市，就像房子外面的花园一样重要。"

——新城市主义议会宪章

诸如此类的想法。然而，对这种理想的追求在第二次世界大战以后发生了变化。战后的时代是对美国未来充满乐观的时代，毕竟我们刚刚结束了一场世界大战，把整个民族和世界从经济的大萧条中拯救出来。经济在复苏，美国人已经准备好迎接和平与繁荣。这时，许多人能够实现搬离拥挤的城市中心，到城市郊区拥有一个家、一小块草坪的梦想。在那里，土地是充裕的、地价是便宜的，也没有我们今天与之搏斗的生态环境问题。伴随着这个运动，美国政府出台了一系列政策，比如由老兵管理机关和联邦住房权威机构的保证住房抵押政策及兴建跨州际的高速公路，这些创造了对住房和形成新社区的新的需求。但是，在大萧条之前就已经发展到顶峰的社区设计中的传统的东西被丢置一旁，以支持更方便的郊区居住和伴随它的尽量高的商业发展。

对低密度和私人领域的追求，导致大量的土地消耗在社区中必要的自然和社会环境的创造上。在急速增长的居民和土地开发者之间存在着的不负责任的设计和放任自流的态度，也导致了我们现在称之为"蔓延"的混乱状况。汽车数量的增加使人们日常的基本活动，如上班、吃饭、回家、娱乐等的场所彼此之间可以跨越的距离加大，这也加剧了这种混乱状况。

对 20 世纪 60 年代和 70 年代的这种社会意识的泛滥应该负有责任的是在那个时代还很幼稚的新兴郊区定居者。作为现在的消费者已经成熟了，他们要求居住的社区能够拥有一流的设计。仅仅拥有自己的家已经不够了，社区还必须是有个性、有品位的地方，还要对环境有所保障。但是，怎样才能让没有经过任何检验和指导的郊区蔓延被不仅是来自想像的，而且是商业可行的、卖得出去的还能保证自然和社会环境的社区所取代呢? 我们都渴望得到没有失去社区本身意义的合适的发展，需要更有效的设计方法。

使情况更加恶化的是，不仅在美国，全世界的民众对环境问题的关注都达到了狂热的程度。关于全球变暖、臭氧层被破坏到底意味着什么，空气和水中的微粒含量应达到什么样的标准，还有美国对湿地和动物栖息地的保留、原始森林的保护以及控制大城市生长等等这些问题，会成为设计者、规划人员和市民们将来

照片 1.1 　自由主义手法的设计成果

需要面临的难以应对的挑战。

　　在过去的时代，花园城市、新城镇和罗曼蒂克的郊区作为新开发中应该效仿的楷模形式被广泛接受。后来，规划单元社区(PUDs)创立了，努力提供一个能把给公众娱乐用的开放空间、环境敏感地带和野生生物栖息地都包括在内的功能混合的社区。但是如果各种住房类型和商业活动场所环境中能有大片绿地，就意味着它们必须是坐落在城市的边缘地带。还有，就是大多数这种类型的社区只能提供最小限度的就业机会。居民上下班要往返的长距离，使他们不得不忍受日益恶化的交通堵塞和随之而来的使他们在工作时间完全丧失了与居住和休息场所的联系。事实上，这些影响正在扩大。

　　今天，这个概念体现在新传统主义的村落中，被称为传统邻里社区(TNDs)，它代表了战后设计思想的主流。一个传统邻里

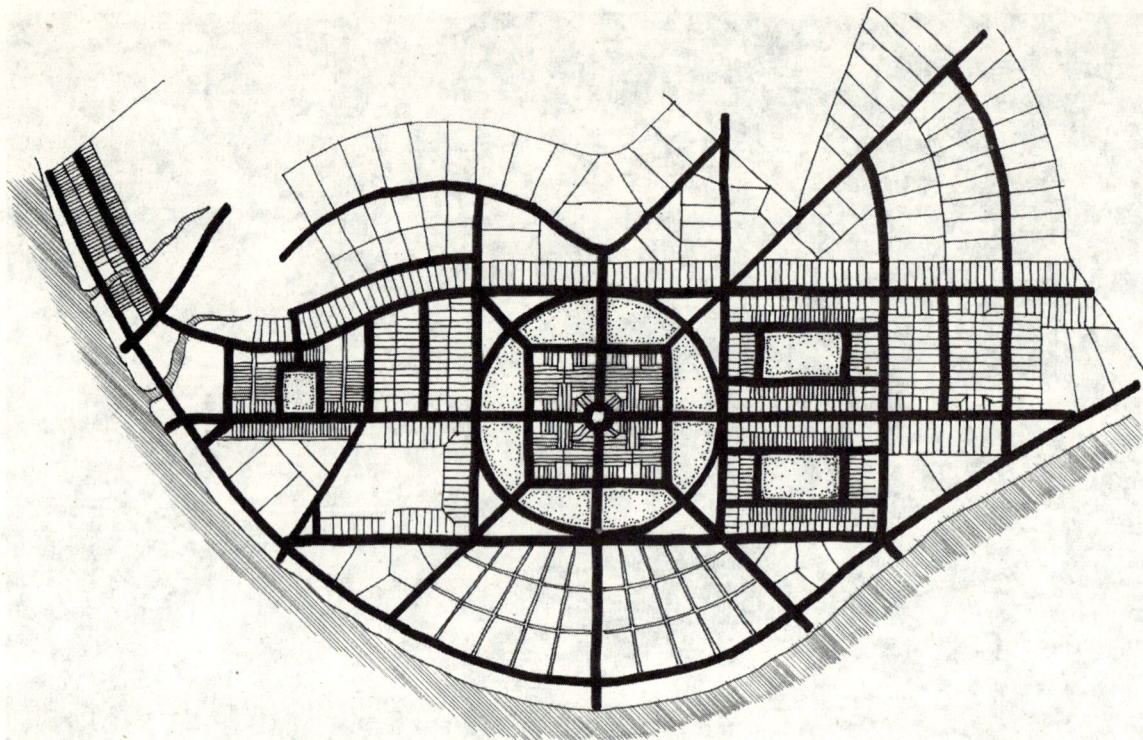

图 1.1 肯塔基州，海吉尔，1827 年

社区是有一定规模限制的，以便社区内的所有居民到达社区中心的距离都能在 5 分钟步程内。TND 的中心经常容纳有商店和工作的地方，通常还有一个供社区民众集会和娱乐的广场。在许多的 TND 中，教堂和学校经常布置在社区中心或者临近的地方。TND 的目标就是通过把日常活动的必需场所集中布置在离家不远的步行距离范围内，以降低人们对汽车的需求。这些减小了的邻里尺度和对 19 世纪末 20 世纪初的生活的回归，唤起了人们逃离高速公路的方格网，回到过去简单的生活方式的激动和渴望。它尝试着通过加强邻里之间相互的联系，给消费者带来一种典型的郊区生活，也可以说是试图创造一个社区的概念。

如同在接下来的篇幅中将要讨论的，我们力求提供一种对正在失去的村镇和城市的成长有效和敏感的框架。沿一般的郊区社区发展道路继续走下去不是个办法，规划师和政府公务员必

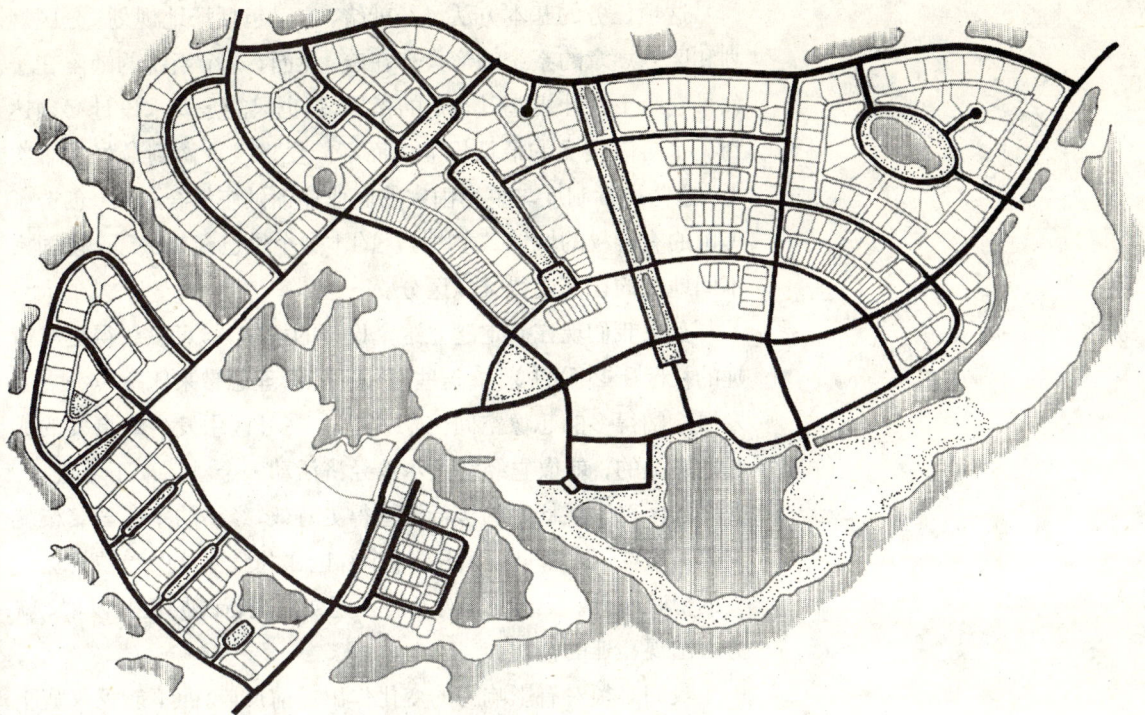

图1.2　佛罗里达州，塞莱布瑞森，1998 年

须重新定义成长的变量，不仅在未来的城市中心，也在现在的都市中心。在主张正面的成长和负面的成长的支持者之间的斗争还在继续，并且强调了这种重新定义的必要性。场所的品位、社区的个性和本质的核心与灵魂只有在设计过程的深思熟虑中获得。真正的社区不是凭空产生的，而是一种美好理想的具体体现。

　　由于对环境问题和无控制的城市生长带来的负面经济影响的了解，专业上的竞争和政治上的便利政策在这种情况下都无法再发挥作用。如果我们想影响乡镇和城市长时间持续的变化，那么实现上述的理想就不仅仅是我们专业上的问题，而应该是我们的责任。如果想开始着手让我们居住的地方变得更美好的话，那么社区设计再也不是单个专业设计团体的事情，而需要公众和私人开发部门的合作和共同努力。

这项任务的基本方法已经就绪，它以包括场地规划、分区规划和区划规章的系统的形式存在着。然而，这个系统的缺陷在于如果它给予设计措施以一定的指导，那也只能是要求设计必须达到某个可以接受的最低标准，而不能要求设计做到最好。事实上，这些规章制度与整个国家的商业连锁供应结合起来，创造了美国的有特权的城镇。这些社区的本身个性已经丧失了，使国家不同地域的社区变得难以区分。

如果我们现在确定建立这个设计的框架，就可以获得更有情趣的社区所必需的变化。这些变化还能给理想带来比一点一点来发展广阔得多的想像空间。通过定义，在社区中发生的自发的成长是有益的，就像它经常预示着经济活动和金融活动正常进行。哪个社区对发展计划的实行把握得更有效，经济的平衡与繁荣就更容易实现，也就同时保证了一个社区作为整体从中受益的更庞大的税收基础。反之没能对既有社区变化进行疏导使其发展，就势必出现蔓延的情况。

我们必须对有影响力的变化作出提前反应，而不能仅仅疲于应付已经出现的问题。各种各样的住宅户型选择、购物和就业的机会、娱乐场所和开放空间，以及多种交通形式共同组成了我们社区中的单元。它们本身并不能代表社区，但是综合起来就能显示出一个社区的设计是经过推敲的和谐敏锐的预想，还是无视了许多优势条件的没有经过认真筹划的设计成果。

那么，我们的目标是提供给读者一本简单易读的手册，可以被用来发表在日报上，让居民对土地开发和设计有个粗略的了解，也可以知道实际设计方案。本书每一章都介绍一个真实的社区设计案例，带领读者一步步深入了解社区设计的过程，本书是对许多已经出版了的图书的补充。理论、实践应用和实例介绍提供了每个人都可以理解的形式——无论是以专业眼光理解社区设计的设计者，还是那些想大略了解社区设计是怎么一回事的非专业者。尽管美国国内设计规划政策林林总总，本书还是希望能够对大多数人面临的普遍问题给予实际设计方面的指导。

Parts of the Puzzle

让我们困惑的问题

第 1 章

什么是社区设计?

【摘要】

❖ 理解社区设计包括什么内容

❖ 回顾历史上的社区形式并了解它们同现在的联系

❖ 用我们可以理解的方式定义社区

❖ 认识路径、边缘、区域、节点和地标的重要性

❖ 把场所创造的手法引入社区设计

社区设计是一个创造可持续发展的居住场所的艺术，这个场所应该适宜于人们在其中生活、商业、娱乐并符合社会生活的一般标准。这种社区设计的本质要求一定程度的预见性而不是随意的巧合。但是，这种设计绝不仅仅是坚持一套设计规则或者执行政府的政治意愿那么简单，这是将我们对于自己的了解和对住在我们周围的邻居们的了解相互融合的过程。这是关于独立和彼此依赖的问题，是关于建筑和景观的问题，是关于在我们所知道的事情——或好或坏的基础上的理解和创造的问题，更是关于建造一个更好的人居环境的问题。

在国家诞生之初，聚居地被迫自我维持和保护，这常常需要居民们住得很近，在住房外面围上高墙，还要用农田围绕在墙外周围地区。这种形式我们可以从西班牙的教会城镇中见到，其设计原则在西班牙皇家法令"东印度法令"中被规定下来。"东印

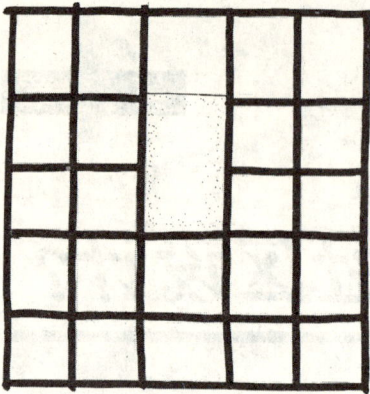

图 1.1 Indes 城平面

度法令"中描述它是自我维持的聚居区，典型平面是中间有个矩形露天广场和方格网道路布局。住房和商店分别整齐地排列在广场两侧，教会教堂居于广场一端，政府建筑则雄踞另一端。农田和普通的农场供给居住区基本的生活资料，同时又作为城镇中心和旷野的中间地带。[1]

东北部的英国人定居地都具有相似的布局原型。住宅常围绕着一些宗教神像或者护身符来布局，而具有相同中心的农田和牧场又环抱着这片密集的住宅群，这是中世纪景观规划的典型模式，这一模式又是当时英国人定居地布局的雏形。所以新英格兰城镇布局模式最终继承了这一传统并不令人惊奇。对于清教徒来说，教堂集会大厅作为社区生活的中心是自然而然的：用来市民集会、军队训练和家畜饲养的普通的房子和市政大厅、商店以及学校，一起建在集会大厅的周围。居民的住宅以集会大厅为中心呈放射状分布，所有的道路也是像从那里放射出来的一样。[2]

随着殖民城镇的兴盛和受到敌对的印第安人攻击威胁的减弱，军事要塞也逐渐丧失了它的优势地位。自威廉姆·本在1683年的费城规划中采用规则的方格道路之后，一种新的利于维持城镇生长的规划模式就被建立起来。随着国家的繁荣和拓荒者的西部迁徙运动，1785年的"土地法案"给出了一种新兴城镇建设应该遵循的一般模式，这种模式规定城区面积大小应该被控制在1554hm²以内。[3]随着国家的发展，对城市和乡镇的规划设想也不断成熟，涌现出很多新思想，例如在1893年哥伦比亚博览会后开始被广泛接受的城市美化运动，还有社会改革家艾本茨·霍华德在1898年出版的《明日：一条通往真正改革的和平之路》中提出的田园城市运动。自19世纪末到20世纪

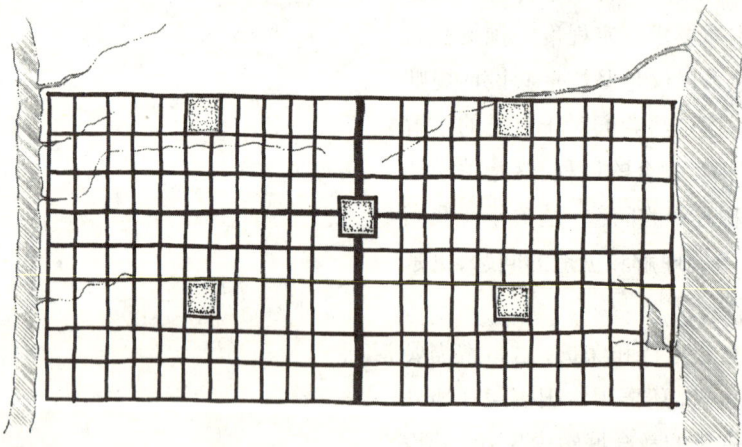

图 1.2 费城平面，1683 年

中叶，正是基于这些和类似的其他许多新颖的场所设计概念，创造了许多规划完美的城镇和郊区。然而，进入20世纪后半叶，整个国家的城市发展开始陷入漫无目的的疯狂状态。城市规划的艺术被一批缺少长远眼光、与传统脱节的设计思想所取代，这种思想只对细节感兴趣，全然不考虑怎样让发展进行得更有效，以创造更好的人居环境。专业人员和普通市民对这种短浅的设计思想带来的后果没有足够的认识，或者是他们根本没有能力在这样一种已经建立的规范制度的限制下，组织这种疯狂无序的状态。不管怎样，我们必须重新评价这个过程，并开始认识到我们的社区应该是一个活着的器官，能够自我代谢和维持。我们必须意识到社区目前的状况需要改变和发展，因为它们应该由有预见性的设想作指导，而不应该由那些规定社区的指标应达到哪些最低限制的标准制度所决定。

为什么设计社区？

社区能够繁荣是因为它们有存在下去的理由。这个理由不是为了要改正什么建错了的东西，而是为了促进社区的长远发展和满足生活在这里的居民的期望。当这个原因能够持续存在时，不论社会发生工业革命还是信息革命，这个社区都能随着这些社会必然的发展而发生适应性变化。抛去城市或社区创造者的因素，世界上那些规模庞大的居民点都是因为它们能满足市民在商业、社会和心理上的需要才存活下来的。那些它们因之扬名的城市内涵和个性，都是从市民们对社区和城市秩序以及品位需求的直接反应发展而来的。这些地方的成功之处，很大一部分在于为满足社区内在要求进行的不断失败又不断尝试的设计方法，以及不断改善城市中优秀的部分，渐渐淘汰不成功的、不能达到预期目标的城市设计方案。现有的这些社区是它们创造力的最好证明——它们显示的是社区发展不断变革的过程中现今的发展状态。

今天，科技促使我们以前所未有的高速度改变我们的城市和社区。许多以前需要几个世纪才能发生的变化现在只需几十年就能完成。那些引起像南卡罗来纳州的查尔斯顿市和佐治亚州的萨

> "城镇的开发和再开发应该尊重历史传统模式、前例和分界线。"
>
> ——新城市主义议会宪章

照片 1.1, 1.2, 1.3 哪种模式能发展成为较好的社区？

凡纳市这样城市的发展的生长模式，无论怎样，用短短几年的时间都可以效仿成功，例如佛罗里达州的塞莱布瑞森和田纳西州孟菲斯的哈帕镇。作为一个典型的实例，查尔斯顿市历经地震、火灾、台风、战争和经济剧变而仍然存活下来，并且将继续保持为一个适宜居住的城市，它无论对当地居民还是每年来这里参观的许多游客都充满了魅力。那些包含着拥挤的街道、商店和花园的历史街区散发着持久的诱惑力，值得我们去仔细研究，尽管那些设计方法曾为了给现代理论让路而被抛在一旁。实际上，像查尔斯顿这样的城市在当今这种标准化区划规范下是不可能产生的。

郊区最开始被开发，是人们从高密度的拥挤的城市核心地区大量涌出的必然反应，它证实了霍华德的田园城市的理论。霍华德的最适宜居住的条件，包括城市的文化传统和公共服务设施，城市的外围还要有绿树和乡间池塘环抱，现代的社区设计者用生活质量来说明这个理论，城市还要有适宜居住的场所，要有内涵、品位和亲切感。

把上述这些城市与美国最大的都市群之一的弗吉尼亚州的泰森角的开发比较一下，泰森角最初只是华盛顿特区的郊区，如今这里却是一周五天，每天要热闹8～10个小时的闹市区。在其他时间里，这里没有人居住，到处是一片萧条冷清的景象。每到上下班时间，这里车流如注，人们或赶来或离开这个缺少人性、亲切感和宜人尺度的地方。然而，这种每日例行的公事给外围的小城镇带来巨大的压力。直接后果包括过度拥挤的交通、开发费用

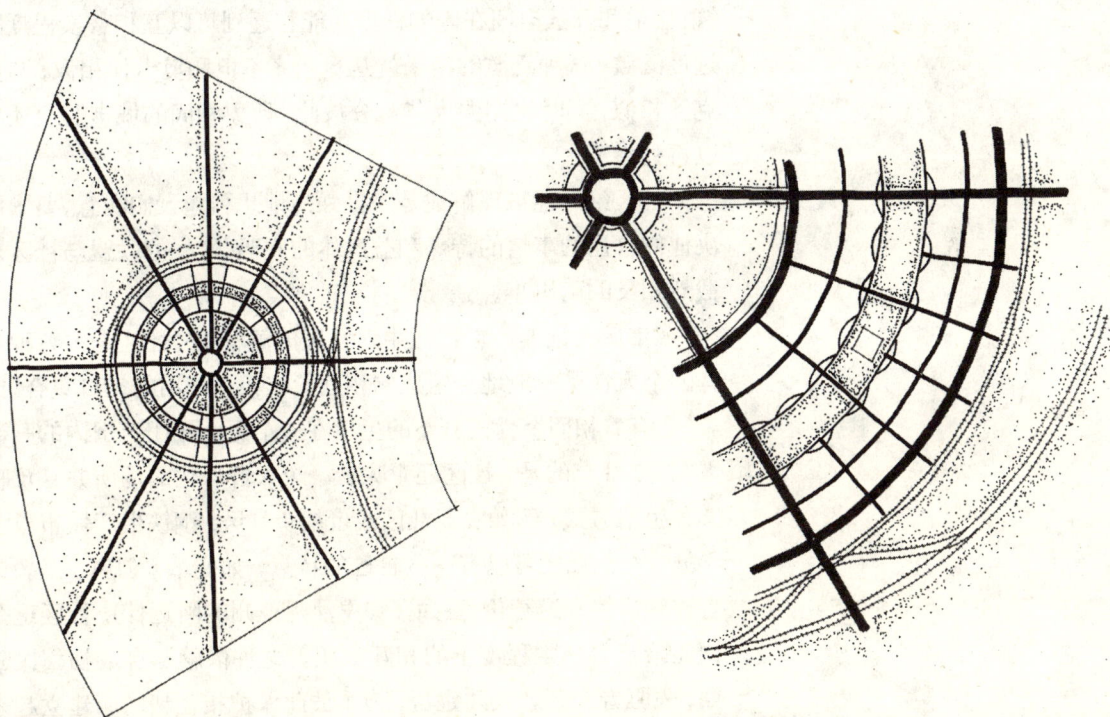

图1.3 花园城平面，1898 年

的增加、土地价格的猛涨、税率的上升、持续增加的公共服务设施费用的消耗和维持亲切尺度感的场所费用的上涨,正是因为对这些亲切感的追求,人们才逃离那些没有人情味的地方。

那些前人的经验智慧,维持了像查尔斯顿市这样到现在还是兴盛的、步行的、喧闹的社区。这样的经验并没有引起像规划泰森角和其他大多数美国城市的规划师们的注意,问题出在什么地方呢?我们在社区设计上犯了太多的错误,忽略了场所品位魅力的发挥。

用我们都能理解的措辞定义社区

社区概念的内涵有许多种,我们首先来澄清几种错误理解。社区不是各个功能区域通过街道和水系随意松散串接和堆积拼凑的,也不是包括在美国各大都市随处可见的购物中心、办公建筑、住宅和开放空间在内的许多功能相近到可以互相替换程度的过度泛滥。这种泛滥的结果就是奥兰多不但和奥卡仕相像,与奥克兰相似,同时也同渥太华难分彼此,印象相同的城市甚至还可以再列举下去。

社区绝不能被理解成是一批强烈地想引起人们注意,要求解决他们自己的事情的特殊利益群体的联盟。这样的联盟与社区是截然相反的两码事。

《韦氏大词典》第10版中对社区的解释是"社区是由各种各样的个人在某一般地点组成的相互影响相互作用的人口集合"或者"是有着相同个性或利益的生活在一个更大社团范围内的一群人"。[4]要补充的是,社区还意味着一个人群居住的场所并且反映某种生活方式,例如农业社区或者捕鱼社区、钢铁生产城市或大学城。一个社区可以有一些自己的特点,如变革、创新、坚毅或者传统价值和道德伦理(如在宾夕法尼亚州的阿迈什)。社区这个词还暗示着一定程度上的相互依赖,这种依赖源自最初移民时期,先驱者来到新大陆定居,为了彼此保护相互帮助而建立起来的,现在有时这种依赖已经没有必要存在了。

E·芭芭拉·菲利普斯和理查德·T·莱盖特斯在他们出版

照片1.4，1.5 哪个能够称之为邻里？

的《城市之光：城市研究的介绍》一书中说，社区不可能有一个统一的概念，只能说社区概念涉及一些方面。诸如，①一群人共享一个物质空间；②一群人共同具有一些特征；③一群人被相同的本质和文化传统约束着，这些本质和文化传统体现为社区高度的社会凝聚力上。[5] 如果我们用这些方面的标准来判别社区的话，大多数第二次世界大战后建设起来的郊区住宅区都不能被称为社区。

　　然而，即使具备上述提到的所有美好的东西，大多数这样的社区还是在某种程度上缺乏邻里品质。为了说明我们要讨论的问题，在这里再次引用《韦氏大词典》中的内容。书中对"邻里"的定义是"一个居民们相邻居住的区域经常具有的显著个性"。[6] 可是，在我们当今这个以市场为轴心的社会，"显著的个性"常常被物化成产品类型，"邻里"呢，则被定义为"市场对象"。就像离心机一样，1940年以来的疯狂建设，把社会分解提纯成各种不断缩小的部分，或者把经济、社会地位相似的人杂乱地划分为不同的部分，让他们居住在看上去没什么区别的房屋里。这种缺乏秩序、组织和场所品位的状态，导致的结果就是像我们定义的社区已经很大程度上消失了。

社区概念的内涵也包括一种归属感、一种生活方式和生活目标的多样性。在现代社会，技术使得社区没有必要具有纯粹物质化意义，生活的流动性也破坏了我们与城市之间的精神和情感上的交流。情感上的脱节使我们以再开发的名义，大批大批毁坏着我们的城市和社区，这进一步加剧了精神层面上的匮乏。每时每刻我们都在一片片土地上建设住宅、购物中心，还高兴地将其冠以"流动绿地"、"猎狐森林"和"西方乐土"的美名。

在对人口暴涨的困境作出反应的过程中，社区设计取代了将社会细分的逻辑，建设各种相互影响的功能元素代替了一味兴建购物中心的错误。换句话说，社区设计师们已经开始对开发的疯狂状态做出反应，但还没有进行管理和指导。从更广泛的程度上说，由于长期的荒废，社区设计的灵魂已经萎缩了，我们必须重新从人而不是从汽车的尺度上来关心我们的社区。对住宅、办公室、商店和娱乐场所之间时间和空间上关系的特别关注，对于我们实现社区的现实意义是极为关键的。我们的城市和社区应该有一个更优质的结构，以便让各种人群有相互交流的机会，并通过认同和注意彼此共性的方式来增进相互间的了解。因此，社区赋予人以归属感，这是我们共同的目标。

社区设计师们需要诠释社区的传统，并学着运用传统来完成对现代社区的创造和再创造的任务。乔治·托比在他的《景观建筑学的历史：人与环境的关系》一书中讲道，我们需要树立指导我们设计努力方向的目标。他建议如果我们想实现真正意义上的社区，就必须认真考虑社区居民的价值观、生活习惯和目标。站在物质的立足点上，乔治认为好的社区应该能够提供给居民足够的物流、人流和信息流移动途径的选择，在保证他们健康、安全和舒适的同时，还有让居民在相互交流机会的选择上有最大的自由度。他还进一步阐述，一个好的社区是能适应未来变化的，因为它的形象作为整体将保持不变。[7] 如果社区还要具备某些特殊的细节，还要加入其他的目的作为补充，这个清单是不固定的，可以被改变，但是最终的结果应该是相同的，那就是获得行之有效的方法，通过它使我们的社区健康地成长。

那么下一步是什么？如何在设计过程中把目标一一付诸实现？这就要求我们了解社区设计中运用的工具，这些工具就是帮助我们理解社区形式细微差别的建筑单元。

社区设计中的建筑单元

为了实现社区的神秘本质，其必须体现为实际的具体形式。站在物质的立足点上，从凯文·林奇的《城市意象》中可以推断出一个设计成功的社区明显具备的组成部分。林奇认为，路径、边缘、区域、节点和地标是城市被认知的五个元素，无论这种认知活动是有意识的还是无意识的。[8]

路径，或者说事物运动的通道，是在社区中占统治地位的、赋予社区本质形式的元素，它包括步行道、街道、货运通道、运河、铁路和州际公路。路径是生命线，人们大多数的活动发生在它的沿线。在它的附近，分布着社区所依赖的所有功能：政府、工业、商业和住宅。在真正的社区中，往往存在着由机动车道、步行道、自行车道、货运通道和小径共同组成的道路网。机动车不再有凌驾于其他交通工具之上的优先权，道路设计考

"都市群总是由于地形、水体、农田、海岸线、区域公园和河床所形成的自然边界而在地理上受到限制。都市群是由城市、乡镇和村庄各自独立的中心和边界共同组成的复合的中心区域。"

——新城市主义议会宪章

照片1.6　路径

虑到了交通工具的多样性,以试图达到与环境间的平衡。当社区道路系统实现后,这些例如林荫大道、林荫道、街道、路障、小路和小巷等道路形式,体现了道路设计的学问,它尽可能平均地分散交通,使居民出行能享受到对交通工具和路线的最佳选择。

在以往的社区设计中,道路基本设计标准是为了满足机动车的需要,很少考虑到为步行者提供方便。社区道路总是表现为尽端路、地方街道、集流道路和干道的形式。街道的设计原则是使其能支持越来越快捷的交通速度和越来越多的汽车数量,其结果就是街道越来越宽。交通集中到少数几条主要道路上,这就必然形成方格网的街道格局。当然偶尔也会有步行道设计。但是人行道还是被开发商视为奢侈品,即使有步行路径,通常也是局限在休闲场所。

边缘是划分不同类型区域之间边界的线性元素。虽然边缘不像路径那样占主要地位,但却是结构最严谨的。边缘也是两个部分之间的过渡元素。它们是活跃的、确定的场所或者共享开放空间,可以是景观林荫大道这样的路径,也可以是小溪、农场或森林。在地区性的应用上,如滨水地带、山脉以及平原与高地之间的边界,都可以形成明显的边缘。它们可以是实实在在的,也可以是不可见的,就像湿地的边缘一样在两种区域之间形成突然的变化。有时它们是分散的,就像市政服务设施产生的边缘一样(如排污管道和给水管道等)。

照片1.7　边缘

照片1.8 区域

在郊区，很难有什么可以用来识别的边缘，这是郊区不断扩张的原因之一。郊区的边缘是不易辨认的，它们常常在土地使用的变化中才被辨别出来，有时这些边缘是路的边缘，有时是景观隔离带、私人花园的栅栏和墙。如果你幸运的话，可能会发现一个标牌告诉你正在穿越行政边界，但是字常常太小以致在时速45英里情况下难以看清。

区域是你可以进入的地区。当你到达那里你会意识到，建筑和街区的结构享有某种显而易见的共性和特征。纽约城的格林威治村、旧金山的教区地区以及新奥尔良的法语地区，都各自显示出明显不同的比例、纹理和结构元素，这些特征明显到能很容易辨别出它们是不一样的地区。人们利用区域元素，从心理层面上组织城镇的各个部分，或者帮助人们减小尺度巨大、难以对付的城镇的规模，将其化整为零，变成更容易操作的尺度的几个部分。区域常常展示出相同的主题和明晰的视觉特征，让人一下就能识别出这里是个什么性质的区域，是滨水仓库区域、闹市金融中心，还是上层社会居住区。

而郊区，在传统意义上它不成其为区域。那里是区划的产物，除非你看地图，否则你是看不出来你身处何区的。假设当你进入办公停车区时能分辨出身在何处，或者当你驾车行驶在一条看上去似乎永远没有尽头的林荫路上时，特别是路两边，在大方盒子的零售中心背后排列的条形商业中心后面，排满了旧车。这种地区特征的缺乏，使居民在当他们的住区的生长边界上有其他居住区在规划设计的时候，懊恼地想给编辑部人员写信抱怨或者在电台的热线谈话节目中发牢骚。

节点是在社区中被广泛认可的场所或特殊点。它们是人们出行的起点和终点，而且经常是作为区域的中心或核心而存在。节点与路径是紧密联系在一起的。皮卡迪利广场、时代广场和华盛顿特区的大林荫道(指从林肯纪念堂到国会山的东西向轴线林荫道——编辑注)，都是路径的连接点，展示着节点的个性。节点的另一个重要特征是它们通常是自然界中的主导旋律。相似用途的聚集常常会导致节点相互之间关系的可以识别：还是以时代广场和42号大街为例，它们由于影剧院功能的聚集被联系在一起；华盛顿特区的大林荫道，是因为政府建筑、博物馆而彼此联系；还有我们常去的海边，可能也是因为那里有很多卖T恤的小商店。

在郊区，几乎不存在什么节点。你能想出来有节点的例子么?两条由八车道划分的林荫路的交叉点，每小时的交通流量成百上千，但是它显然不能算作节点。假设购物广场是一个地方的节点，它就的确能把许多零售摊点集中到一个屋檐底下，为学生提供一个周末休闲的地方，但是这里缺少一种真正的场所感，而且也没有丰富社区的社会肌理。

地标与节点十分相似，但是经常被当作一种单一元素来考虑，无论是从本质方面还是从结构方面。它们是在社区中穿行时，驾车沿某条路径行进的参照点，通常表现为大面积的公共空

照片1.9 标志物

间、艺术作品或者一幢重要的建筑。地标常常与它的背景反差很大，这使它在景观中的视觉印象更突出了，就好像灯塔和路途中的标志点那样。它们使某个特定区域能给人以似曾相识感，帮助建立起一种地域的特征。埃菲尔铁塔、圣路易斯的大拱门、旧金山的"电信山"，都是地标的很好的例子。

在郊区，地标是一种用来给迷路的驾车人指路的现实参照点："在第二个交通灯那里左转，直行直到看到小学校，向右转，驶过消防站……当你看到水塔时，再向左转，就到了。"清楚的地标就像鹅头上的突起那样明显，不是吗？

尽管林奇说过这些元素是城市中的建筑元素，但我们仍觉得它们是带有普遍性的，并且也是合乎社区尺度的。换句话说，好的社区就如同好的城市，拥有同样的物质元素。在郊区，许多这些元素都没有，或者至少不能被实际感知。

过去，在世界各处，在不断的尝试和失败中，这五个基本元素被用来创造令人难忘的人类的居住场所。变化进展得很慢，在普通人一生所经历的时光中几乎察觉不出来。好的社区和城市的设计从积极的使用频率中，从不断被修缮和人们对它的历史的肯定中得到了回报。但糟糕的设计就会被推倒重建、清除或抛弃，留下来的是累积多年的城市和社区设计中最好部分的历史。

社区设计者的工具

现在我们已经确认了社区中的元素。接下来我们讨论一下为了创造一个更好的社区，它们是怎样被联系和组织到一起的。首先，我们必须承认这些元素是观察者用来使自己认识和熟悉某个给定场所的方法。我们也必须知道，一个设计完美的场所(或者一个社区)必须通过定义来展示同样的一个设计信条，那就是基本的和谐、渐变、对比和统一。所有成功的艺术作品都能找出这些信条，那些运用线条、方向、形状、尺寸、质地、明度和色彩等元素，把一幅画布最终变成一幅透视图的艺术家们创造了它

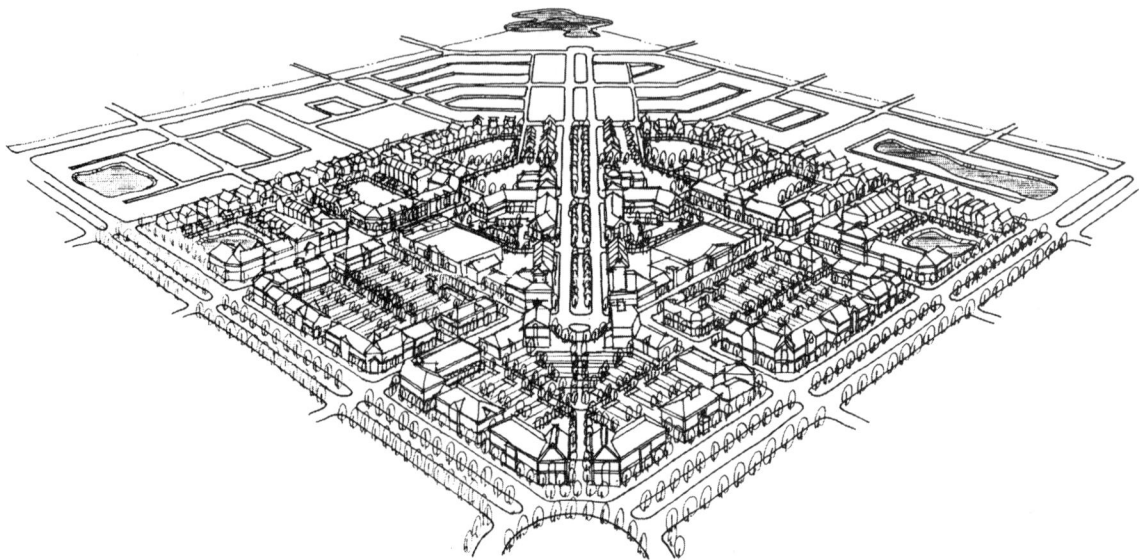

图1.4 轴线设计

们。同样地，社区设计师运用的是用来组织空间的元素组成的调色板，包括利用轴线设计、层次、交通要素、卓越的特色和围合感来创造一个成功的社区。

工具的用途

轴线设计是一种视觉强烈和有力度的空间表达方式，通常会凌驾于其他组织元素之上。它的本质是线形的，用来建立秩序，连接两个或两个以上的节点或端点。由于轴线设计理念更容易让人与形式拘泥、严谨联想到一起，它似乎被利用为更精细的方法来创造起伏的街景，来指引人们的视线，形成一种端点的连续性。严整的优秀轴线设计实例之一是科洛尼尔威廉斯堡(Colonial Williamsburg)的城镇规划方案。在格洛斯特公爵街上，州政府大厦位于一端，威廉与玛丽学院则占据了另一端，商店、办公室和住宅构成了一个联系紧密的空间设计背景。无论是否应用于一个形式严整、对称的方法或是一个非正式的、不对称的方法，轴线设计都必须能成功地把运动、功能和视觉感知纳入进来。

层次，或者说设计纹理的渐变，在空间设计中扮演了十分重要的角色。利用一系列各种尺度的空间或户外空间，不仅可以创造一系列不同的景观，而且能帮助设计者精确地描述出较小空间衬托下的更重要的空间。对渐变的有效使用，是设计者将一个尺度巨大的空间减小到更适合人的尺度的最好办法之一，反之亦然。对层次设计的仔细关注能提高人们的戏剧性和兴奋度。

转化元素将临近的空间连在一起。外部空间看上去无边无际，被各种各样的巨大的物体、结构和景观元素充斥着。然而，它们可以通过过渡元素的利用而被转化和调和。如果要形成完整和统一的空间，这些元素就是必需的，因为人们必须能组织自己的环境以使自己能在其中有效地进行各种功能活动。对视觉领域的安排组织，对于识别道路和场所都是至关重要的。过渡元素是重叠的部分，展示着两个或多个在某个位置交叠的空间的共性。设计元素、相似的尺寸、建筑外观的色彩或者景观元素的重复——甚至是铺地形式的延续——这些都是使用过渡元素的例子。

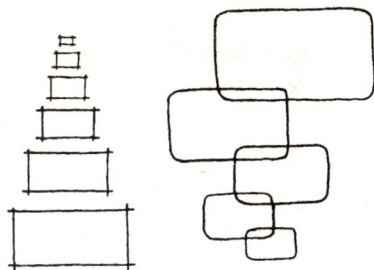

图1.5 层次

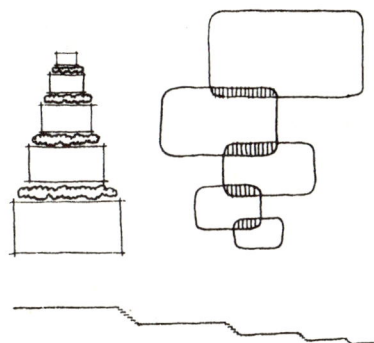

图1.6 转化

突出特色,产生对比。就像有渐强的旋律把音乐引向高潮一样,艺术需要焦点。如果主要特色能被察觉的话,外部空间和社区就更有效和完整。这个聚焦点赋予一个场所以存在的意义,否则空间就是空荡荡的,空无一物。一个聚焦点不仅给了一个空间存在的理由,而且通过它创造了空间的统一感。空间或社区的主要特色,使这幅图画最终圆满完成,创造了整体的一种印象。然而,在一个区域内,主要的特色太多了的话,就会产生太多吸引人注意力的元素,这些元素互相之间争奇斗妍,结果反而使人感到迷惑。一个中世纪的村庄里的教堂塔楼、在大片居住区旁边建造的篮球馆的形式,都能在场所中创造一个使所有其他元素众星捧月般支撑的中心。

围合感可能是创造社区空间的设计中惟一最重要的因素。通过对平面、顶视平面,垂直平面或者墙体平面的巧妙的仔细处理,设计师们创造围合感以适应各种用途,树立起空间的尺度。通过沿一条宜人的主要街道散步,在附近的城市花园里的一次静谧的交谈,或者在一座6万座的体育场中的约15m的跑道上抛硬币等等,这些活动所带来的快感和情绪是不一样的。当然,人们在家中各个空间中的感受也不尽相同。

同样地,在垂直元素的高度与这些元素彼此之间的水平距离之间存在着直接的联系。我们要设计一个既符合功能又令人舒适的空间就不能不考虑这点。当垂直元素的高度比它们之间的距离大时,人们会更注意到垂直元素本身而不是它们围合起来的空间。如果垂直元素高度超过水平距离的四倍的话,围合感就消失了。最适宜的社区空间就是在这两个极限值之间,也就是水平与垂直的比率是2:1或者3:1的时候。记住这个比率数字,我们就很容易理解为什么购物中心停车场和在郊区让建筑红线退后形成的宽阔的停车道看上去空旷而不容易接近了,因为它们缺少宜人的尺度和质地。

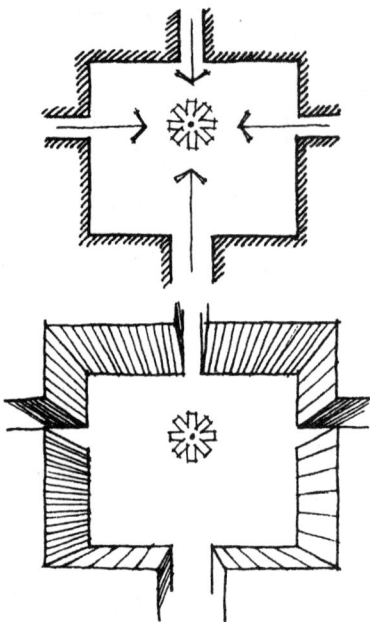

图1.7 主要因素(上);
围合场地(下)

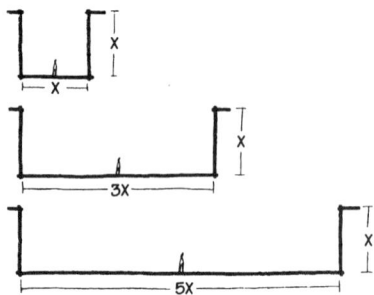

图1.8 围合率

空间的构成

关键的空间构成包括流通空间、开放空间和结构,它们是设计师为人们建造有秩序的、前后一致的和独特场所所必备的因素。无论尺度如何，这三个元素在二维平面上的设计与再设计中，都构成了设计过程的全部。

流通空间鼓励了运动和流动，丰富了静止的空间，使空间活泼并随着外界的变化而变化。然而，过分地强调这种空间的用途会淘汰掉很多好的、功能合理的空间所依赖的多样性。这几乎是一成不变的，从两车道的乡间小路发展到六至八车道的郊区大路的成长过程就是一个例子，一个说明我们为强调功能而以丧失可识别的空间为代价的例子，一个让我们的郊区环境发展成为单一功能地块的例子。

开放空间，看上去似乎是垂直元素之间的毫无用处的地带，它能够让人感觉是积极的、多功能的、设计精巧的和与功能结合紧密的场所；或者，正好相反，也能被人感觉是消极的、浪费的、结构混沌的和无益的空间。在郊区里，开放空间如此频繁地被人安排成仅仅是作为科学合理地进行必要功能的规划后剩下的部分，作为两种不相容功能之间最易安排的缓冲地带——仅仅是为了符合规章要求的一种手段。

在社区设计中，开放空间必须被看作是基础建筑单元物质规划中的最巧妙的部分，而不是作为事后补充上的功能或在剩下的边角才安排的功能。如果观察者能感知到开放空间是更大的整体中的一部分，而且拉近整体中其他元素之间的关系的话，那么这个空间的设计就可以说是成功的。

结构——我们居住、工作、购物、娱乐在其中的人造形式，是我们日常生活的预定格式。它们可以是和谐的、上下连贯的，也可以是不和谐的、彼此对立的。开放空间就像水一样，是流动性强而易变的，除非在空间中有强烈的元素或结构来界定，否则开放空间的感觉就很容易消失。细部丰富的建筑总是努力突破建筑墙面的大尺度，转化成为人可以接近的尺度的凸起、凹进和投影，以产生丰富的纹理。因此，就会在界定空间方面比那些单色、光滑的一面墙的建筑更成功。趣味会通过阴影的形式表达成线性的，如果人们想很舒适地使用空间并与他们周围的空间发生联系的话，有形的表面就必须设计成墙。就像我们看到的那样，建筑

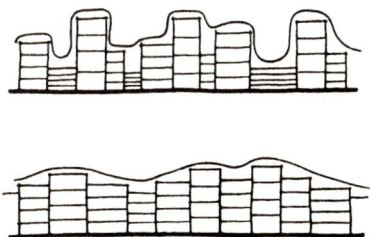

图1.9 邻近建筑的高度之间的差距不应该超过最低建筑的25%

照片 1.10, 1.11 哪个空间是完整的, 哪个仅仅是整体的一部分?

的高度对与之关联的开放空间的考虑在增强围合感方面至关重要。同样地, 如果围合开放空间的建筑高度的变化幅度在25%以下的话, 它的质量会进一步提高。然而, 除非空间是由一幢高度均匀的建筑围合起来的, 不然, 就要避免把很多高度一致的建筑组合在一起, 这样才能保证通过阴影和线条的表达, 来展示建筑和空间的多样性和趣味性。这种类型的建筑构成还为人们在空间中的巡游提供参照。仅仅通过把建筑的边缘特征在人的意识中列为空间的概念, 就能很容易估计出一个人的位置。通过这样, 就把建筑的体量减小到人的尺度。

小　结

　　林奇的路径、边缘、区域、节点、地标与轴线设计、层次、交通要素、卓越的特色和围合感等概念的结合运用，是我们创造适宜人居的、有活力的社区所必备的建筑单元和工具。我们所描述的是社区尺度适用的经典城市设计。一个关于成功社区设计的必需成分的基本理解，必须包括随着普通市民的目标而弹性变化的形式和方式。任何盛行的立意或特殊的特性，都有助于提高一般的社区传统品质；通过步行者尺度的营造而强化交往空间，有助于建立起一个全新的环境、文化和社会系统的网络，这个网络能建立起前后的联系和韵律，避免千篇一律的重复。

第2章

社区设计从哪里开始?

【摘要】

❖ 了解社区设计中联系的重要性

❖ 把去城市大会堂的短暂路途作为你的专业教育的开始

❖ 知道什么样的资料是可利用的及如何发现它们

❖ 理解你的税金要实现其用途是多么的难

社区设计从研究设计本体与其前后情况的关系开始。一个场所的前后关系包括它的历史状态,理想化地说,还应该包括它的未来状况。为了了解场所的前后情况,你要清楚到哪里去发现这些资料。大量的这种类型的资料,对于任何花费一点努力来寻找的人来说都是很容易获得的。理论上讲,这些资料和信息能够明确地显示出社区对于自身和它的环境都掌握些什么,以及它为了保护自身和周围环境所必须承担的束缚条件。当你钻研许多相关信息的出处时,你还要了解将要发生的变化带来的影响和评价以前的决定所产生的结果。只有我们充分细致地回顾了所有的相关信息之后,才能开始对我们的社区将要发生的变化施加影响。

你的税金实现用途之难

即使你是个偷税者，你也不得不感激来自政府的大量信息。联邦政府、州政府和地方政府的办事机构以及地方规划委员会办公室提供了你所需要的大量信息……当然，是收费的！我们并非想通过强调随它们而来的信息资源而暗示它们是我们惟一需要的东西，它们是一个很好的收集资料的起点。很明显地，在社区中最重要的问题会因其在国家中所处的地理位置不同而不同。例如，在切萨皮克海湾沿岸或在它的支流沿岸的地区，难免会受到《切萨皮克海湾保护法案》的约束。其他环境敏感地区的地方政府，可能比那些对城市无序建设还不构成严重问题的地区的地方政府有更多更综合的关于城市建设和生长的管理计划。旧金山地区和俄勒冈州的波特兰地区已经建立了城市建设的控制界限(UGBs)，用强制手段对城市蔓延作出地理上的限制。像新泽西州、马萨诸塞州和科罗拉多州这样的地方，已经开始实施自由生长优先权的政策，以试图用来在这些州内为城市建设和生长提供一个整体的发展空间。

纵观所有有价值的信息，建设项目的规模将是一个关键的因素。例如，如果你的工程项目只是一个 2800m² 的办公楼或一个小的商业网点的话，就没有必要向联邦办事机构索要区域性的经济信息；而要建设一个功能混合的传统社区，就不能不考虑足够的给排水工程配套设施。当我们讨论数据、信息的种类和它们的来源时，请记住，它们的称谓可能在美国各地有所不同，但信息的种类是你随处可见的事例的典型代表。

城市与乡镇

城市和乡镇的政府是相应的社区信息的基本来源。可以获得的信息种类包括综合发展研究、区划、总平面和细分规范(包括像景观规范、区划图、税务和地形图、给排水设施图、主要道路与公路图以及自行车道图等附件)。这些信息的复制品都可以买到或在规划与工程服务机构查阅到。它们有各种的比例，从1：100到1：2000的都有。这些图对于设计者为设计开发方案和向业主与公众介绍方案而绘制精确的基地图纸是很有用的，同时也加快了最终将被转化为详细的结构设计图纸的图形表达过程。

综合发展计划

郊区蔓延或无节制的开发是一个对许多地方政府来说都很热门的政治问题。许多州都要求他们的地方政府制订并定时更新他们的综合发展计划方案，来调整各州的建议观察报告，许多州已经发现很有必要建立一个关于开发与规划政策的正式报告。理想地说，这份报告应该从整体上为城市生长简述一个综合发展战略，以这样的手段来保护宝贵的土地储备，挖掘土地最大的经济产出能力。追求一个长远的和短期的目标，在为适应技术上的进步和设计理念上的精练而预留余地的同时，探索未来可能面临的挑战。

为了简化任务，设计方案可以将城市或乡镇分成几个区域。用地平衡表可以包括每个地块关于单户住宅、多户住宅单元、商业和工业空间、开放空间，还有就是这些用地指标是高于还是低于目标值。最普遍讨论的课题包括现状和将要兴建的房子、运输网络、环境保护区、公共服务设施、图书馆、公园和娱乐设施、给排水系统、自行车道、一切排污措施以及经济开发对象区域和目标。

有一些内容广泛的综合发展计划，为制定更为可行的、更好地实施这些设计方法提供了设计导则，规定了一些诸如怎样将公共设施延伸到待建地区的所需费用在开发商和居民之间分摊的问题，而其他的计划内容只是陈述了政策与目标体系，摒弃了那些只是对行为的一些简单的限制和概略的规定。无论州政府当局采用哪些类型的方案，那些打算投资地产开发，或那些只是想知道自己的公共社区都会为自己描绘了怎样一幅蓝图的人们都应该阅读它。

区划规范

几何区划法，是1926年在美国最高法院关于俄亥俄州欧几里得村的安波房地产公司案件的判决中得以立法生效的。这个个案树立了一种政府对土地利用区域的划分以及对区内允许存在的功能进行规定和控制的权力。今天，现代的区划概念被定义为"为某一处地产设置允许的土地利用功能进行选择范围的分级"。简单地说，就是界定在一块土地上可以做什么，不可以做什么。这些土地利用可以在规划图上显示出来，而允许选择的土地利用类型则会在区划条款中列举出来。用途分级的准确名称可能有所不同，但一般包括以下几项：办公、商业、农艺、居住、工业、保护区、娱乐、度假和历史保护区。

区划图经常绘制成 1：200 或 1：400 的比例，在政府机构的计划部门可以查阅到。在研究的最初阶段，区划图可以用来准确地描述特定尺寸的地块可以用作什么用途，也可以用来决定哪块地适合进行适当的调整，改变原有的分级结论，允许更大强度的开发。在每个土地利用功能的选择范围内，一系列的关于使用强度的允许范围的因素都会被确定下来，并同时考虑外界条件和规范的限制。例如，在居住类别中简述的用途，就有从高密度的多户一栋住宅的居住单元到一户一栋住宅并且每户占有一定面积的地块的住宅单元等不同的类型。每种类型还会包括一套规定，如定义设计面积的最小标准、建筑红线退道路红线多少米、每英亩用地允许的建筑密度、停车位的要求、最大建筑面积等。任何可能的兼容功能都必须遵守区划规范的指导，符合相关的规定。

规范化的区划法规带给我们的是今天我们还在津津乐道的郊区规划的单一模式。把不同的功能分隔起来，起初是为了避免让类似屠宰场甚至都能开在祖母家隔壁这样的事情发生，但它渐渐地变成一种排斥新变革和可持续生长的强大桎梏。事实上，大多数的传统邻里和我们流连忘返的小镇(像南卡罗来纳州的查尔斯顿、佐治亚州的萨凡纳)，都不能产生于今天现存的这些规章之下。

土地细分条例

土地细分条例树立了一些类似规定土地地块应被怎样划分、

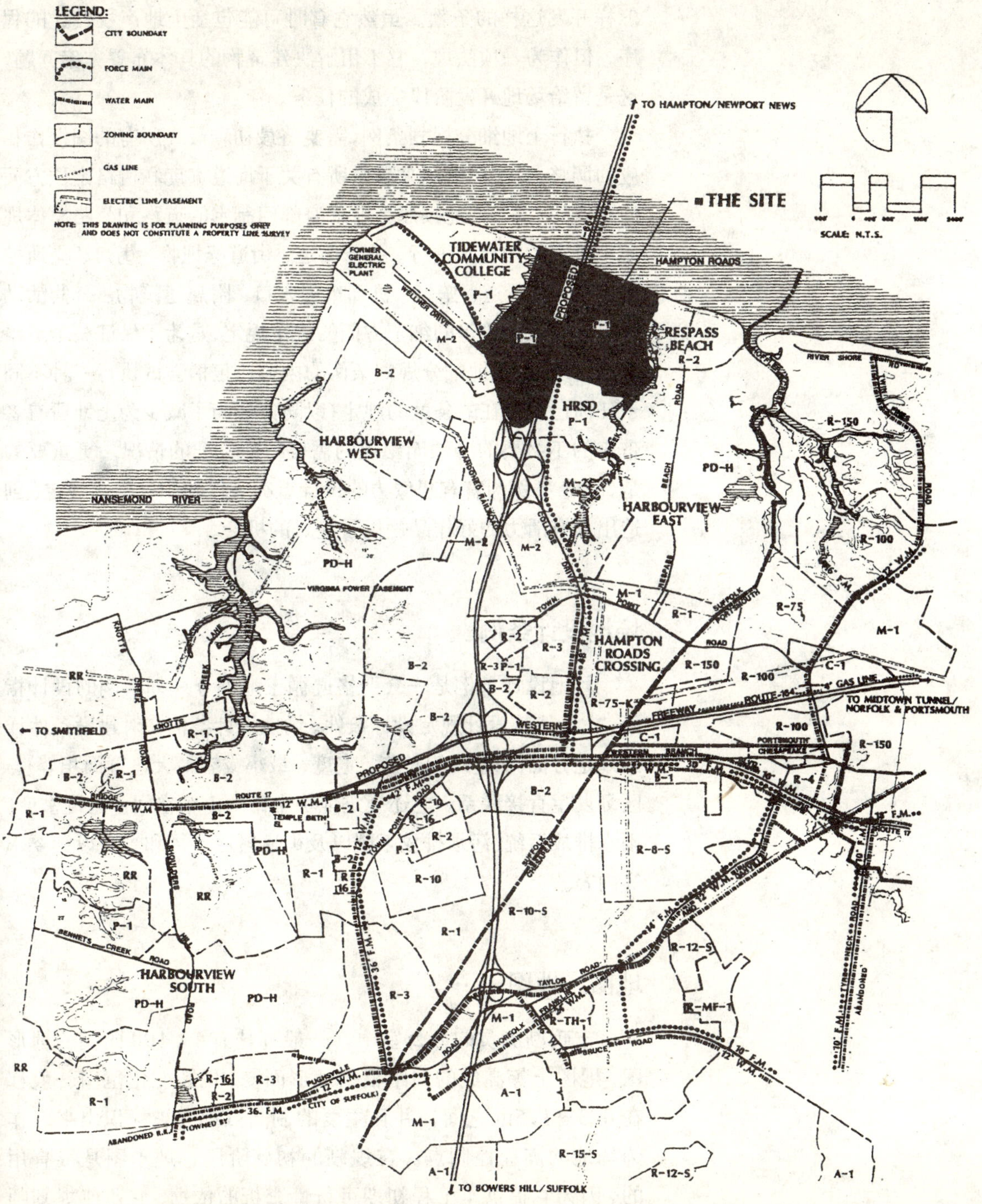
LEGEND:
CITY BOUNDARY
FORCE MAIN
WATER MAIN
ZONING BOUNDARY
GAS LINE
ELECTRIC LINE/EASEMENT
NOTE: THIS DRAWING IS FOR PLANNING PURPOSES ONLY AND DOES NOT CONSTITUTE A PROPERTY LINE SURVEY
TO HAMPTON/NEWPORT NEWS
THE SITE
SCALE: N.T.S.
TIDEWATER COMMUNITY COLLEGE
FORMER GENERAL ELECTRIC PLANT
HAMPTON ROADS
RESPASS BEACH
RIVER SHORE
HRSD
HARBOURVIEW WEST
HARBOURVIEW EAST
NANSEMOND RIVER
VIRGINIA POWER EASEMENT
HAMPTON ROADS CROSSING
TO SMITHFIELD
TO MIDTOWN TUNNEL/ NORFOLK & PORTSMOUTH
WESTERN FREEWAY
ROUTE 164
ROUTE 17
GAS LINE
HARBOURVIEW SOUTH
BENNETS CREEK ROAD
TAYLOR ROAD
BRUCE ROAD
CITY OF SUFFOLK
ABANDONED R.R.
TO BOWERS HILL/SUFFOLK
PD-H
R-150
R-100
R-75
M-1
M-2
B-2
P-1
R-1
RR
C-1
R-4
R-8-S
R-10-S
R-10
R-3
R-12-S
R-MF-1
R-TH-1
R-15-S
A-1
R-16
R-2

图 2.1　区划图

怎样开发这样的条款。虽然它有时可能包括土地产权转让的程序，但作为一项法规，它不用解决建筑物的具体布置方案问题，这是留给场地开发阶段完成的任务。

执行土地细分规划条例，需要将最初和最终所有的图纸作相应的调整，这些图纸用来确保所有关于街道宽度和道路定位方面的必要的改进，都能按照当地政府部门制定的道路和公路总体规划中确定的内容来进行。关于街道、街道标识物、街灯、交通控制设施、人行道、壁灯、机动车出入口、附属建筑物、公共活动区以及娱乐区等等的细节方面的规范规定，是为了保证整个道路的风格统一。土地细分规划条例的内容还包括尝试执行一种不同于任何已经存在的条款的规定，以防万一为了减少为土地所有者带来的不必要的麻烦而出现的需要特殊标准的情况。更重要的是，这个条例为富有想像力的设计者突破僵硬的标准式规定、创造出具有活力的好作品提供了绝好的机会。

场地设计条例

场地设计条例是一套严格遵循土地细分规划条例的设计指南，它为建筑设计规定设计条件。场地设计条例在对建设条件详细规定方面(如建筑的长度、宽度、最小或者最大建筑面积等)与区划发生直接联系。它还规定地块中诸如停车空间、建筑密度、雨水排放系统、污水排放系统以及街道转弯半径和景观设计要求等内容。

地图，地图……

市政勘测员的办公室中，一般都挂有 1:100 比例的地形图。地图上等高线的间距根据地形而变，但其变化范围一般在 0.3~1.5m 之间，并且主要的制高点都会被标识出来以作为场地的高程控制点。在规划的初始阶段，地形图是很有用的，因为它提供了工程初期可行性分析的依据。它还使规划师无须对建设区域进行全面勘测就可获得准确的地形资料，其误

差在 ± 5% 之内。对于建设工程论证前的场地勘测而言，地形图是不可替代的。

平面图表明了场地边界和场地内地物，如树木、建筑、道路、壕沟等的准确位置。平面图比例一般为 1 : 100，通常存档于市政测绘部门或城市工程主管部门。虽然平面图无法表明地形的竖向状况，但它能准确地表明建设区域内地物的位置。显然，平面图越新，它所反映的信息越接近于现状。但是，旧平面图有助于了解场地以往的使用情况，并由此可以判断其原始的地形和其排水方式。平面图与产权图、区域图和地形图结合使用可以向人们传达地块原始地貌的信息。

产权图中的以英尺或英寸为单位的方格网，表明了地块的边界及其大概面积。它还表明了土地所有者的名字以及对土地价值的评估。产权图一般保存在城市财产鉴定官的办公室中。它能帮助社区规划者判断土地目前的使用状况以及未来的使用趋势，同样也可以帮助规划者判断该地块的重视程度是否适宜，产权图还可作为验证平面图的一种手段。在小型市政工程中，产权图是徒手画出来的，很不准确，也不能作为可信的基本资料使用；但是越来越多的市政工程的绘制走向专业化，其准确程度可以与平面图相媲美。无论何时，参考多个信息源，以纠正其自相矛盾之处的做法都不失为一个好方式。准确的基础资料对优秀的社区规划而言是极其重要的。但是意外还是不可避免的，所以规划前彻底的调查还是很明智的。

在深入设计中，考虑建筑底层结构时，污水管线图是必不可少的基础资料。由于在总平面图上只有示意性的表示，其准确程度是很有限的。污水管线图一般保存在市政工程部门或公共设施部门，其上面一般标明了主要支管、重力自流井和主干管的位置。污水管线图的比例在 1 : 1200 至 1 : 1800 之间。独立的污水管、下水道出入口及其范围、标高会在 1 : 200 至 1 : 400 的图纸上标明。与区域图和地形图结合使用，污水管线图可以表明主要的水流方向、管线流通能力、管线的可延长度。末端支管管径一般为 0.1～0.2m。它可以使废水在重力作用下流入上一级支管中，并逐步汇集流入再上一级的支管中。除非废水直接流入污水处理设备,否则汇集的污水最终将流入污水泵站,从那里被排放到污水处理厂。对于那些可以看得懂它们的人,可以从地方工程办公室获得包括现存泵站设施容量在内的计算数据。当获取图纸的目的是为了把排水设施延伸到新建区域时,通常聪明的作法是请一位专业从事基础设施设计的资深工程师来设计污水排放系统。如果需要的话,他(或她)将会建议应该采取什么样的措施来扩大容量。在讨论关于管线延伸带来的影响和关于未来市政设施需要的长远工程时,这些建议往往行之有效。

给水图通常与排污图的比例一致,一般也能从地方工程办公室获得。它们标明了所有给水管线上的水阀和消火栓的位置和尺寸。关于提供给每个区域的水压的计算结果,在城市工程办公室或地方水务局都可以拿到。水力图有用是因为它们能帮助我们决定设置水力管网的可行性和有效性以及把管网延伸到某个地区所需要的费用,它们还能提供有关工程可行性的关键性信息。

许多社区已经建立了主要道路和公路的方案、自行车道方案和绿阴道的方案。主要道路和公路的设计方案利用节点和图例,把道路按照车道数量和在林荫道上是否有道路隔离带分隔机动交通区域与非机动交通区域以及是否有方便标志和标识物等因素来分类。自行车道方案上绘制了用来设计自行车道的网格铺面形式。这并不绝对证明自行车道应完全与街道或人行道分离,但只要它存在,即使只是在图纸上,它也是社区大系统的一个组成部分。

越来越多的地方政府把开放空间的保护与绿道走廊的建设结合起来,以努力维持一个独特的生态系统。当为放松精神而提供机会时,像北卡罗来纳州的罗雷这些地方都已经建立了广阔的绿道系统来连接几个自然保护区,以提高保护区作为高产生态系统和精神放松空间的价值。为尊重自行车道和绿道的完整性而建立的导则必须被复查,以扩大它们的执行效果。

设计区导则

设计区导则通常在特殊的情况下被制定。许多地方政府已经

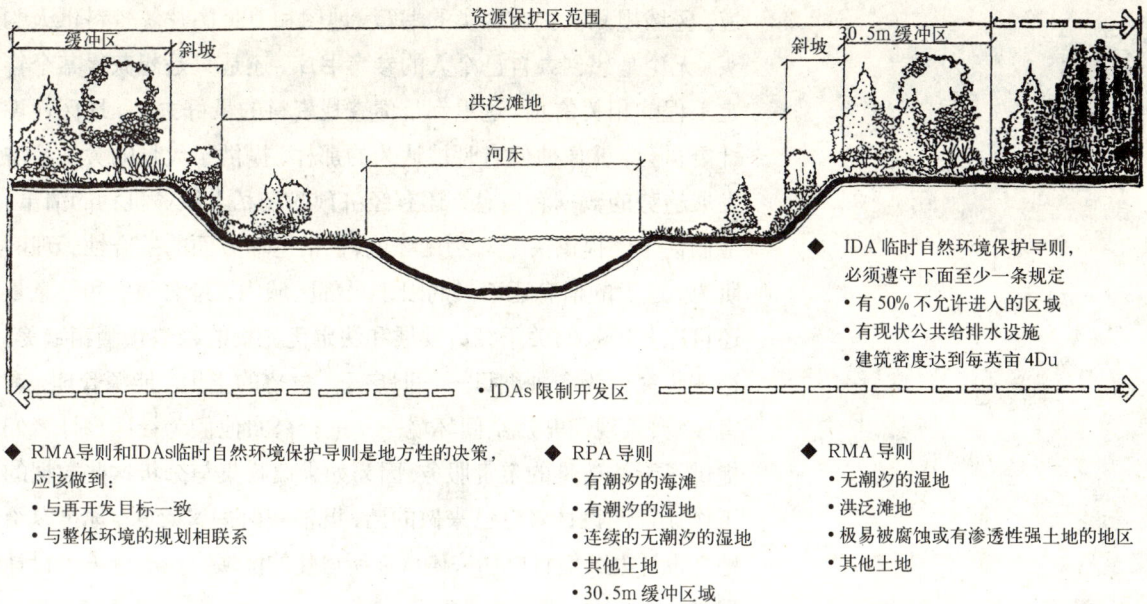

图中文字：
资源保护区范围

缓冲区　斜坡

洪泛滩地

河床

斜坡　30.5m缓冲区

◆ IDA 临时自然环境保护导则，
必须遵守下面至少一条规定
· 有 50% 不允许进入的区域
· 有现状公共给排水设施
· 建筑密度达到每英亩 4Du

·IDAs限制开发区

◆ RMA导则和IDAs临时自然环境保护导则是地方性的决策，
应该做到：
· 与再开发目标一致
· 与整体环境的规划相联系

◆ RPA 导则
· 有潮汐的海滩
· 有潮汐的湿地
· 连续的无潮汐的湿地
· 其他土地
· 30.5m 缓冲区域

◆ RMA 导则
· 无潮汐的湿地
· 洪泛滩地
· 极易被腐蚀或有渗透性强土地的地区
· 其他土地

图2.2 切萨皮克海湾保护法案规定（特波特集团提供）

开始编制相应的规范来维护历史保护区的范围,保护环境敏感区
域或预防城市必需功能用地之间的冲突。如南卡罗来纳州的查尔
斯顿、佐治亚州的萨凡纳和弗吉尼亚州的威廉斯堡这样的城市,
都已经明确划定了历史保护区的范围,并且这些区域被严格的设
计导则保护着。设计复查委员会在颁发建筑许可证前必须要先批
准对建筑进行修缮和改善。

其他情况下,地方政府都被要求遵守国家的规定,以保护有
价值的、与其他州共享的资源。例如,"切萨皮克海湾保护法案"
通过限制对潮汐形成的湿地的侵占来影响切萨皮克海湾区域,通
过尝试降低或适当减少对资源的污染来影响海湾附近的区域。有
些州政府有自己的保护区,那里严格执行着对蔓延生长的限制
(如新泽西松林保护区)。

区域规划机构

区域规划机构是一个很好的获得所有关于地形方面信息的渠

道。区域规划机构有各类的书籍、地图和卫星图片等资料供人购买。无论是想创办自己个人的参考书库，还是只是想获得某个特定工程的相关信息，这里都是你查找资料的最好去处。地区性设计委员会，就像他们有时被认为的那样，提供了大量的关于经济发展趋势的数据和信息，还有经济预测和私人服务机构的清单。他们甚至还提供关于对物化环境，包括运输方面的综合性管理的研究。这里的信息还不只局限于局部区域内，其准确度和信息量还可以与国家的关于经济发展和法定优先权的趋势预测相媲美。这些研究分为各种细目——旧房子、贫瘠的土地、能源管理、有害废物、景观与开放空间环境——进行公布他们为社区设计者们提供了无法估量的宝贵服务，因为如果像收集与分析这些数据的工作让社区设计者自己来做的话，既浪费时间又乏味。你可以给地方设计办公室打电话来确认你所居住的区域有没有地方性设计委员会。

州立机构

　　州级公路的标准仍适用于所有的州属公路。迄今为止，州级公路的标准仍始终被州级交通运输机构管理并完善着，并且其中的大多数路段是在郊野乡村穿过的。然而，随着镇区和城市的扩张蔓延，这些公路仍然保持服从于州级公路机构制定的标准。这样，对速度、道路宽度、交叉口允许通行能力、道路曲率和转弯半径、横断面坡度和纵向道路放坡、桥梁的设计明细表等，都能在州属的运输机构部门从已出版的小册子中查到。

联邦政府机构

　　在联邦政府的各种机构和办事处，可以查阅到数不胜数的信息。我们在这里不想一一列举，但你能肯定的是，每年都能有包含大量的研究结果和规范数据公布。你不得不事先决定哪些方面的信息对你的设计任务是基本的、必需的。否则，你就会很容易被可供查阅的大量数据搞得晕头转向。但如果事先对要查找什么做好准备的话, 就会很准确地找到要找的信息。下面列举的资料来源只是个开始, 如果你想找到更多的东西, 可先打电话或查阅我们列举的这些提供信息的机构的网址。

更多地图

美国地理测绘图制作了一种7.5英寸见方的四方形地图(美国国家地理测绘地形图), 比例为1:2000。从技术的角度上讲, 这些地图是在每个州自己的坐标系统(经度和纬度)的基础上绘制的。这些地图可以在美国国家地理测绘办公室那里获得, 在网上可以在USGS网址查到, 或者如果想找一些局部地区地图的话, 就可以去那些专门为工程公司等提供资料的技术供给商店去查找。在山区, 那些贩卖远足或漂流供给品的商人可能都会携带USGS地图。这些

照片 2.1 USGS 地形学地图

照片 2.2　NWI 地图

资料都经过规范化处理，用来包含以1.5～7.6m为间隔单位的等高线、水体及其深度、小溪流和湿地范围、平原或森林、最重要的和次级重要的公路，有路灯的和未铺装硬地路面的道路以及建筑和坟墓的最基本的落位等信息。USGS地图对于大比例尺度的概念性规划来说，其重要性可以认为是最基本的图纸资料了。作为现状分析工作的源头端，它们提供了非常多的物理数据信息，来帮助社区设计者以使其在工作上的努力取得最大的收效。

对湿地的破坏已经成为许多争论的焦点，法规试图按照湿地能供野生动植物作为栖息地的有生产能力的水质的好坏和地下水的补给能力来对湿地进行详细分类。国家湿地存档部门的地图所提供的信息就是按照生态系统、生态子系统、生态类别和生态子类别将湿地区分为不同的类别。那些在法规中被划归为尚有用处的系统和类型的湿地就会进入下一轮继续的讨论之中。NWI地图是由美国国家渔业及湿地服务机构制作的，人们可以向这个机构直接索取这些地图，也可以从专门为工程公司等提供资料的技术供给商店处得到。这些地图同样可以通过地方上的规划委员会办公室或美国军事工程集团的地方办公室获得。在USGS方块地图中，这些地图显示了湿地的一般性落位，比例也为1英寸：2000英尺。这是一个重大的进步，这使得两张地图可以重叠和彼此覆盖。这样就提供了大尺度规划设计工作的基本地理信息。NWI地图在提供湿地一般性目录清单方面很有用处。然而，要确定湿地是否应该保留的细节分析，就要仰仗资深湿地科学家的实地考察和美国军事工程集团的鉴定了。

空军协调区地带，或者说AICUZ地图，是标明了在空军军事地区内部和周围可能潜在干扰或突发事件的地图。它们是由国防部对在空军军事地区周围那些为了发展扩展的用地造成的不断增加的压力作出反应而绘制的地图。这个地带与宇宙空间轨道是保持一致的，用来发射和回收空间设备。每个地带都按照受到干扰的强度和潜在受冲击的程度分类。协调区的土地利用被要求要事先提出一个地区周围土地发展的指导纲领，以减少可能存在的冲突。

民用航空系统同样也存在着类似的地图，上面标明了潜在的高干扰区。你只能从航空公司总裁办公室或地方不动产联合会处获得一份复印件(顺便说一句，民航老总们可不愿意把这张地图看作是提示潜在冲击、危险和干扰的地图，这会令他们感到一丝恐慌。所以为了迎合他们这种心理，最好确保自己在他们面前不要提起"冲击"这个词)。

许多城市都是沿河流水道或海岸线发展起来的。这样，为了保护洪泛滩地本身的完整以及在人的情感能接受的程度内尽可能多地避免洪泛带来的附加破坏和损失生命的可能性，在洪泛滩地的建设法规就成为极其必要的。洪泛滩地的定义是所有临近水道、水体的，会受到淹没的区域，这些受洪水影响的范围在洪水保护地图中都有详尽的描绘。洪水影响区的边界和洪水活动路线地图由美国联邦能源管理办事处作为国家供水保护纲领的一部分而绘制出版。美国军事工程集团出版洪泛滩地信息报告。所以，这张地图的重要性可想而知。

航拍照片

航拍照片为详细说明水质和土地资源分析提供了自然的和人为的地物地貌。其准确程度要根据现状情况而定，然后才是考虑让土地利用规划突出一系列地方特色。因为实地现状调查是被强烈要求必须履行的程序，而航拍照片使人能够很清楚地知道区域与其周围地区之间的关系。区域特征也在实地调研阶段在照片上如实地反映出来，在不经意间就已一览无余。

在航拍照片中，有各种各样的信息来源。国家联邦票据交换中心的高空和卫星照片就是地球资源观察系统(EROS)信息中心，它位于为南达科他州的 Souix 瀑布，由美国地理测绘机构来管理。EROS中心现存的资料包括有搜集来的1940年至今的大约8百万帧照片、从美国国家航空及太空总署(NASA)获得的照片、国家高空摄影计划(NHAP)从1980年到1987年的照片，还包括NAPP从1987到1991年的照片。NHAP和NAPP都是由很多联邦和州立的办事处资助的，这其中包括有农业部、国防部和对由48个相临界的州组成的整个美国进行系统管理的内阁。严格的飞行参数计算保证了最小的阴影和模糊程度，画面上没有一丝云雾笼罩的迹象。

从EROS中心获得的资料包括黑白、自然色、红外线照片、透明幻灯片、35mm幻灯片以及数码扫描数据等几个种类。这些照片都是立体成对的——两张叠加高清晰度的有强烈立体感的照片——可以用立体镜三维观看。

这些照片都是2.7m×2.7m相互连接的,也有两倍(5.4m×5.4m)、三倍(8.1m×8.1m)和四倍(10.8m×10.8m)大小的放大版以及35mm的幻灯片。你也可以根据需要要求打印特殊尺寸的照片。EROS提供一个免费的、但是有点复杂的索引目录单片缩影胶片,你可以查找需要的信息的存放地点。一个很有用的提示是:要确认好你要查找的区域的坐标(经度和纬度),这有助于你的查找工作顺利进行。

USGS还有一项产品,那就是把计算机的一般性航拍照片与

照片2.3 空中拍摄的城镇规划组图

它的四方地图资源联合起来使用。这项成果被叫做数码正色投影四方图(DOQ)。它们的平直程度都被矫正过，也就是说，它们都已经经过改变和调整，以使其能够与USGS的地理地图在几何性质上吻合。这些图像的比例是1∶12000，表现3.75分的纬度和3.75分的经度(也就是一张7.5英寸见方地图的四分之一)。标准的DOQ是黑白的或红外线的图像。四张这样的地图拼接(图像交叠)就组成了与一张标准1∶24000比例的地形图相一致的区域。你可以以电子文件的形式用CD拷贝DOQ，有时候，也可以从USGS的网站下载(当然是免费的)。查找网址 http://wmc.wr.usgs.gov/orthophoto_basic.html，就可以找到。如果还想获得更详尽的关于航拍图片的信息，可以联系美国地理测量机构在南达科他州的Souix瀑布的数据中心，也可以访问www.terraserver.com。

虽然Terrasever网站包含有从前苏联卫星上拍摄的大量图片，你也能够从那里获得USGS拍摄的图片。这个网址的建立让我们能够很容易地就找到在美国本土和全世界范围内的一些其他地区的地区。你仅仅需要输入这个城市或小镇的名字，然后点击"Goto"，就会看到一长串的显示图片拍摄时间和制作的公司的目录。当你选择了你想看的图片后，双击它，然后一条消息会提示你下载一个用来看图片的软件。按照它说的做，你就可以在自己的机器里存下一幅超级清晰的黑白卫星图片。从这开始，你就可以通过选择放大命令来看到更多或选择缩小命令来浏览地块之间的彼此关系了。这些图片的比例范围从1m每像素到64m每像素都有。

当你选择了一幅USGS图片，对于想看到什么样的图片你会有三种选择：①DOQ图片生成的照片；②该地区的USGS地形图；③一张高空彩色整个地区的卫星图像。如果你对明确你所需的地区的具体位置有难度的话，能在地形图和航拍照片之间来回切换观览方式是非常必要和方便的。记住，即使图片在你的计算机屏幕上看上去很大，当你下载或者打印它时，文件本身可能会很小。

如果你时间紧急，只是想要一幅图片来看看，你可以直接下载USGS图片到自己的机器里，这无需任何费用。你可以把它们切换到可以打印的模式，但是你可能需要下载一系列1m每像素的图片来把它们一一拼接起来。然而，对于精确的土地规划，你需要去购买数字文件，以确保你能使用高精度的图像。记住，大部分的图片不是你所需要的最新的，而可能是数年前的。一些Terraserver上的图片可能会更接近现状，但是在比例上的精度可能不如USGS的DOQ图片。

如果想要更新的图片，或者是想照照片，有些公司和商店可以帮你忙，当然你得为此花点钱。在USGS网站上有些相关链接，提供了大量资料来源的网址，你可以根据需要进行选择，也可以通过电话下订单。

然而，其他的航拍照片的资料来源，可能都不能保证提供你所需要的比例的图片和你所需要的照片(比如35mm幻灯片)，或者像USGS的照片那样是最新现状。在美国土地保护服务机构的地方办公室里，他们提供的该区域的黑白航拍照片是可以反复查阅。你也可以在电话黄页上查找航拍照片服务机构的电话，让他们去拍摄你所需要的照片。但这通常需要你与飞行员或摄影师直接面谈，讨论关于照片所要反映的具体位置和你需要的照片的比例大小。还要提醒的是，别忘了先问问你需要的照片是不是已经拍过了，没有必要只是为拍一张重复的照片再付一次钱。

另一个资料来源是州立公路机构，他们使用航拍照片来进行运输分析和规划。同样地，你得到的照片受到比例上的限制，但通常情况下这些照片是最新的而且绝对真实可靠。

不要忘记咨询一下市政当局是否有航拍照片。这种机构有时候有，但是这些信息可能是限制级的或者不是最新的现状。但是如果你想分析的是发展过程或者核实你所在社区的土地使用模式的话，老照片同样也有用处。在自然状态下为今后十年乃至更长的发展而空白出来的预留地可能会有某些没有被注意到的发展上的限制条件。看了这些照片，你可能会因为这些预设的前提而束缚了创作灵感。但是，一些城市已经有了一套完整的航拍覆膜照片，可以在上面制作蓝图或者直接出售。

土地测量图

土地测量图是由美国土地保护服务机构为各州出版的，讨论关于土地的种类、地形学、地貌、排水和关于土地利用和管理等相关问题。它们对于农作物和牧场、海岸和沙丘、湿地和森林的管理、再生和野生动植物栖息地的问题，以及如何合理利用土地提供细节性的指导。土地种类和它们的所有权被列出来，霜期、成长期，农田和牧场的生产能力和产量以及森林产品的潜在的商业价值也都被一一列举出来。在土地测量图是1英尺等于1/4英里的比例。在航拍图上，土地信息分有清晰的层次，土地名称的缩写被标注在上面。

土地测量图是一个非常有用的工具，它通过充分考虑土地类型而建议一个合理的土地利用方案，从而为该地区土地提供清楚明了的外轮廓线。土地调研提出的推荐发展计划的变量参数，可以通过允许社区设计者了解基于土壤渗透性、深度、盐碱度和收缩膨胀

照片2.4 土壤条件图

特性的等土地基本因素,以及通过考虑土地利用规划是否需要进行改进,增加尚未存在的土地功能等因素,来比较两个地块之间的开发费用,进而影响土地利用规划的建议。对于更多决定性的结果,就有必要进行土地钻孔来确认每块土地的更准确的情况了。

美国军事工程集团

无论是战争时期还是和平时期,美国军事工程集团(以下简称集团)都为军队提供设计、规划和建设服务。然而,在受国会直接领导的同时,集团也有着广泛的民事设计业务范围。它提供河床开发规划的整体设计、整个区域的废水管理设计、区域水体循环回收和洪泛滩地的管理,包括排水管道问题的处理和洪水的控制管理措施。它监察着海岸侵蚀控制管理和飓风防护工程,控制损失的程度和在自然灾害发生的时候执行救助恢复工作,协助地方政府管理洪泛滩地。它管理联邦法律中关于国家航海水域的利用问题的部分,掌管发放采砂场的卸载和向美国净水法案授权的河流里填充矿物质等类似的重大工程的许可证。它还负责鉴定湿地的品质和向市政当局提供遵守《湿地法案》的地方性解释和援助。[1]

小 结

尽管研究工作对高效的社区规划来说必需的,但是在研究阶段多做些工作,对困扰的疑难问题作些后续分析,还是很有可能使整个结果产生完全不同的影响的。你需要什么样的参考资料,取决于你要完成的成果的的比例要求,也和你想要达到的效果息息相关。这一章的内容会给你很多指导——它是一个起点,如果你是这些任务的新手,你会随着对过程的不断了解而对应该提出哪些问题更熟悉。不要犹豫作太多研究分析,在设计之初,除了应该做的以外最好再多做一点。

如果你是个职业的设计师,不要太自以为是了。一只上了年纪的狗都会不断学习新的技巧,俗话说:"骄傲使人落后。"[2]这句话在许多疲于应付工作而忽视前面最基本的现状调研的专业人士身上都应验过。因为我们的社区是不断发展着的,过去的风流韵事和对未来的预支都只不过是生活适时的一幅快照。未来的社区将集中所有我们曾经见过的最好的东西,只要我们不是凭空设计。了解了这一点,分析研究阶段的重要性就不言而喻了。我们在前面简单介绍的和你自己常规的收集资料来源,不仅提供资料的连贯性,还把社区作为一个整体来观察和研究我们为之建立的成长模式。做你该做的事情吧。

第3章

社区设计的程序

【摘要】

❖ 要深刻理解社区设计是一项团体的工作

❖ 要能够从基地状况中发现第一手资料，并通过分析图表达出你的想法

❖ 要能够掌握社区设计中从概念设计到付诸实施的方法

社区设计需要设计者之间的合作,需要金融、财政方面的支持,需要专业人员及地方政府和社会的最大的支持。对于很多刚刚起步的社区来说,其发展是受政治因素影响的,同样很多规划方案能否实现也取决于此,这要靠集体的力量。不同团体有不同的特点,但是它们具有的共性是每个团体都要有一个景观设计师、一个工程师和一个建筑师。非设计人员团体包括环境科学家(土地测量员)、律师、经济学家、经纪人、投资商、土地所有者及开发商。在设计过程中,团体会不断扩大,还会有更多的机构或个人的加入,如市政规划部门的领导及其下属、地方委托机构的工作人员、市议会、各种政府评论部门以及一些感兴趣的团体及个人。

由于计划的编制包含国家或地方的政策问题,因此国家或地方机构的工作人员要加入方案的审查工作中,这就像只有美国

军事工程公司中的人才能够确切地描述出湿地的特征一样。任何一个成功的社区设计都是大家共同努力的结果，参与者的合作意识非常重，尤其是市政领导之间的沟通直接影响到工程的进展，因为他们掌握着社区福利的设置。社区在不断地发展，而现有的分区制阻碍了这种发展趋势，变革的呼声越来越高。通常，这些分区往往是有条件的，市政部门通过权衡开发商的承诺或建议来确定是否改变一个特定的区域范围。例如，为了获得政府的支持，开发商就有可能要支付全部或一部分公众设施的费用(如水方面的费用、下水道工程等等)。

团体的规模取决于工程的大小。显然，一个小规模的社区开发不会有大规模社区那样复杂的人际网络，但规划的过程基本上是相同的。

土地的开发过程是这样的：首先是有待售的土地，个人的或是团体的。在开发商购买之前，土地所有人要制订一个合同，对这片土地规划有一定的制约，并提供一定的条件，依据现有的土地区域划分和对整体社区的考虑。如果设计人员需要资料，就要对现有条件进行分析，得到的资料是最有价值的。

分析的第一步是对市场进行调研，了解市场的需求，以及社区的发展趋势，从总体上进行把握。曾有一家知名公司的调查结果表明，对市场发展趋势的研究与最终方案的成功实施是密不可分的，并且通过市场调研后的方案往往能够最大程度地满足社区的要求，同时对市场的调查也是一个筹集资金的过程。例如：当我们想了解单身住宅的需求时，就要对市场进行评估，就要考虑到下列的因素：土地面积、分区状况、该地区已有这种住宅的数目及近五年内的销售状况，还有其价格涨落幅度等等。同时还要分析该地区的特定经济状况，尤其是当地工作运作的涨落状况及目前工作的极限人数的变化与预计的工作人数的对比状况。据此，经济学家估出社区范围内和市场服务半径范围内的住宅单元的数量，得出自己的结论，作为开发商基于特定状况的依据。

随后，土地规划者开始搜集现状数据，这一步也可能与第一步同时进行。对基地及其周边环境的具体了解可以用表格的

形式表达。这个阶段的所有调查研究工作对后来的工作都是至
关重要的，最终方案的客观与否就看这个阶段的调查工作了。
虽然怎样表达这些数据并没有严格的限制，但下面的表达方法
是非常实用的。

分析图

　　环境发展评价提供了在现状和规划发展过程中搜集的数据，
也包括一些分析和市场环境方面的资料。这些信息将会以某种容
易且很快被理解的方式组织到一起，因为它会被用来作为决定一
个科学合理的安排土地利用方案的关键性依据。从这些信息诞生
的土地利用规划，将会是一个有互补性的、兼容性的而且可能是
有延展性的规划。

　　现状条件分析图显示的是现存的物质约束和它所处的位置。
它是所有用地范围内现状细部和限制条件的罗列清单，诸如地
形、地质、土壤和气候信息、动植物物种以及它们的活动范围。
它会有一个关于限制条款和怎样签定这个条款的详细叙述，或者
其他政府要涉及的领域，包括：州属和联邦属的关于洪泛滩地、
大气和水质的环境影响区域，现有的建筑、街道和市政管线等构
筑物，地表的和地下的水循环(水文)以及像湿地和考古发现或者
历史遗迹这样的独特现状。这种客观的信息将会被用作下一个程
度的分析的起点。

　　区位分析图从现实的条件和某种程度上的主观设计灵感两方
面考虑，综合显示了现状条件分析图中所有客观的数据部分。这
是关于区域的周边情况、道路系统构架、出入口、景观效果、可
视性、对周围环境产生的方向导向以及现存和潜在的视觉焦点标
志物等进行相应的观察和产生判断的阶段。

　　特色分析图吸收了所有数据，把它们集中到一个纯粹主观
的集合中来，将区域中的事物再进一步划分为各种地域分区，显
示每个分区内在固有的环境品质。这个特别有价值的工具为我
们提供了对这个设计区域在特殊地段应该有哪些特殊设计的初
步判断。

■ WATER:
• T AVERAGE WATER DEPTH ON SHORELINE. 6' WATER DEPTH 2,500 OFFSHORE. GOOD WATER QUALITY.

■ SHORELINE:
• EROSION EVIDENT, INTERMITTENT AREAS OF SANDY BEACHES, MARSH GRASSES, BLUFF AREAS, AND DISCARDED CONSTRUCTION MATERIALS

■ EXISTING WEIR, EROSION EVIDENT

■ FRESHWATER LAKE, ELEVATION =5

TIDEWATER COMMUNITY COLLEGE

■ EXISTING PROPERTY LINE

■ PROPOSED PROPERTY LINE THROUGH LAKE

■ TWO LANE BRIDGE

■ EXISTING 10' F.M.

■ BEGINNING OF BRIDGE EMBANKMENT

■ ENTRANCE TO T.C.C.

■ ENTRANCE TO GENERAL ELECTRIC PLANT

■ EXISTING ABANDONED RAILROAD

■ UNDIVIDED TWO-LANE VDOT/ HRSD ACCESS ROAD

■ TIMBER HAS BEEN HARVESTED. REGROWTH IS 6' TO 10' LOBLOLLY PINES.

■ INTERSTATE 664 BRIDGE TUNNEL TO DOWNTOWN NEWPORT NEWS (UNDER CONSTRUCTION)

PREVAILING SPRING-SUMMER WINDS 10 TO 12 MPH

HAMPTON ROADS

■ I-664 ON GRADE CONSTRUCTION

■ 50' HRSD EASEMENT

■ RIP RAP OUTFALL FOR I-664 CONSTRUCTION

■ V.D.O.T. WEIGH STATION

■ ACCESS TO HRSD PLANT

■ HAMPTON ROADS SANITATION DISTRICT FACILITY

◄ TIDAL POOL WETLANDS

◄ FRESHWATER LAKE, ELEVATION =5

■ EXISTING RESPASS BEACH COMMUNITY

■ EXISTING CHAIN-LINK FENCE (8' HIGH WITH BARBED WIRE)

COLLEGE DRIVE

PREVAILING WINTER-FALL WINDS 11 TO 12 MPH

LEGEND:

	EXISTING BUILDINGS & STREETS
	WETLANDS - FLOODPLAIN
16A	SOIL TYPES
	TREE LINE
	WATER
	PROPERTY LINE

■ SEASONAL CLIMATIC DATA:

SEASON	MEAN SEASONAL TEMPERATURE	MEAN SEASONAL PRECIPITATION	SEASONAL PREVAILING WINDS	MEAN SEASONAL WIND SPEED
WINTER	40.5°F	3.68 IN	NNE	11.5 MPH
SPRING	57.4°F	3.50 IN	SW	12.3 MPH
SUMMER	75.9°F	5.22 IN	SW	10.2 MPH
FALL	60.4°F	3.63 IN	NNE	11.0 MPH

■ NOTES:
• EXISTING OYSTER BED LEASE AREA CONTROLLED BY J. C. BURTON
• CLEARED AREAS PRESENTLY BEING INVADED BY EARLY SUCCESSION PIONEER SPECIES.
• CONTOUR INTERVALS 5
• THIS DRAWING IS FOR PLANNING PURPOSES ONLY AND DOES NOT CONSTITUTE A PROPERTY LINE SURVEY.

■ SOILS & VEGETATION:

SOIL TYPE	SOIL QUALITY	COMMON TREES
KALMIA (10 A)	DARK GRAYISH BROWN FINE SANDY LOAM MODERATE PERMEABILITY STRONG TO VERY STRONG ACIDITY 0 - 2% SLOPES	LOBLOLLY PINE YELLOW PINE SWEETGUM HICKORY
BOHICKET (3)	DARK GRAYISH BROWN SILTY CLAY LOAM VERY SLOW PERMEABILITY EXTREME ACIDITY WHEN DRY 0 - 1% SLOPES/PRIMARILY WETLANDS	SALT-WATER-TOLERANT GRASSES & FORBS ONLY
NANSEMOND (15E)	GRAYISH BROWN LOAMY FINE SAND MODERATELY RAPID PERMEABILITY STRONG TO EXTREME ACIDITY 15 - 30% SLOPES	LOBLOLLY PINE YELLOW POPLAR HICKORY
NANSEMOND (16A)	GRAYISH BROWN FINE SANDY LOAM MODERATELY RAPID PERMEABILITY STRONG TO EXTREME ACIDITY 0 - 2% SLOPES	LOBLOLLY & SHORTLEAF PINE YELLOW POPLAR OAKS
DRAGSTON (6)	DARK GRAYISH BROWN FINE SANDY LOAM MODERATELY RAPID PERMEABILITY STRONG TO VERY STRONG ACIDITY 0 - 2% SLOPES	LOBLOLLY PINE SWEETGUM OAKS
KALMIA (10B)	DARK GRAYISH BROWN FINE SANDY LOAM MODERATE PERMEABILITY STRONG TO VERY STRONG ACIDITY 2 - 6% SLOPES	LOBLOLLY PINE YELLOW POPLAR OAKS

■ DEVELOPMENT LIMITATIONS:

SOIL TYPE	BUILDINGS	STREETS
KALMIA (10A)	SLIGHT	SLIGHT
BOHICKET (3)	SEVERE: FLOODS, PONDING, SHRINK-SWELL	SEVERE: LOW-STRENGTH, PONDING, FLOODS
NANSEMOND (15E)	SEVERE: SLOPE	SEVERE: SLOPE
NANSEMOND (16A)	MODERATE: WETNESS	MODERATE: WETNESS
DRAGSTON (6)	SEVERE: WETNESS	MODERATE: WETNESS
KALMIA (10B)	MODERATE: SLOPE	SLIGHT

LIMITATIONS DEFINITIONS:

SEVERE - SOIL PROPERTIES ARE UNFAVORABLE. LIMITATIONS CAN BE OFFSET ONLY BY COSTLY SOIL RECLAMATION, SPECIAL DESIGN, INTENSIVE MAINTENANCE, LIMITED USE OR BY A COMBINATION OF ALL OF THESE.

MODERATE - LIMITATIONS CAN BE OVERCOME BY PLANNING, DESIGN OR SPECIAL MAINTENANCE.

SLIGHT - SOIL PROPERTIES FAVORABLE.

REFERENCES:

SOIL SURVEY OF CITY OF SUFFOLK, VIRGINIA. PREPARED BY THE U.S.D.A. AND THE SOIL CONSERVATION SERVICE.

■ I-664 TO WESTERN BRANCH FREEWAY AND EAST I-64

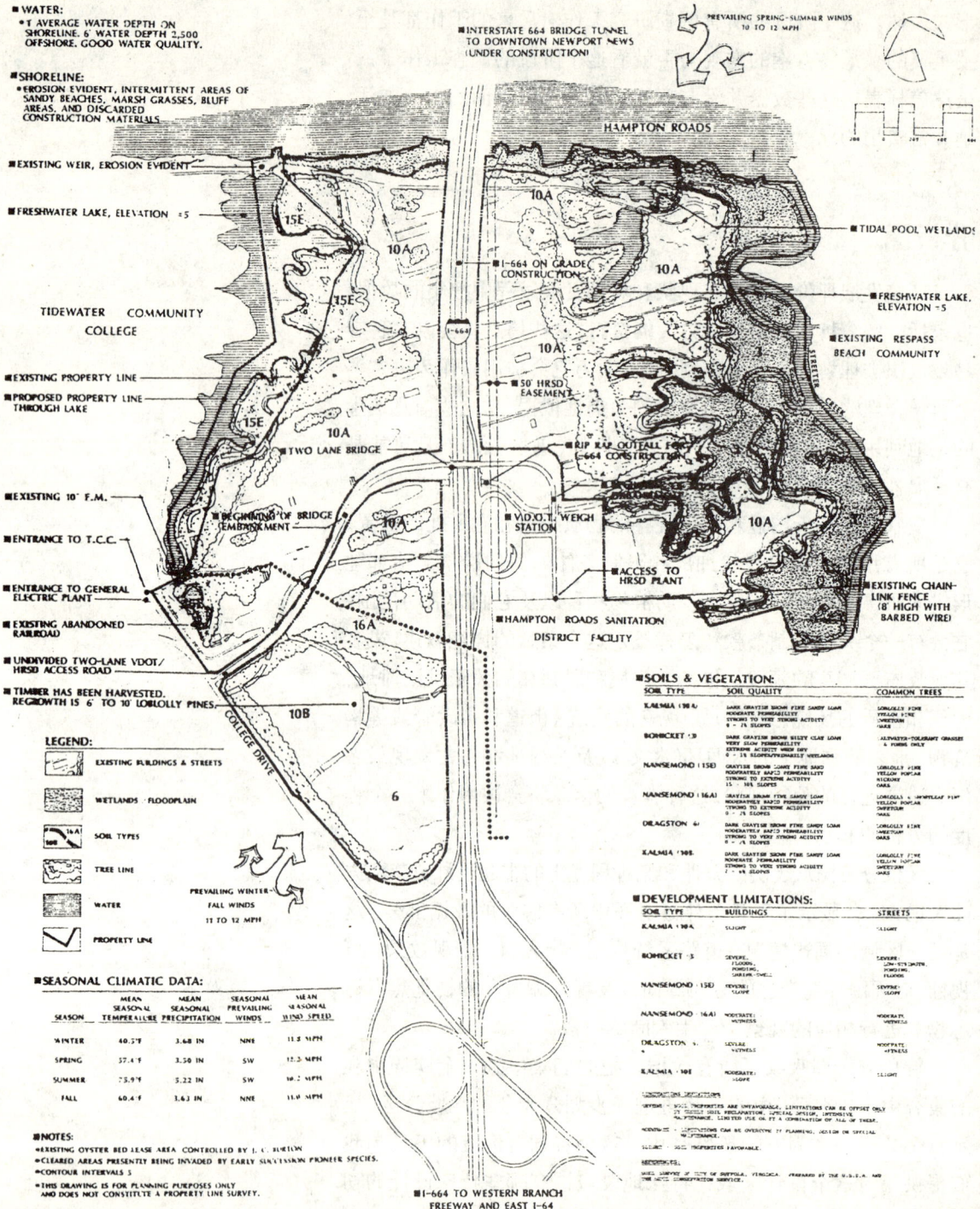

图3.1 现状条件分析图

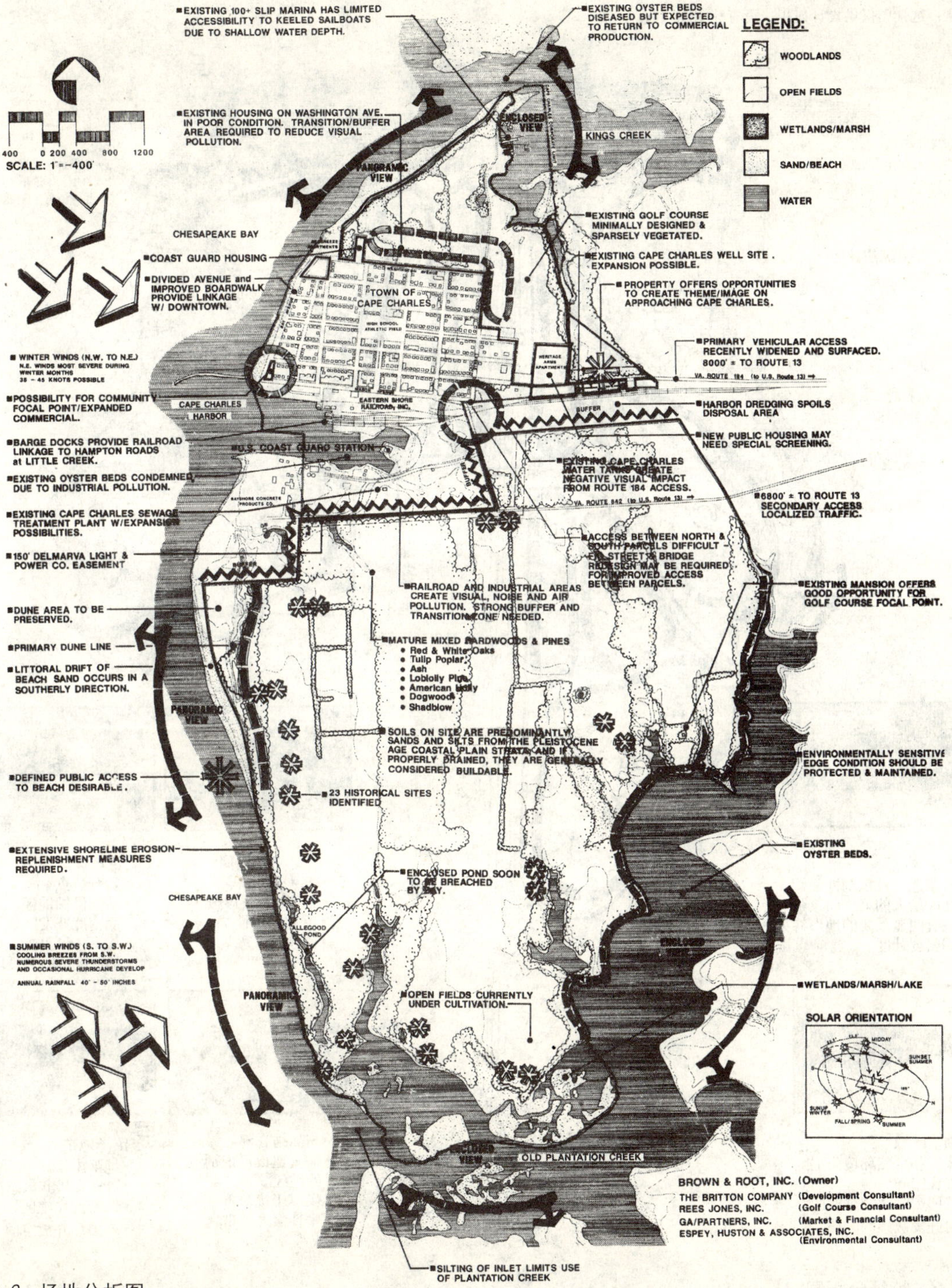
EXISTING 100+ SLIP MARINA HAS LIMITED ACCESSIBILITY TO KEELED SAILBOATS DUE TO SHALLOW WATER DEPTH.
EXISTING OYSTER BEDS DISEASED BUT EXPECTED TO RETURN TO COMMERCIAL PRODUCTION.
LEGEND:
WOODLANDS
OPEN FIELDS
WETLANDS/MARSH
SAND/BEACH
WATER
400 0 200 400 800 1200
SCALE: 1"=400'
EXISTING HOUSING ON WASHINGTON AVE. IN POOR CONDITION. TRANSITION/BUFFER AREA REQUIRED TO REDUCE VISUAL POLLUTION.
ENCLOSED VIEW
KINGS CREEK
PANORAMIC VIEW
CHESAPEAKE BAY
EXISTING GOLF COURSE MINIMALLY DESIGNED & SPARSELY VEGETATED.
COAST GUARD HOUSING
EXISTING CAPE CHARLES WELL SITE. EXPANSION POSSIBLE.
DIVIDED AVENUE and IMPROVED BOARDWALK PROVIDE LINKAGE W/ DOWNTOWN.
TOWN OF CAPE CHARLES
PROPERTY OFFERS OPPORTUNITIES TO CREATE THEME/IMAGE ON APPROACHING CAPE CHARLES.
HIGH SCHOOL ATHLETIC FIELD
PRIMARY VEHICULAR ACCESS RECENTLY WIDENED AND SURFACED. 8000' ± TO ROUTE 13
WINTER WINDS (N.W. TO N.E.)
N.E. WINDS MOST SEVERE DURING WINTER MONTHS
35 - 45 KNOTS POSSIBLE
VA. ROUTE 184 (to U.S. Route 13)
POSSIBILITY FOR COMMUNITY FOCAL POINT/EXPANDED COMMERCIAL.
CAPE CHARLES HARBOR
EASTERN SHORE RAILROAD, INC.
BUFFER
HARBOR DREDGING SPOILS DISPOSAL AREA
BARGE DOCKS PROVIDE RAILROAD LINKAGE TO HAMPTON ROADS at LITTLE CREEK.
U.S. COAST GUARD STATION
NEW PUBLIC HOUSING MAY NEED SPECIAL SCREENING.
EXISTING OYSTER BEDS CONDEMNED DUE TO INDUSTRIAL POLLUTION.
EXISTING CAPE CHARLES WATER TANKS CREATE NEGATIVE VISUAL IMPACT FROM ROUTE 184 ACCESS.
VA. ROUTE 642 (to U.S. Route 13)
6800' ± TO ROUTE 13 SECONDARY ACCESS LOCALIZED TRAFFIC.
EXISTING CAPE CHARLES SEWAGE TREATMENT PLANT W/EXPANSION POSSIBILITIES.
ACCESS BETWEEN NORTH & SOUTH PARCELS DIFFICULT - ELM STREET'S BRIDGE REDESIGN MAY BE REQUIRED FOR IMPROVED ACCESS BETWEEN PARCELS.
150' DELMARVA LIGHT & POWER CO. EASEMENT
RAILROAD AND INDUSTRIAL AREAS CREATE VISUAL, NOISE AND AIR POLLUTION. STRONG BUFFER AND TRANSITION ZONE NEEDED.
EXISTING MANSION OFFERS GOOD OPPORTUNITY FOR GOLF COURSE FOCAL POINT.
DUNE AREA TO BE PRESERVED.
MATURE MIXED HARDWOODS & PINES
Red & White Oaks
Tulip Poplar
Ash
Loblolly Pine
American Holly
Dogwood
Shadblow
PRIMARY DUNE LINE
LITTORAL DRIFT OF BEACH SAND OCCURS IN A SOUTHERLY DIRECTION.
SOILS ON SITE ARE PREDOMINANTLY SANDS AND SILTS FROM THE PLEISTOCENE AGE COASTAL PLAIN STRATA AND IF PROPERLY DRAINED, THEY ARE GENERALLY CONSIDERED BUILDABLE.
ENVIRONMENTALLY SENSITIVE EDGE CONDITION SHOULD BE PROTECTED & MAINTAINED.
DEFINED PUBLIC ACCESS TO BEACH DESIRABLE.
23 HISTORICAL SITES IDENTIFIED
EXTENSIVE SHORELINE EROSION-REPLENISHMENT MEASURES REQUIRED.
EXISTING OYSTER BEDS.
ENCLOSED POND SOON TO BE BREACHED BY BAY.
CHESAPEAKE BAY
ALLEGOOD POND
SUMMER WINDS (S. TO S.W.)
COOLING BREEZES FROM S.W.
NUMEROUS SEVERE THUNDERSTORMS AND OCCASIONAL HURRICANE DEVELOP
ANNUAL RAINFALL 40" - 50" INCHES
WETLANDS/MARSH/LAKE
OPEN FIELDS CURRENTLY UNDER CULTIVATION.
SOLAR ORIENTATION
MIDDAY
SUNSET SUMMER
SUNUP WINTER
FALL/SPRING
SUMMER
ENCLOSED VIEW
OLD PLANTATION CREEK
BROWN & ROOT, INC. (Owner)
THE BRITTON COMPANY (Development Consultant)
REES JONES, INC. (Golf Course Consultant)
GA/PARTNERS, INC. (Market & Financial Consultant)
ESPEY, HUSTON & ASSOCIATES, INC. (Environmental Consultant)
SILTING OF INLET LIMITS USE OF PLANTATION CREEK

图3.2 场地分析图

注：这张图仅供设计使用，没有标明地权线。

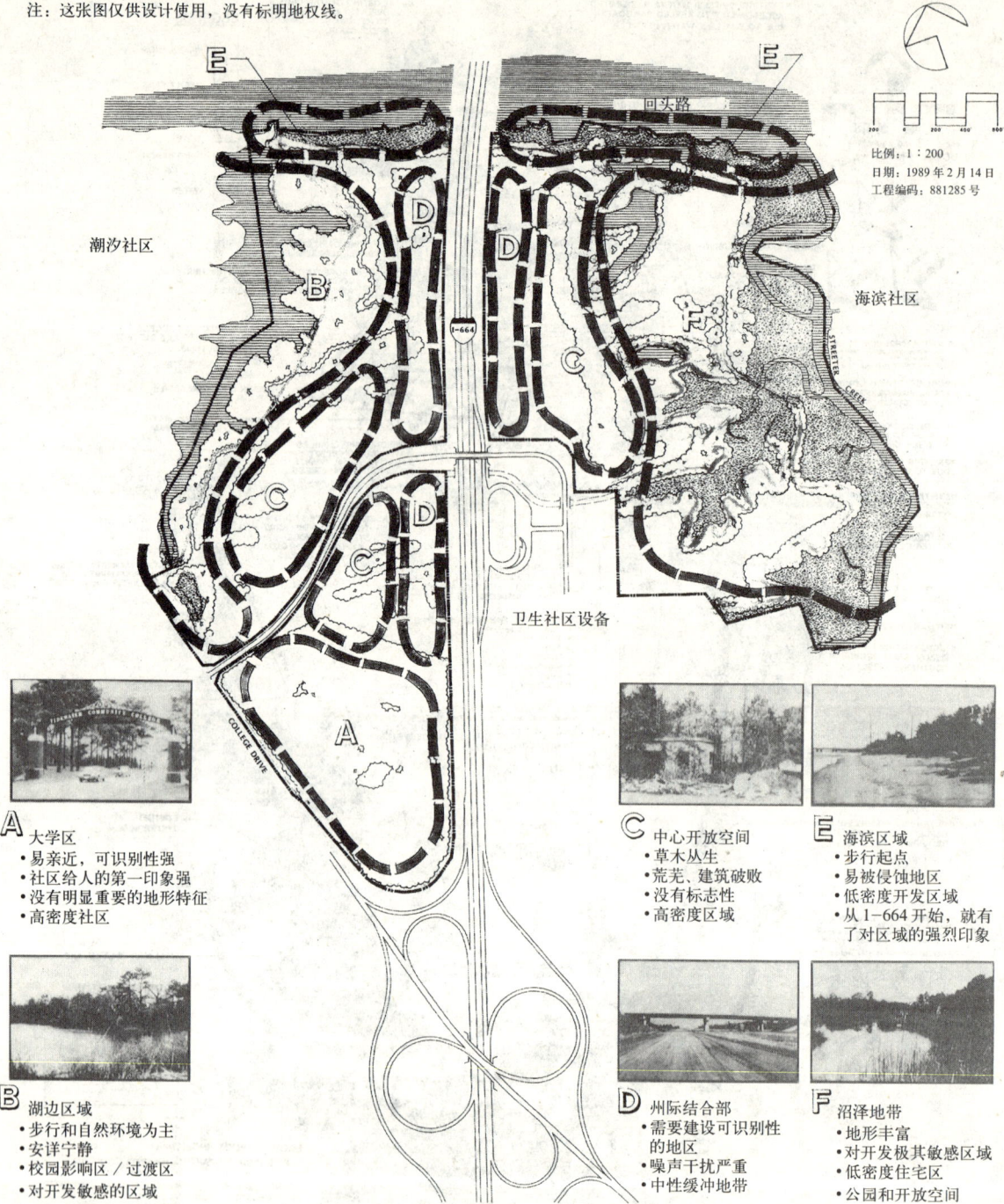

潮汐社区

回头路

海滨社区

比例：1：200
日期：1989年2月14日
工程编码：881285号

卫生社区设备

A 大学区
- 易亲近，可识别性强
- 社区给人的第一印象强
- 没有明显重要的地形特征
- 高密度社区

B 湖边区域
- 步行和自然环境为主
- 安详宁静
- 校园影响区／过渡区
- 对开发敏感的区域

C 中心开放空间
- 草木丛生
- 荒芜、建筑破败
- 没有标志性
- 高密度区域

E 海滨区域
- 步行起点
- 易被侵蚀地区
- 低密度开发区域
- 从 1－664 开始，就有了对区域的强烈印象

D 州际结合部
- 需要建设可识别性的地区
- 噪声干扰严重
- 中性缓冲地带

F 沼泽地带
- 地形丰富
- 对开发极其敏感区域
- 低密度住宅区
- 公园和开放空间

图3.3 特征分析图

为什么我们需要它们？

　　分析文件的最基本的功能，是帮助这个设计团队理解所选场所的限制条件和有利条件。文件还是在公众集会中提供给社区领导者尽可能详尽简洁的相关信息的有益的证明。另外，这些证明还帮助给提供建设资金的投资者们作出计划建设项目的可行性论证，给监理人员提供设计委托书，给市政议会提供批准标准和区划方面的修改；对于公众，正如我们前面所讨论的那样，把发展事物放在政治层面处理时，越早引入公众监督，越能减少将来发生矛盾的可能。现今关于郊区蔓延的讨论，对控制和发展的多种选择余地的出现或者对都市成长浪潮的再关注，已经创造了一种在一个工程中公众参与在早期就介入时必要的氛围。因此，知情的公众有利于降低误导信息和对修改的敌对态度。以往这种敌对通常通过报刊杂志、广播途径或者在市政议会及设计委员会的公众意见征集中反映出来，这种情绪的激烈程度常常被媒体夸大，以提高发行量和收视率。这就加重了社区设计团体在收集工程需求程度方面的资料的负担。分析证明可以作为可靠的材料提供给设计人员，它们还建立了标准，以评审计划中开发项目的必要性。

　　研究和分析的最后一步是对"程序"的定义。委托人对他要实施的项目的内容心中有数。设计团队的责任是清楚地确定工程的目标和期望，用在研究和分析过程中发现的限制和有利条件把它们合二为一。最后，"程序"应该与选址地中将进行的满足社区一般要求的行为或活动的需要有关。但是，这些要求不仅仅包括设许多网球场和停车位，它应该还包含技术和艺术方面的内容。

　　例如，一个纯技术的设计定义，明确说明某种活动的需要（如公园设计要包含2个网球场、4个篮球场、6个足球场和容得下50人同时野餐的场地以及75个车位）。同样，设计定义中的艺术方面的部分可能规定要能让来到这个公园的游客经历哪些感受（如公园应为家庭小聚提供美丽而放松的气氛）。这样，每部分都清晰定义了公园的目标，把它们综合起来就表达了公园应满足要求的整体。

因此，在设计开始之前，足够的"程序"是必要的。实际上，可以说如果有了好的"程序"，社区设计就成功了一半。然而，由于"程序"迫使设计者关注工程要达到的目标，它不应因为小的细节就被轻易改变，它只能在当有了新的信息出现或者又自行显现了新的有利条件时才被改变和调整。

设计阶段

设计阶段是创造性的活动，是解决社区设计中具体问题的过程。凭着市场评估的信息和分析证明投入证明过程，它是过程中必然的一步。概念的观念化是试图把"程序"中的目标与市场需要和场地限制条件连接起来，简单地放在一起，就含有这样一个预想：从混乱中创造秩序的技巧。

在设计过程中，通过发展和精练，找出可供选择的多种设计实际工程的方法措施和可以解决特殊构思要求的途径，从而产生新的设计理念。在这点上，最好记住，没有完美的设计，最合适的解决方案可能就是把"程序"中市场需求驱动力与社区渴望达到的标准结合的方案——没有必要选看上去最漂亮的。还有，像环境规范、建筑风格、技术标准、居民社会多样性和市场需要等这些因素，是在不停波动着的。两年前的解决方案(或几个月前某些个案中的解决方法)都不可能再充分满足今天社区的所有要求。

可供选择的方案可以是徒手草图形式。土地利用类型通常表示为吹泡图解形式，土地利用功能的确定最终将提高和促进一个与周围条件最适合的方案。每种选择方案的效果应被认同，且应该通过对邻里内部的、邻近的、周围的和附近的环境对邻里的直接或间接的不断加强的影响的关注来分析概念。解决途径的数量是会变化的，但在最初的探察中，这种现象很正常，因为即使1个问题有10个可能的解决办法，最终它们大多数还是会无疾而终的。

例如，一个办法可能能够满足市场的这些需要了，但是却不能满足场地规划法则中的关于交通方面的技术要求(如交通灯之间的间距和在下一级详细规则中规定的道路最大允许通行量)。

设计方案组

　　设计方案组是一个简单的、结构紧凑的设计部门,在其中,设计团队和许多其他职员共同工作,这些职员包括城市议会成员、土地所有者、开发商和所有对此感兴趣的市民。

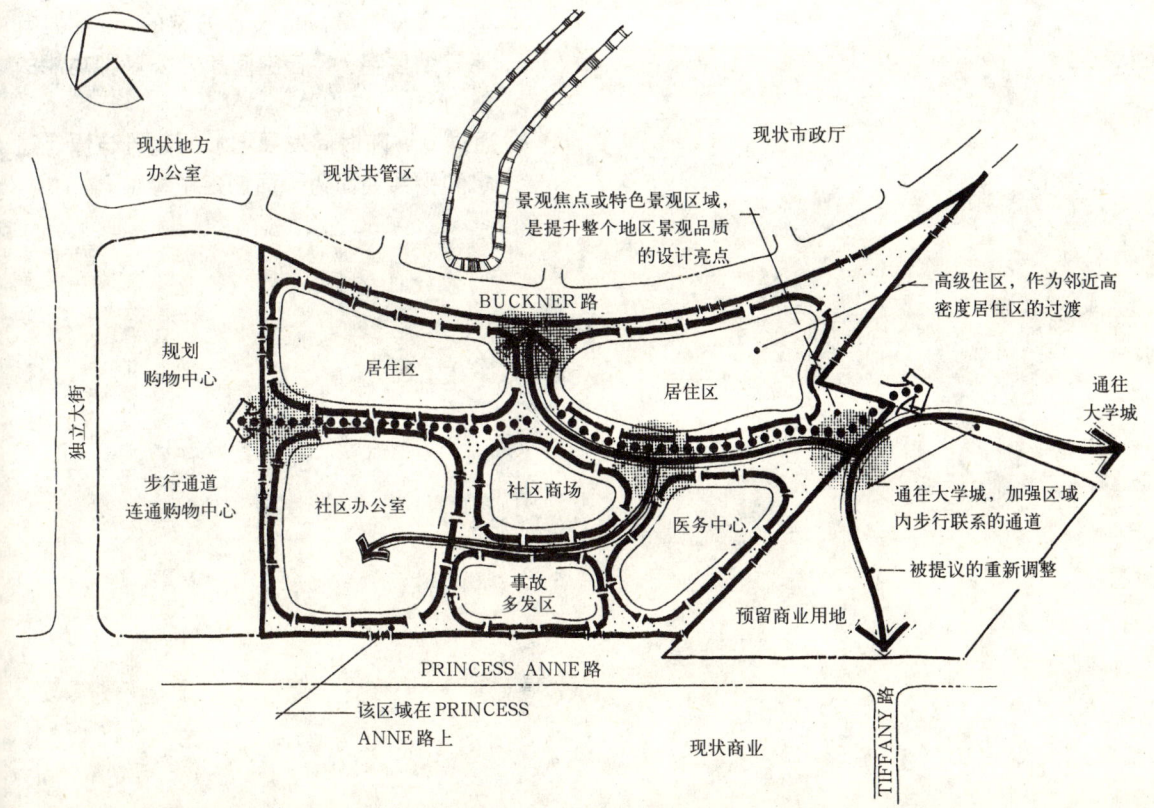

图3.4　泡沫图表

项目分析：城市中心区，麦迪逊市，威斯康星州

位置：麦迪逊市
业主：威斯康星州的麦迪逊市
设计团队：城市设计合作所
项目用地：79 英亩(31.97hm²)

主要特征：

- 最初阶段包括混合功能区、公寓、低层住区等多种建筑类型共同组成的新的邻里单元的地理中心和商业中心。
- 第二阶段包括一户一房的住区和其他普通住宅类型的结合。
- 一个图面规矩的方案，区分出私人和公共的领地范围。
- 道路标准提供了对R—O—W的限制，典型特征分明的设计如散步小径、公园人行步道和公共空间等。社区均匀的结构以图的形式被描画出来。
- 建筑标准是提供给建筑群和要满足建筑类型的多样性要求的设计方案的，设计要有能容纳住宅、零售空间和办公多种功能的能力。
- 通过允许随时间发展增加的建筑与原有建筑和平共处而为平面制定了标准。

项目设计构思

　　这个工程的目的是在闹市区外的绿地中开发一个城镇中心，这个城镇中心需要与不同年龄阶段人的生活中多种多样的活动和场所紧密结合。方案需要创造出一种场所，这里有渐渐萎缩的机动车交通量，能为开发地区提供更多的开放空间，还能为居民创造一种更高水平的自信和愉快的气氛。用了近一周的时间开研讨会，为城镇高密度区（雷蒙德邻里）开发计划建立工作框架。这个过程对于政府的公务员、公众的非盈利组织和各种土地所有者之间的协调是很必要的。工程在麦迪逊市地铁区域激励了额外的新的尊重传统的开发前景。当这个工程对于普通建筑者的方法论意义比对于设计高级的建筑更适应时，它就确实能指导利用不同建筑类型去协调城市的形式，也就允许在没有严格的设计复查过程下进行建造。

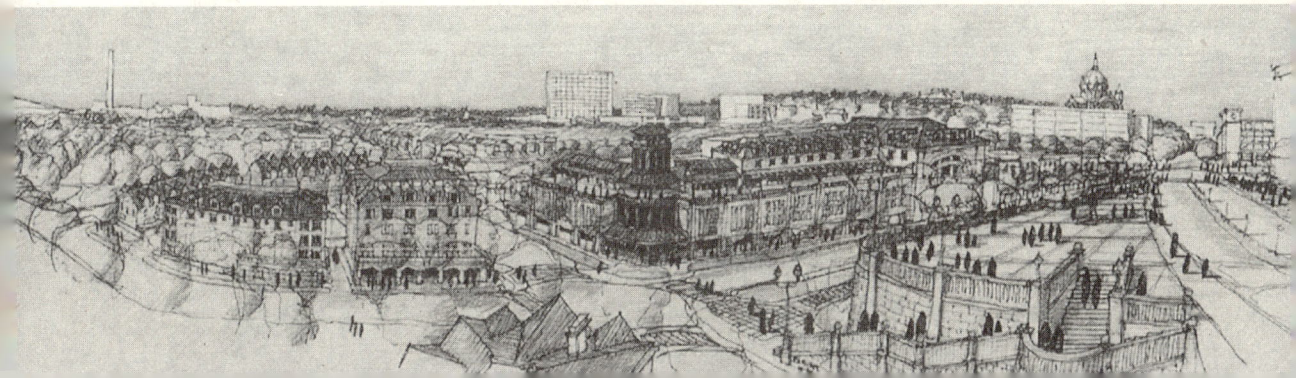

这个组织的目的是创造满足社区需要的方案。这个会议可以持续几天甚至一周。通常，研讨会开始先举行一个公众会议，在会议上，先大体上介绍一下工程的一般情况，以让每个参与者(持款人)明白必须作哪些事。然后，设计团队将召开私人会议，向那些社区中的关键成员，询问一些在研究和分析阶段未能找到答案的特殊问题。设计团队通常在场地附近建立一个工作场所，在里面做问答笔录工作。这个工作场所对公众是开放的，里面有展示区，人们可以看到本地区最新的开发情况。每个概念设计阶段，设计团队都将主办这样的公众会议，这种回馈式的会议是必需的，因为它们能让投资者觉得他们的意见被认真听取并给予了仔细的考虑，即使它们未必在最终方案中得到体现。公众参与的程度视每个工程而异。但是专业人员不能因此忽略和轻视公众关于他们社区的需求。对设计问题感兴趣的社区团体和参与设计过程的个人不应该被认为是干扰了设计。如果人们觉得他们在设计过程中提出了建议，而且他们的利益也受到了重视，他们就会采取更积极的态度去接受变化和发展。研讨会的目的是为了利用各种集会，以提高对设计的理解，使公众更好地参与设计的同时也能满足公众的需要。然而，除非是一个有经验的领导在运作这个研讨会，否则它很可能因目的不明确而最终导致完全失去方向。

最终方案是创造活动的结果：合并研究数据、程序、目标、场地因素和资金投入情况。设计想法被精练成与需要的数量相等的可实施的措施。记住，没有最好的方案，只有相对好的方案。对公众和社区的事物的复查结束后，最终概念设计的产生是为了对各阶段公众参与的意见进行表达。一旦概念的设计得到地方上的认同，设计阶段的下一步就是方案的精加工，或者叫做初步土地细分规划。

初步土地细分规划

利用概念方案中提出的广泛的建议作为指导,初步土地细分规划针对在基地选址、详细规划和区划法令中发现的开发需要提供了具体的标准,以便创造出一个更细化的对工程的表达。尽管这个方案可能是徒手草图,也应该有比例关系,并注意规范,如道路的设计标准(转弯半径、平行相切等)。

例如,初步详规方案的元素应该包括许多必需的停车空间、景观的过渡带、最大允许程度的土地划分范围、雨水的汇集处或方便排出的渠道,以及出入口的位置。这一阶段是要检验概念的质量。好的概念需要改的地方很少,然而,这一阶段中绘制的比例尺度上的错误可能会迫使将来耗时耗资的改变。一旦草图完成了,初步详规方案就会被送交地方设计机关去审查通过。

这时,地方规划师需要说明方案是怎样具体符合在各种地方法令中已经建立的规章,或吻合为这个工程新产生的或已经实行了的区域法规章程的。如果设计师是很认真地完成他的设计的话,在这里就没有什么要改的了。

初步方案被批准后,就步入设计硬性标准阶段。硬性标准是精确地表达概念的元素,创造一个同建成后一样的真实的景象。这一图中,所有直线曲线都是用一个参考点,如已存在的线或测量的标志等作为参照计算出来的。基准点是测绘队员们测出来的标准点,为的是给这个已知点建立一个水平和垂直的坐标(如一棵大树或下水道井盖)。

当设计一小块土地的硬性标准方案时,初步详规方案可以被用作指导。从最初开始计算街道中心线开始,制图人就要遵

照片 3.1　公众会议(由城镇设计合作组提供)

守地方法规(两个转弯之间的最小距离、最小转弯半径、尽端路的回车空间面积、最小地块尺寸和障碍物等),以确保方案的精确性,能准确表达所要建立的项目。方案中要包括明确的产权界限和地块轮廓,公众权界,街道、公共建筑和公用附属设施。

然后就是对概念质量的第二道审查。然而,即使有最好的概念,把方案精确地反映到图纸上查找概念设计阶段出现的细微错误情况也是常见的。例如,在最后的敲定中,一个由另一个事务所设计的高尔夫训练场的概念方案设计过程中,笔者就发现场地上有19个洞,再仔细检查,发现除了大量不合乎地方设计法规条款的住房之外,还出现了两个9号洞。这种错误常常被忽略,导致业主在最终详细的设计方案完成之前,还要为审查概念方案而增加支出。

原始的方案看上去总是很漂亮的,但它缺少实际设计问题的考虑。记住,画面漂亮的方案常常意味着没有可行性,反之亦然。图面表达的质量高低可能会使一个方案被通过或者否定,一个适时满足所需的设计,常常因为表达不充分或图面效果不好而被否决。非设计人员很难通过二维画面想像出建成后的效果,但是他们不应该再被附加上观看图面表达不好的方案图的任务。因此,像设计委员会和城市议会的复查公布栏是最重要的,这样的途径应被用来当作展示尽可能好的方案,再以它为基础得出结论。好的图面表达十分重要,但是图面不应该作为劣质方案的伪装。初步详细设计阶段结束后,设计阶段就正式开始了。

方案的实施阶段

随着方案设计阶段的结束，实施阶段就开始了。硬性指标用来形成地块最终详细方案细化后的每个地块，辅助详细的设计图的完成和作为在该地块内测量人员施工监测的参考资料。

最终详细设计方案是对该地区预定目标的比例精确的表达，它被用作面对公众团体的一般表达方式，在复查公告栏上公布以获得最终批准。一个详细设计方案是建立财产所有权、公用土地地权和公众权界的记录性文件。它被用来规定私人土地所有权的分配，地方上需要它作为土地产权的记录、作为最终批准的记录性文件，它的改变将被加入公共的记录。详细设计方案还被用作物理测量中现场监测的基础，并被确认称作"记录"，即在给定时间里买下来的土地细分产权中的一部分。例如，一位业主的律师会与一个银行家讨论关于细分土地的贷款。"首期"贷款可能仅能用于100英亩(40.47hm²)土地里的228英亩（92.27hm²），律师只办到这个数量的贷款来整修那块土地，这个方法对于控制分期开发的资金特别有效。得到最终方案的批准后，设计阶段就结束了。这时，硬性指标就用来制定建设文件。在这个时候，区分"方案、地图和平面图"三个概念之间的差别是有必要的。方案就是一种行为的方法，是为了达到某个目的的一种做事的方法。地图是记录性的文件，给出方案形式和细节上的内容。平面图可以认为是二维图形，手绘的或计算机绘的，都可以用来代表一块土地。

建设文件提供了关于为可能被牵扯进来的多种签约者而进行的具体工程实施中的细节上的问题，且它必须被写进记录中，经地方管理全体复查人员同意，以确保方案与城市规范中条款吻合。基地方案或文字简介被用来定位和修建埋在地里的工程如排污管、雨水管、给水管和其他市政管线等。

基地的具体建设方案描绘出一栋建筑或一个地块中紧密排列的建筑组成的整体结构。它们能显示出建筑的相互联系和为划分土地等级的地形上的信息，以及排污管道和给水管道的安装、街道的串接、景观规划和地标等等。土地细分规划是二维的，表示关于基地特点的平面(水平的)和立面(垂直的)的调整和高度变化，如街道的人行道、排污系统、给水系统和雨水收集系统(下水道出入孔、汇水区域等)。这些文件用图纸来向地方复查管理机构陈述，以便他们提出有效且对公众健康、安全和福利都有益的建议。

被批准的建设方案用于预算编制和谈判阶段，以寻求一个合适的开始工程的合同。签了合同之后，建设阶段就开始了。勘测队伍最终去作打桩或定点的工作以及建筑形体高度的规定，然后是排水和雨水管、道路、人行道的定位，最后是建筑红线位置的确定。所有这些工作完成之后，就可以开始具体实施工程了。完成工程的时间表取决于工程的规模、复杂性和其他很多因素(建设的可行性、天气状况、工程是否转包情况等)。

小 结

社区设计的过程可能持续几个月甚至几年。有时分派任务的政治性质使许多工程成为一纸空文。但对于那些实施了的，从设计到完工这之间还有很多事情要做，因此使社区设计团队化是获得最佳方案的必需因素。没有一个设计团体能独揽大任，也不应该有团体的意见被忽略，如果这个工程真的想成功的话，设计团队里的每个成员都应该暂时忘记"同行是冤家"这句话，聚到一起随时准备合作。选出来的官员必须高瞻远瞩，不局限于仅仅满足现有规范中的规定下限，而应该满足整个社区的最大利益，而不是达到为了再次当选的目的。市民和邻里居民们必须准备随时发表他们的意见，但同时也要听听别人是怎么讲的。地产拥有者、开发商和投资者必须认识到沿袭上半个世纪的老套路必然会导致社区存活寿命的缩减。所有这些在有些地区已经进行得挺成功的了，但是还远远不够。这个过程中有许多步骤，涉及许多专有术语，它需要分析和思考，需要开会讨论，方案需要反复修改，还需要专业的创造力和划分层次级别的超前眼光来实现。结果怎样取决于你我。我们大家准备好开始了吗？

第4章

什么是设计语言？

【摘要】

❖ 学会使用社区设计语言

❖ 了解怎样寻找灵感和如何区分优秀的概念与糟糕的概念

❖ 创造和理解一套固定的符号来表达设计构思

❖ 认识设计过程是怎样进行的，并学习一些设计小窍门

目前，我们已经讨论了社区设计的一些基础知识和设计过程中可能出现的情况，但是，技巧并不能告诉我们更多的关于设计的创造本质。设计师的大脑中在想些什么呢？设计者为工作带来了什么呢？总之，创造到底是怎样一回事呢？

创造性一旦与社区设计联系在一起，它就不像以往大家印象中认为的它是在学术高度上解决问题的能力那样那么取决于天赋的程度。问题的关键是让真正有能力的人去看这些现状画面，再为社区的设计定下一个主导方向。创造力是点燃自然状态元素的生命力的火花。它是从创造开始，那些在现状研究阶段列出来的一长串看上去似乎不大搭界、毫无感觉的元素开始呈现出可以被组织和设计的状态。对于社区设计者来说，创造意味着是综合以前在现状的约束下列出无数理想概念的纲要的过程。

创造性思维是一种挣扎的过程。然而，它的关键在于开始

阶段。不论是修建树木、爬山，还是创造一个社区，首先要做的就是迈出第一步。园丁必须先找出哪些树枝是破坏树木整体协调的外轮廓的，然后把它剪掉；登山者必须先到达距离山顶最近的路，然后才能爬到山顶。设计师必须首先确定工程的条件和设计主题作为整个方案过程的基本框架。每个案例当中，第一步确定了，然后在整个过程开始之前实现第一步。我们可以把这种设计方法叫做"STARR"方法，即研究问题，在发现的基础上分析资料，再确定位置，然后在这一轮得出的结论基础上再分析、工作。

有创造性的活动可以认为就是设计。以我们的目的而言，这两个词是可以互相转换的。创造性构思就是设计，设计的人就是设计者。

设计这项活动是有惯性的。"一个静止的物体有保持静止的趋势，运动着的物体有保持运动状态的趋势。"这句话很容易被应用到设计中来。设计是一个活跃的过程。灵感时常不容易获得，这就是为什么坚持做方案是非常重要的。它可能是帮助设计者获得新奇的想法的过程，就像许多优秀的设计师说的那样，一旦设计过程开始了，它就如同一辆在下坡的火车一样无法停止、势不可挡。这是个再简单不过的定义了，对吗？但它还是没告诉你，设计是什么？

设计的概念因为和一些仅仅由少数天才进行的艺术活动联系在一起，而令许多人望而生畏。简单地说，设计就是自觉或下意识地产生问题、研究问题和解决问题的想法。这一过程时常会令人耗尽精力。实际上，你可能常常是太沉浸于某一个阶段以至于连睡觉做梦时都想着它。因为你下班离开了办公室，并不就意味着你真正抛开了那里所有的工作。事实上，长时间一直考虑着方案，就可能在最不可能的时候灵光一闪。因此，设计师最好手边常备着铅笔和纸。每个优秀的设计师随时都预备着纸笔，尤其是在床边的柜子上。关灯之后、睡着之前的那段时间，通常是脑部活动的黄金时间，可能就在我们试图抛开日间所有事情准备一夜安睡的时候，平时沉默的潜意识就会与你对话。或者，也许我们的大脑此时正在释放空间，不受干扰却具有更高的工作能力。

设计一点儿也不神秘，它是概念的图面表达，是通向"想出解决问题的方法的过程"。这种过程能把所有想法整合在一起，这正是人与动物之间的区别——推理。

我们也不要把画图与艺术混为一谈。尽管有些设计师是艺术家，但这并不说明每个设计师都是艺术家，艺术家也不需要成为设计师。设计师画画是为了推敲方案的可行性，寻找关联性。脑——手——眼的结合，允许设计师对他头脑中的构思有个视觉上的感受。结果，应该是出现了许多好的或不好的解决办法。设计也是个难缠的事，每个优秀的设计师都应该在地板上有一堆堆的废画稿。

本章的目的就是通过介绍，帮助你认清事物的特征，带领你找到发现途径的工具并了解一些很有用的专业技巧，同时还会发现许多可以利用的东西。

如果你是个设计老手，也许我们的书能提醒你重温一些基础的东西。如果你是已寻找设计技巧很长时间的人，也许我们能帮助你开启头脑阁楼中储存的更直觉的技巧。如果你还是设计新手，我们可以用设计技法来武装你，帮助你获得完成好的设计任务的最好的才能。最后，如果你不是设计人员，但想了解设计，以使自己更好地成为设计过程的参与者，我们能通过本章的内容让你明白看到的是什么，怎样去理解它。记住，没有人会毫无设计灵感，只是有些人较容易获得灵感，而其他人很难做到。最终你会发现，有了经验，你可以培养设计能力，它会为你而工作并跟随着你，为了让你到达这种境界，我们最好向你介绍设计师都做了些什么和为什么这么做。如果你用正确的方法工作，但愿你会收集书中有用的知识并把它变成自己的技巧。

在这里获取你的纲领

纲领是业主希望通过在研究和分析阶段获得的基地及其周边的有利条件而达到的一个阶段性成果。然而，询问业主更多的问题，然后通过了解最终使用者的想法来调节最终的想法，如果可能的话，同时满足市场调查中总结出来的市场需求，所有这些，在许多案例中变成了建筑师的责任。而且，需要应与期望区别开来：需要是达到条件需要满足的最低标准，而期望是有选择性的。纲领也是由技术性的必需和艺术上期望达到的标准组成，但还不能到此为止。伴随着灵感的激流涌动，发现的过程可能揭示新的可能性。这就是为何纲领保持足够的灵活性，以在表达自身的同时随时准备加入新的条件是非常重要的。当设计者全神贯注于任务时，纲领指导着行动。它给创造力以指导，一点点地从无到有。设计纲领的工作性质与百老汇剧的节目单或其他什么特别的事件的大纲相似，它向观众提供他们将看到的这件事的结果，且在一些案例中，告诉他们演出者想要表达什么。

如在我们的实例中所说的一样，纲领必须正式地写下来以便经常有据可查。实际上，它应该被贴在明显的地方，以便起到清单的作用，防止设计者疏忽大纲中的任何细节。

在这点上，设计者不能过多考虑细节问题。尽管让概念尽可能现实地与投资成本的限制保持一致是很重要的，但是设计也不应该追求细枝末节的东西。早期的概念应该处理普遍的共性问题，细节能在概念的进一步深化中自我解决。

设计是怎样开始的?纲领已经建立起来了，研究信息已经被分析过了，有利条件已经明确了，现在做什么呢?我们如何开始创造活动呢?

设计灵感

设计，很像写作、作曲和绘画。然而，它有时需要外力的推动。灵感，就是开动设计这列沉重的列车的润滑剂，但它有时不容易产生。如果你有了好的纲领，你就成功了一半。这种说法是正确的。但唤起你设计的灵感同样重要。

灵感的源泉有三个：大自然、人造世界和抽象思维。当我们重视这三个要素时，不要期待我们能发现一门新的科学。这样做的目的是使你用一种不平常的方式思考，睁开眼睛去看这个世界但又不要看得太清楚。每个设计的目的应建立在我们已知事物的基础上。这不仅是明智的，还是我们的社区多年以来变化和发展所遵循的方式。

自然界

　　除了极度僵化的人以外,自然界的美在人头脑中会产生鼓舞人心的创造力。无论我们在海边发现的贝壳的完美几何形状、森林中潺潺流淌的小溪发出的欢快的声音、日落时沙漠景色中丰富的色彩,还是你自己家里后院中一片叶子的错综复杂的叶脉,只要你肯去寻找灵感,它就会无处不在。

　　在自然界中,我们不仅能发现美,还可以发现能源节约——即用最少的甚至零资源做尽可能多的事情。例如,发现管状柱是最坚固的结构元素并不是偶然的。下次你在室外看到芦苇或者树干时,就会发现两者均是以最少量的物质在支撑最大限度的重量。仙人掌也是一例。它的茎和叶是合为一体的。这样减少了表面积,也就减少了蒸发量,使它在很恶劣的环境中也能生存下来。

　　气泡在形式和设计上都很完美。它用几乎惊人的少的密度和坚固度来维持完美的形状。每个气泡,无论大小,都是完全对称和均匀的。把球体作为一个单一元素,大量的组合在一起后,就会呈现出棱角分明的晶体形状。如果你凑得够近的话,如在大浪中或在下水道里的洗碗水中,你会发现泡沫呈现出一种类似蜂巢般的外表。这种由六个角组成(基本形成单位)的六边结构,是实现佛罗里达州迪斯尼乐园 Epcot 中心那个穹隆的原形。

照片 4.1　来自海洋的灵感

　　自然界充满了活力和简单朴素,给日常问题提供了许多解决方案。大黄蜂的翅膀与老鹰的翅膀在尺寸、结

照片 4.2　来自大地的灵感

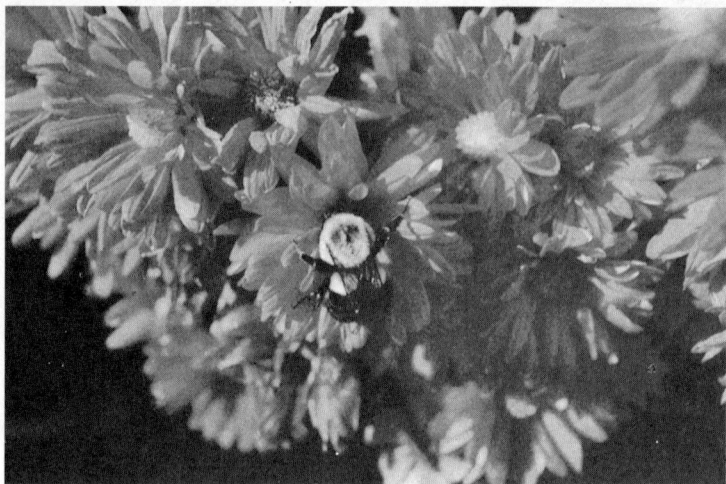

照片4.3 蜜蜂的翅膀与它的作用结合得完美无暇

构和组成上有明显的差别，但是两者都能无误地行使各自的功能。自然界中到处重复着针对各种问题的成功的解决办法。从来没有出现过三条腿或者五条腿的动物的失误——但是却有无数没有腿和多腿的生物存在。

自然界喜爱对称和均衡。在任何情况下，它都努力创造最好的方式(身体尺寸和形状)来适应特殊的问题(纲领)。所有同一种类的树都是同样的枝干生长方式(在特定环境下的最佳措施)，但是从没有两棵树长得一模一样。风向、疾病、猎食的动物等都使不同的树木因地制宜地改变自己。

在无机世界里，力量和虚弱都能产生美。风和水侵蚀着岩石的脆弱缝隙，无论多坚硬的岩石都无法抵御这些无情的、残酷的伤害。但是，它造就了壮丽的峡谷和平坦明朗的三角洲。

有自然作为指导，不怕想不出新奇的点子。如果一条蜿蜒的小溪能引领你发现了一个更完善的循环系统，就循着小溪走下去吧。如果一片叶子的细胞形式能帮助你做出更好的城镇规划方案，啊哈，我们正需要这样的新事物呢。

人工环境

似乎在结构完好的环境中总是能找到不足之处。然而，自然界中还有很多值得借鉴和学习的地方。当我们在人造世界里寻找灵感时，我们需要把人类最美好的心愿溶入到设计的整个过程中去。以前和现在的成功社区，不仅反映了我们彼此之间关系的本质，而且还反映了我们曾经创造过的形式和功能的构成元素。

我们已经在前面提到过查尔斯顿和萨凡纳，在那里我们已经阐述了它们的历史意义。还有我们常去的海滨城，那些在近些日子以来给了我们许多关于未来社区应该如何更加完善的关注。最近，在佛罗里达州的塞莱布瑞森受到了来自全美国的关注，就是因为它告诉我们以前的城镇是怎样建设的，这样的建设可以在当代重复。如果我们想这样做的话，每年会有成千上万的游客去那里观光，只是想体验一下它里面的生活——沿着它的街道散步、购物、吃东西，幻想着在这样一个地方生活会是什么样的。

　　我们要进行这项活动的意义就在于分析像这样的场所，探索为什么他们想要更多的传统化的场所(没有人愿意在郊区度假)。我们需要问问我们自己这样一个问题：为什么一些相对来说更传统的历史沿留下来的城镇仍然还能行使功能和被人向往？为什么形式化的林荫大道和超级市场在关键节点的选址问题上占据了我

照片4.4　佛罗里达州的海边

照片4.5　像这样的场所具有经济合理的尺度，在设计时充分考虑了细部的处理

们多余的时间？为什么我们常去的地方，如主题公园、历史街区能吸引我们到庞大而拥挤的街道上来呢？难道不是尺度、空间和对细节问题的注意等等这些因素组成的结构创造了我们的社区？难道它们没有让我们感到比例尺度适宜，彼此及与我们之间的关系融洽，像在家里一样舒适吗？

当我们旅游或在日常生活当中，我们应该不断了解周围的环境，记录下我们对所经过的地方的空间感受。我们可以通过自问哪些人工的环境起到了它的作用而哪些没有来不断学习。环境中哪些已经存在的因素使它看上去更完美了。简单地确定一个问题是不够的，合理的做法是，当我们研究人时，我们应该试图针对目前存在的问题设想出解决的办法。积极地与我们创造的这个世界融为一体，我们才有可能开始淘汰不奏效的设计元素。如果我们不消除它们，那么，最后我们能肯定地说，我们不能再使用它们了。

我们这么做的同时，应该从过去成功的例子中学习经验，也应该从犯下的大错中吸取教训，它们是真正的老师，因为它们无耻的影响还在公开地继续着。一个设计师只要能够注意到最临近的一条小巷正急需规划设计这样的问题就足够了。哲学家桑塔亚

照片4.6　郊区中间有隔离带的小路

纳(Santayana)曾经说过:"那些不能记住历史的人应该遭受谴责,让他们重犯过去的错误。"我认为他说这句话时,肯定没有考虑到社区设计师。

抽象的想法:情感的关系

　　灵感不经常只局限于我们看到的或接触到的事物,而是能经常通过感情和情绪等抽象的因素进行推断的,关于使用者怎样理解一个空间或者如何理解我们生活在其中社区的哲学有明显的分支。研究表明,界定空间的质量影响到对它的理解和使用。如果设计者希望置身于空间中的人产生喜悦和激动的情绪的话,那么就应该利用色彩、质地、形式等令人惊讶的元素。如果想要让人们在空间中反省和产生崇敬的心情的话,那么光滑的、曲线条的和起伏的地形应该在设计时被考虑到。水、阴影和绿色的利用可

照片4.7 起伏的地形烘托了一种内省和崇高的气氛

以使人平静、安静和感到舒心。尖锐的角、坚硬的表面和火辣辣的色彩则可以高涨人的情绪，使人兴奋而充满参与的欲望。某种基本形状(如圆和等边三角形)可以表达尽善尽美这个概念。古人留下的把这些元素混合在一起而形成的伟大壮观的建筑和公共空间，用他们那或复杂或简单的关系鼓舞着我们。它们成功和适宜居住的关键就在于它们本身具有适应各种改变的能力。每个新的一代利用它们的时候，它们都能继续像纪念碑一样服务于他们为之感动的情绪。

画你所想

为了要概念化地思考问题和理解图形的表达手段，设计师需要了解社区设计的图形语言。这种语言描述了各种各样的设计元素和在视觉上描绘了它们在场所中的功能关系。

　　非设计人员在理解二维平面上有困难。表现图(尤其是鸟瞰图)会令只习惯于步行尺度的不确定的观察者相当迷惑。因此，一个好的方案必须是被清晰地表达，同时还要提供设计理念等信息给观瞻者。每个线条都应该代表些什么并与程序中的元素相对应。因此，设计语言组成了图上的表达社区建筑群组的记号。所有建成环境中无关联的元素，必须通过某种可识别的有区别的符号表现出来。每个设计者可能都有他自己的风格，但是，关键一点是必须保持一个一致的整体格调。

　　为了运用林奇的路径、边缘、区域、节点和标志作为社区设计中的轴线、层次、过渡元素、占主要地位的特色、围合感、流通的空间和开放空间的组成部分，以及作为设计工具的监护，

照片4.8　法国凡尔赛（由罗伯特·麦克达菲提供）

我们必须用图画上的明确表达把它们结合在一起。在设计过程中的概念化阶段，每个符号都应该反映它内在的活动，应该是显眼的、构思简洁的，用概括的方式表达元素的本质。图画必须把复杂的形式、土地利用和活动表达为简单的、易画易懂的形象。

　　手绘的设计图，较计算机辅助设计在概念方案中有利于设计者加强头脑中对基地的尺度和形状的印象。用鼠标和显示屏工作，很难获得创造设计过程中需要的有形的互动，那样的话，设计者被从设计表面上移开，那样会妨碍设计者付出的努力的实

现，每个设计者都应该准备好足够的铅笔、马克笔和纸。

设计主题的象征意义

路径是线性元素，代表的是机动车和步行者的活动路线。它们形式自由，或连续，或断续，或是用一排点来表示，同时，在路线上用箭头标有方向。无论是城市的主要道路还是邻里间的小巷，是城市大路还是蜿蜒的林间小径，每条路径都应表明它独有的用途和它们的等级和宽度。

边缘，像路径一样，也是线性的，因为它们代表或刚或柔的边界。它们可以用各种方法表示，如虚线、一排点、填充或点划线。

区域围绕着平民区。尽管没有明确的范围，它们应该是连续

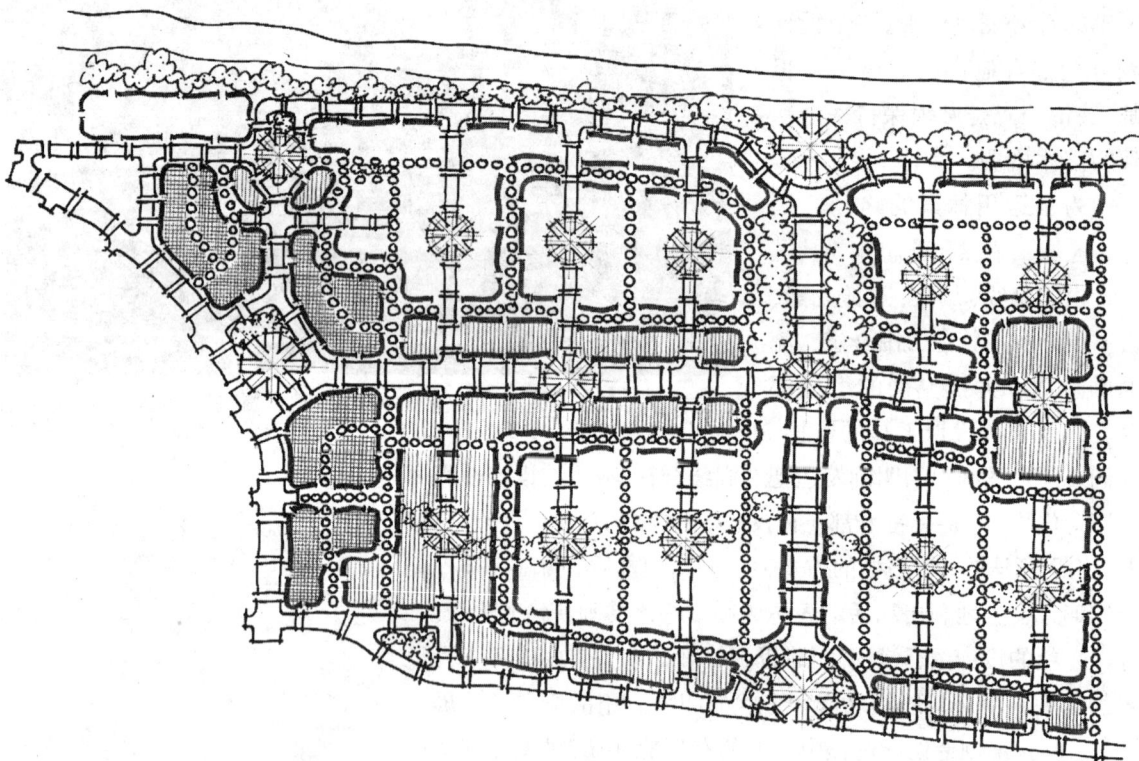

图 4.1 概念设计平面

的、流体性的，以及为其他更聚集和活泼的要素充当图底。水溶蜡笔很适合表达这个要素，因为它提供了一种半透明的效果。

节点是认知的特殊点、目标点。大多数情况下代表核心的区域或中心，也可能是两个区域之间的过渡点，因为它们被路径连接，所以它们可以被画成虚线圆或有方向的球。

地标点是重要的参照点。它们自然而然地成为受关注的对象，且应该反映为图上最特殊的点。星标、星号或其他凡是显眼的符号都可以用来表达它。

轴线设计常常用粗的线条来表现。它创建了一个清晰可辨的、连接两个或更多特征点或终点的秩序。

层次把室外空间分成不同的档次。它可以通过一系列尺寸大小不一的形状来表达，以表示两个相似功用间在比例上的不同（如交通走廊）。

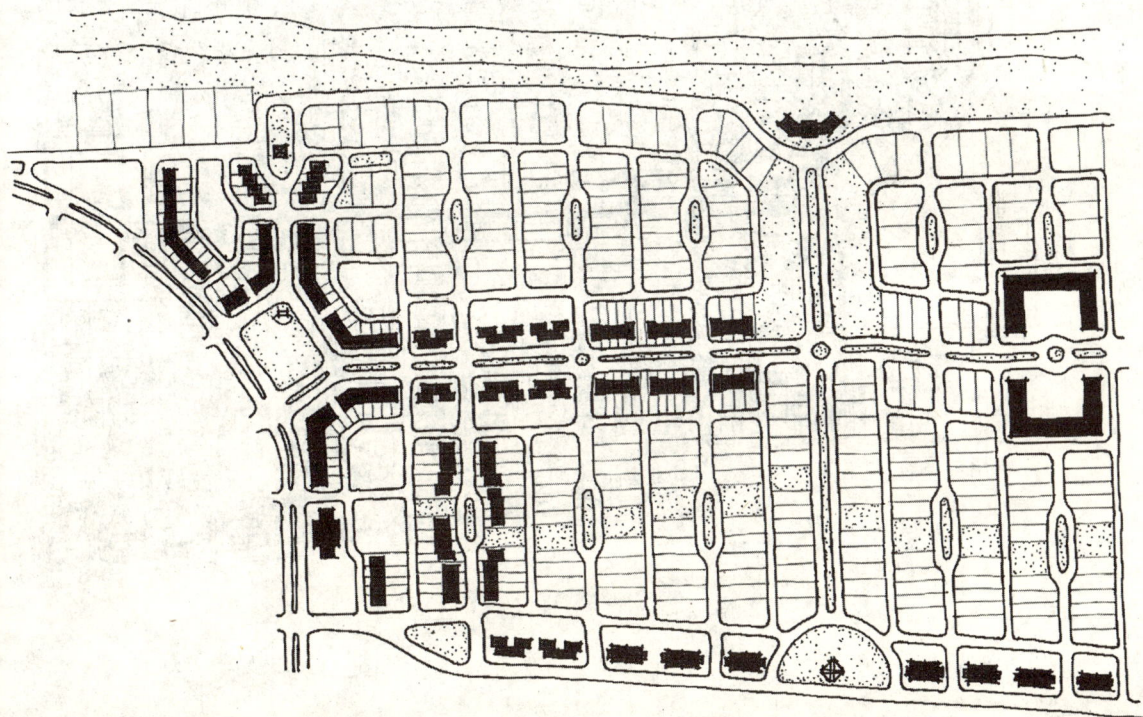

图4.2 初步设计

过渡元素是两个区域空间的连接部分,它通常是两个区域特征的堆积点。它们混合或模糊了边缘,当从一个区域进入另一个区域时,帮助我们了解我们所看到的东西。过渡元素能通过建筑形式、景观元素和铺地材质等的重复来表达。

重要特征点是焦点。它们赋予了空间存在的原因。重要特征点可以用与地标相似的符号来表达,可能是轴线的终点或一个开发空间的中心。

围合感是惟一重要的空间特性元素。它通过水平和空间之间的关系来诠释。它还在合适的尺度下夸大舒适感,或当空间超出

图4.3　详细规划总平面图

它将行使的功能所应有的尺度时制造压迫感的能力。围合感不容易在方案表现图中表达出来的，但当建筑物或景观元素被用来定义一个外部空间时，它可以被感受到。

循环线路和路径在本质上差不多。它们代表或机动车或步行者运动的不同方式。一个水平的循环系统对于一个好的方案来说的必不可少的。它是为社区创造秩序的基本方式。环路可以根据交通量和交通方式的不同而表示为实线、虚线和连续的点。

开放空间可以是空地或剩余用地，也可以是形状太怪、地块太小或由于基地条件限制不允许建设的地方。那么，同样的，开放空间也可能是一套合理布置的、大小合适的公共空间，为居民提供了各种娱乐、游戏和互相交流的场所。

结构是建筑。可以被表现为许多各种各样的几何形状。它们可长可短，它们应该被画得大小合适，合乎使用功能的面积要求，而且创造一种人性尺度空间，其他可以用的符号还有：

- 树或绿化隔离带可以用圆圈或不规则曲线或自由连续的线来表示。
- 篱笆，无论是自然的还是人工的，可以表示为带锯齿的线或像尖木桩或栅栏那样形状的线。
- 水，无论是小溪还是湖的边缘，通常用国际承认的水道符号——长的虚线中间有 3 个小点来表示。
- 地形可以有两种画法：现状的和规划的。现状地形用短虚线表示，每间隔五条就稍微加长或加粗。规划地形表示为连续线，连接现状的同样的海拔。等高线不能交差，这是规则，除非某地的地貌被垂直破坏成为悬崖。
- 地权应被表示为一套长的线，每相同间隔插入两条短虚线。
- 市政工程设施可以画成连续的线，中间断开，插入官衔名称的第一个英文字母(如 S 是污水、T 是电话线等)。
- 视线，无论是积极的还是消极的，都可以表示为从同一点出发发散的两条直线，在终点处有两个箭头。在两条线之间再划一条弧线。

设计是如何展开的?

设计是如何展开的?当研究数据被收集并分析了之后,它们就进入到了设计师的意识和潜意识之中。然后把它们和我们预先的想法、以往的经验以及喜好结合在一起。我们对这些素材仔细考虑。我们在各种各样的结果之间徘徊。这个过程可能是一个艰苦的耗费精力的过程。不幸的是,还没有任何神奇的语言可以把过程的难度描述得更轻松一些。它需要紧张地集中精力,把所有能量集中在解决问题上。但是,一些事情能帮助你安然地度过这一过程,使所有的元素服务于你。

- 让铅笔动起来。你什么事都做不了除非把你的所想画出来。对的、错的、平凡的,没有什么能产生,直到你开始动笔画图。有一种说法叫做活到老学到老。有时你只是不得不从画草图开始整个设计过程。

- 开始阶段放慢进行速度对设计是有好处的。没有原因可以解释一个设计师为什么不能为即将要进行努力而热身,就像短跑运动员在比赛前要放松一样。所以你应该在开始之前用几分钟的时间思考一下你要从事的设计任务。

- 从基地的元素这样比较容易解决的问题开始着手,或者说,以从已知到未知、从一般到特别的顺序工作。

- 让你的手、眼配合起来,一起工作,以使你能对正在进行的状况了如指掌。一旦你开始了,你可以自问是否它进行得顺利。如果是的话,保持巅峰状态直到这种配合间断。

- 把基地看成是由循环、开放空间和结构等形式组成的——但彼此是独立的,有效利用每个系统而不考虑其他。然后开始扩展各个系统的过程,以确定相辅条件和相互矛盾的地方。最后,把它们综合为一个最佳的解决方法。

- 建立联系。学会观察看上去没有什么关系的元素之间的切合点也是一门技巧。

- 不断地质疑现状是通向创造的关键途径。经常性地检验你自己和你发现的解决方法。自问："我错过了什么好机会么？如果有的话怎么办？我能从某个地方再提高10%吗？如果我在方案上减少或增加了什么东西、降低或增强某种感觉，结果又将会怎样呢？"把这些想法都画出形象的草图来。

- 也不要太过于专注某个方法。没有完美的方案。随着每次成功地完成一个概念，一批新的疑惑就得到了解答。实际上，有时你会发现还未认识到的问题的解决方法。只有当你用严格审慎的眼光看你发现了的方法时，你才能认识到你这样做了。意外的发现总是很甜蜜的。

- 不要害怕一个特别有挑战性的工作计划。当你不知从何处着手时，即使停止进度回到出发的原点，要好过于拼命地坚持这个计划，连续不断地受到挫折。间断一下，喝一杯饮料，放松一下。许多棘手的问题都是在觥酬交错间得到解决的。

- 如果你长时间地充满工作压力而不能休息片刻的话，试着走到桌子对面，重新考虑你的问题，重新调查；重新校准你的思路。

- 从脚想起。设计应该站着做。成语"从脚想起"用于设计领域很恰当。坐着的时候，细节问题的界定可能开展得很好，但是最初的突破，找到可行的概念和好的设计的关键之处，可能最好还是站着完成的时候思路活跃。

- 通过协调手和臂的共同工作来学习提炼我们的创造性能力，与运动员在赛前精力渐渐增强的情况很相似。一个好的设计者应该在设计时付出许多艰辛。设计热情是很令人振奋的。

- 最后，我们应该问问自己，怎样令我们的规划设计适合于社区。我们解决或创造了什么问题？还有没有更好的办法？我们不得不设想一幅更大的图画，更广泛范围的事情。如果对社区有利，对居民有利，设计师应该用正确的方法工作。

小 结

在这一章里，我们知道了社区设计就是解决问题的过程。经常有许多障碍妨碍我们设计一个好的方案和找出好的解决办法，以至于出现一条阻力最小的途径，引领我们来到一种建筑有优先于其他事物的特权状态和一片被柏油沥青的海洋包围着的"塑料"村庄。无边无际的对平凡的追求，还有可供选择的余地。我们必须研究找出一条怎样做得更好的道路，在我们已有发现的基础上，再确定地位和再响应地进行设计。为了有效地做这些事情，我们要承认我们中大多数需要从外界获取灵感。我们周围的世界充满了各种例子，好的坏的解决措施都有。如果我们知道去哪里寻找，灵感就是我们自己的。

自然界有许多美的和功能完善的有机体。人造世界有许多我们不愿再重复的东西。但也有许多优秀的。我们的头脑需要充分地调动起来。我们的情绪是我们如何感觉的关键。两者的结合能帮助我们理解抽象的概念是怎样推动我们设计出好的方案的。

如果我们想把所有的形象集中在一起来表达我们的理念，学习设计的图案语言是必需的。创造我们自己的或插入其他的图片，需要对社区的建筑群在图面上的表达有一个彻底的理解。我们练习的越多，我们获得的洞察能力就越高。如果我们想做好工作任务的话，我们就必须像锻炼我们的身体一样训练我们的头脑。

第5章

社区的框架

【摘要】

❖ 了解社区设计必须同时容得下步行者和机动车

❖ 为提供多种交通方式选择的循环系统搭建框架

❖ 学会怎样让各种交通方式各得其所

❖ 创造人们愿意步行的环境

❖ 了解社区需要怎样的基本框架

无论什么结构的社区,都有一个支撑它,给它以物质形态的框架。步行和车行的交通系统,不仅仅是允许交通通行的路径,也是骨架。如果你愿意的话,在它周围让社区的肌体慢慢生长。大道和小路,不仅仅是一次对工程技术的练习,还可以作为必需的或者作为社区的生命线的导管,为社区提供出入途径、公共交通和安全感。优良的交通系统设计,创造了社区在居民心目中的形式和形象。这就是真正地创造了社区物质形式和创建个性的那个元素。

但这并不意味着我们讨论的其他因素不重要。但我们不得不承认,社区的设计过程渐渐地变成受机动交通影响的步行性质的了。在为数不多的几处,交通工程师成了社区设计实际上的设计者。你不需要成为观察我们的社区的天才,主要的交通工程会比其

79

"一个地区的物质规划应该有一个交通方案作为支持基础。机动车、步行交通和自行车系统应该在整个区域内最大程度地发挥作用，以减少对机动交通的单纯依赖。"

——新城市主义议会宪章

他的参与因素更容易将社区分成每天上下班时间的恶劣情况。在任何城镇中，一个人只需从 A 点赶到 B 点，就会对这一点彻底明白了。

在大都市区域，人们可以依据它们发展的顺序追溯到一个有核心的格栅系统。第二次世界大战后，一种经过修饰的、不规则的格栅开始流行了，这部分是因为该系统在纽约州莱维敦的有计划单元开发活动（PUD）中被成功地使用。它本身也是对于当时传统方式的一种根本突破。在 20 世纪 60 年代和 70 年代，PUD 被更多的人所接受，给社会到来了深刻的变革。弯曲的道路、环路、短而弯曲的端头路随处可见，对道路的等级也规定得很明确。这种方式发挥着很好的作用，直到 PUD 建得到处都是，这不可避免地导致了交通堵塞的发生。

照片5.1 郊区整个被机动交通统治着

　　20世纪80年代，独立的社区开始流行。每个社区不得不有着这样的私密性或者那样的生活格调，也不管真的有用还是仅是走形式，每个社区都会建有警卫室。这就要求社区只能有一个出入口，这个出入口所在的道路，在内部连接着一条串接许多小环路的大环路，这些环路很相似，只是等级不同。这就是私密型社区的表现形式。在21世纪的开始，我们回归到了一个更简单的时空。新创的传统城镇带有降低机动交通的重要性，并试图提高步行环境质量和鼓励批量运输的观点，展示了传统邻里、朋友和家庭的价值。

　　交通循环占据了我们近30%的已开发土地。这是社区开发中最昂贵的代价，它产生了大量的柏油铺面——没有为步行活动留下任何空间。让我们从一个理智的立足点出发来处理这件事情，我们

照片5.2　在居住区内应该多鼓励邻里之间的交往

深知真正的问题并不是出在我们的小汽车上,而是出在我们的城镇和城市建设的方式方法上。

因为机动交通带来了如此大的影响,而且有可能迄今为止还不能短时间内得到解决,我们就必须冷静和理智地处理修路和停车的问题。这就是那种所谓的小小的梦想就会造福于人类的状况之一。我们很清楚交通工程技术给我们带来了什么:洛杉矶高速公路、亚特兰大环城路、穿过纽约的I—95公路以及华盛顿的环线,好的交通循环能顺应地形、水体、湿地和公用设施以增强社区中的可达性。如果利用得当,它能创造出和谐的统一来增加多样性和识别性。但如果处理不当,交通循环系统也能轻易地破坏和谐,造成混乱。目前的问题是,过分地追求达到公路的标准的情况太普遍了,导致了一种耗资大而又不易改变的设计。再加

照片5.3 在郊区,居住区内的道路往往成为车流密度很大的高速公路

图 5.1, 5.2 哪个方案反映了一个整体感强的社区设计？

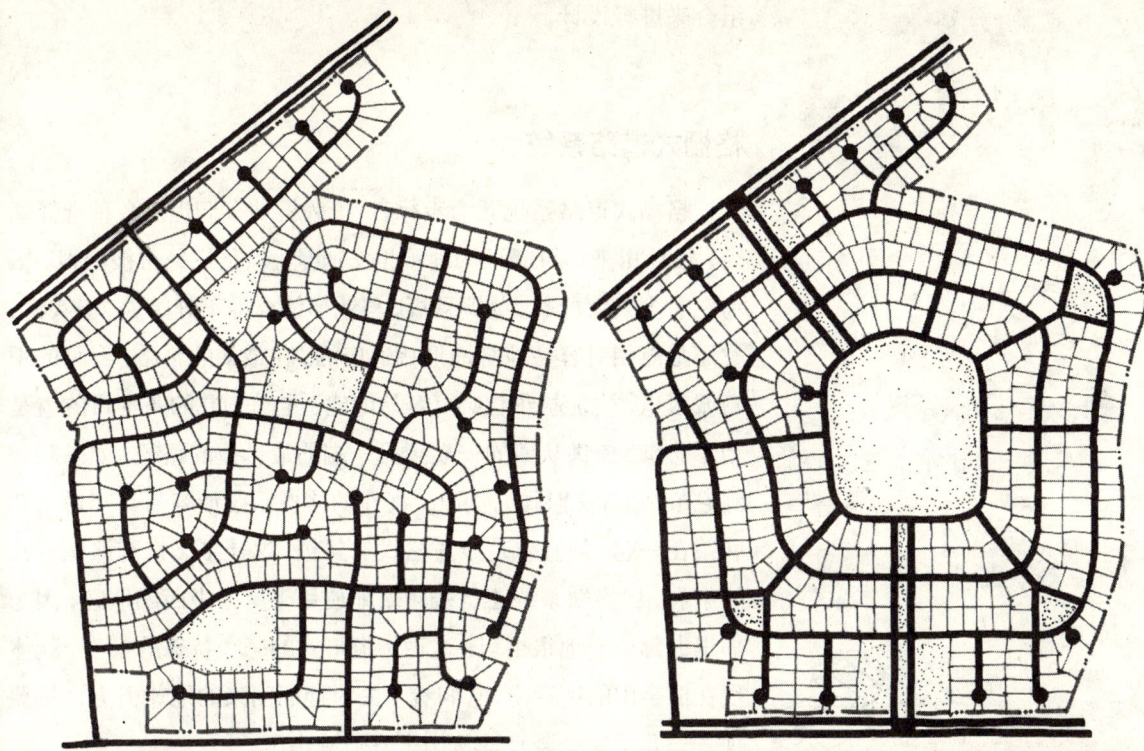

上, 地方上的交通循环总是倾向于遵循或尊重分区规划的线路, 它们对局部线路也同样程度地遵循。这就加重了土地功能各自划分区域和社区被分裂的现象。一个更好的解决方法就是在保证使用的前提下, 平衡到设计中对安全和效率双方面的需要。例如, 居住区的道路应该彼此关系密切, 应该建立邻里之间相互影响的关系, 应该是因地制宜的, 是根据社区本身情况量身订做的, 它们不应该是迷你公路的大聚会。

基本形式

在邻里的尺度上, 在我们社区的范围内, 交通循环形式一般采用以下四种形式中的一种: 格栅式、放射式、分等级式和环状道路网。更典型的情况是，每个邻里使用两种或三种基本方式的组合来进行设计。

格栅式道路系统

格栅式道路系统既为步行者，也为机动车们提供各种选择路径，设计用来尽可能平均地承担交通量。但是它经常被诋毁，因为它看上去太严整，单调呆板，与地形结合得不好等等。事实上，它还是能相对容易地与地形相适应的。在最初的希腊、罗马的军营城镇里，它能被很快、很容易地建造起来。它的基本目的就是为了防御，提供从城的一端到另一端的最迅捷的路径。如果联想到它最初的这个目的，那么，现在的格栅系统最容易与交通堵塞联系在一起，简直就是个方格式的封锁，这是多么富有讽刺意味的事啊。但格栅系统还是被频繁地使用于美国中西部地区，因为那里大部分土地很平坦。这种街道形式的一个特殊的景观，就体现在旧金山的街道上，它们看上去对迎面而来的地球引力公然藐视——几乎完全竖直地从山上直通到山下。

格栅路网的成功还在于对它的交叉点的可判断性。在那里，人们可以获得道路的线索与指引。南北向的道路叫"林荫道"，东西向的则作为编号的连接者。在这种情况下，人们不可能迷路，人们所要做的便是只有数有几条路了。而且，在格栅系统中，由于对交通量的平均分配，几乎街面上的每一寸土地都被利用上了，而且可达性很好。从任何一个最邻近的私有土地范围，都能直接方便地到达街道——这在郊区中不是十分必要的。另一个这种平均分流的有利的伴随产物就是对专门设计的环路的依赖性减少——这些环路也并不需要到处设置。

当两种路网的格栅系统交会的时候，就会出现兴趣点。还是以旧金山为例，在

图 5.3 两个交会的格栅道路系

市场大街上漫步,揭示了一种有趣的三角节点和绿化空间,周围的高层建筑创造了强烈的竖向空间感。新奥尔良,它的网格系统是处于对密西西比河形状的尊重和配合,创造了一种物质的和心理的连接。

　　格栅系统通常适于步行者散步,原因正如前面所提到的,而且它为步行者提供了从一个目的地到另一个目的地的路径的多样的选择。然而,重复这种街区形式太过经常的话,就要付出很大的代价,也很浪费土地。例如,只要提到纽约城,人们就马上自然地联想到世界上最多的摩天大楼聚集在那里的景象。但是,另一个同样令人吃惊的事实,是曼哈顿岛的几乎45%~50%的土地被柏油铺面覆盖着。所有这些,还没有包括停车的空间。

放射式道路系统

　　放射式道路系统是指由一个中心点或一个区域发散出来的道路系统。从功能角度出发,这种系统,可能是从旧的农场至市场的道路发源而来的。在这条路上,农产品和牲畜被运到中央区域进行出售或运输。这种系统很容易产生一个社区中心或焦点,这样,在功能上和构图上就形成了一个统一的区域。如果它的周围有一系列的同圆心的道路系统与之配合,它就能最好地发挥作用。这实际上没有什么,仅仅是由一个极点向外发散的、有经线纬线的、完善了的方格网系统。放射式系统能够允许存在到达或经过中心的最直接的路线。在面积大的区域里,这些放射式的道路会发展演变为主要的道路,它们支撑区域内的大量交通量,中心点位置的交通堵塞程度可以说达到了极至。

　　由于大多数城市存在于从旧城核心放射出来的道路形式,这个系统不能延伸到离中心较远的地区,它更应该作为一种设计手法被应用。它能帮助创造聚集的郊区地段而不是现在的这种郊区蔓延状况。在一些案例中,这个系统附加在方格路网上面,创造了一种有活力的郊区空间。华盛顿特区、巴黎和丹尼尔·伯罕姆

图5.4　同心圆道路网

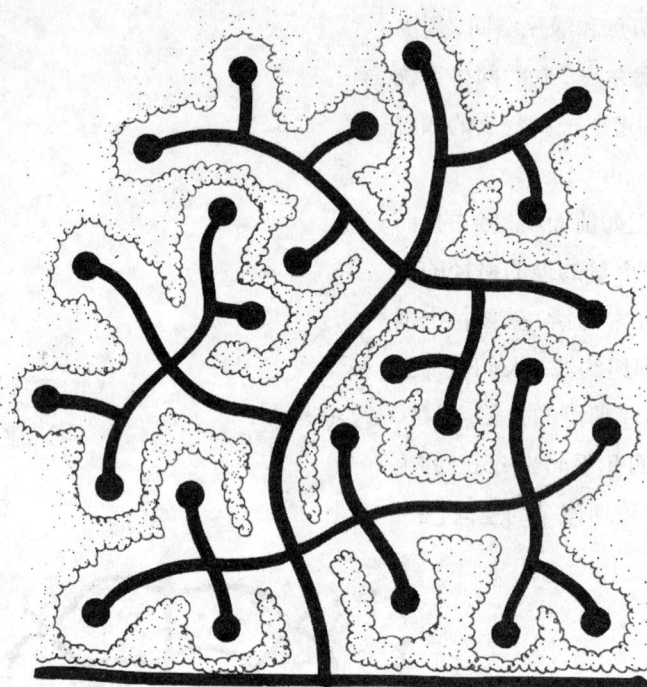

图 5.5 分级道路系统

于 1909 年为芝加哥规划所作的最初方案中，都引入了这个概念。许多有机自然生成的、缺少规划的城市核心区，如波士顿和伦敦，也是表现为这种形式。

等级分明的道路系统

分等级的道路系统，也被叫做枝干式系统，是两种很像树形的交通结构形式。在这种结构中，小路或支路导致了不断增大的道路集成。这种交通集中在数量越来越少的道路上的形式，最终肯定会带来系统的超负荷，因为它提供很小的到达某地路线的选择范围。于是，当对于某个区域来说只有一条道进，一条道出的时候，阻塞点就出现了。因为交通是被引流到一个或仅有的少数几个供四周的交通汇集的点上，所以在阻塞点周围行进很困难。这种系统还有把某个区域从社区中孤立出来的倾向。减弱人们心理上与社区整体结构的联系与心理认同。分级的交通系统随着 20 世纪 60 年代大面积规划单元开发的出现而出现。直到现在仍有大量的存留。

分级道路系统严重依赖于尽端路。在居住区中，尽端路可以有效地产生宜人的开放空间或小树林。可以以此为豪的邻里居民经常是高收入家庭，因为尽端路地块通常比一般地块要贵。当它被利用到规模较大的居住邻里时，来访者和居民认路就有了一定问题，因为所有的地方都是看上去差不多的。如果利用某种标志性干路或集成环路来创造一种识别性强的，最终能逐渐整合到一起的结构的话，这个问题就能被解决。

分级道路系统在小规模，即只有少量住房类型和居住单元的居住环境中，能把功能发挥到最好。它还能在临水的地区如湖边，或地形种类丰富的地方起到很好的作用。所有这些地区都有个共同的特征，那就是起伏的边缘地带，在那里开发活动几乎是不可能的。因此，运用从邻里街道上支出的尽端路是典型的解决办法。通过把交通量减到最小，它们帮助在系统的尽端处减少噪声和步行者与机动车之间的冲突。它们还很经济，因为它们允许在最长的街道上进行最大量的开发。

> 在合理的计划与适当的协调下，运输道路有助于构造大型城市的结构，并赋予城市中心崭新的活力。相比之下，高速公路不应该从现有的中心上转移资金。
>
> ——新城市主义议会宪章

环套环道路系统

像分级道路系统一样，同整个社区范围相比，环套环系统更容易被利用到单个邻里单元中。当与分级道路系统联合使用时，就会使邻里居民获得强烈的场所归属感。但是，这仍然不是在所有社区中都必须做到的。使用这种形式建成的社区邻里通常的典型是：有一个总入口道路，通向居民宅前的道路以这个系统为框架。环套环道路系统被广泛应用于分单元的开发中，因为它们能提供一个明确的组织框架。但是把它们利用在被标准几何区划所限制的社区中时能有很高的效率。除了入口特征之外，这种分层分配的地区内交通的方法，在某种程度上强于分支系统，特别是对于离出入口越远，越能看出它的优势。由于这个原因，道路的宽度可以一定程度上比那些分级系统中的道路稍窄。然而，如在分级系统中一样，所以的交通都被迫集中于一点，导致同样的最终结果：交通堵塞。

对于某些地块中的限制条件，这个系统可以表现为线性的方式。特别是当一个区域被一条很大的过境交通或公路一分为二时，可以通过它将临近的被地形、湿地或水域限制的地块连接起来。在这些案例中，这种系

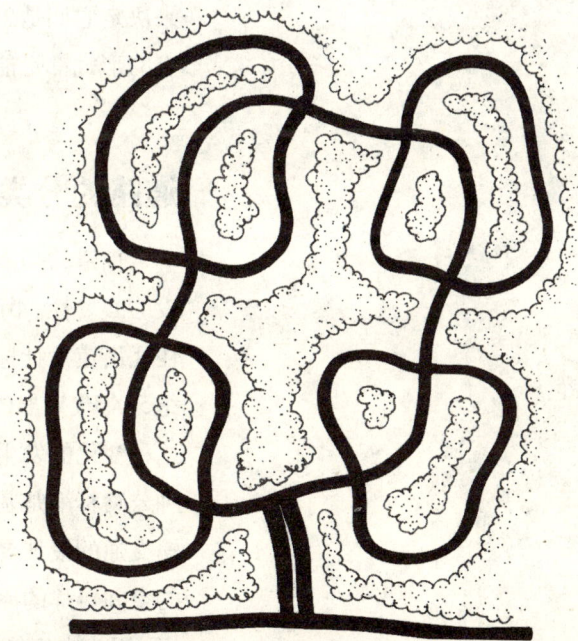

图 5.6　环套环道路系统

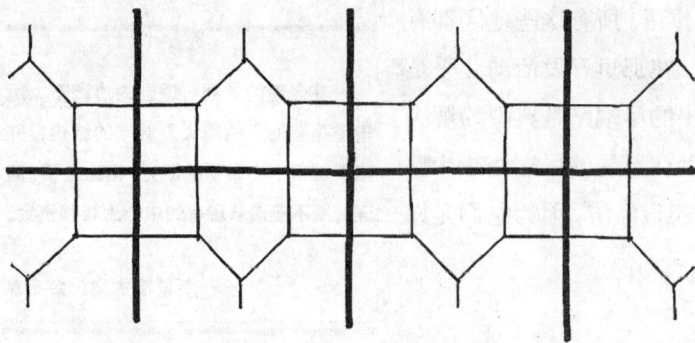

图 5.7 迷你带状道路，环绕着从地方交通中分离出来的交叉点

统的基本角色是要为社区提供附加的道路红线的宽度，还要为主要道路提供一个并列的附加系统。这种形式被广泛接受，以在沿主要道路的两旁创造一个带状社会停车场。它们的成功之处在于从主要道路上就能看见，暴露在外，成为可能的，然而附加给办公场所的地块是相连的，只在少数几个点能控制住，这就允许在主要道路上的交通量从办公场所周围分流出来。然而，这种弹性附加物带来的收益，由于确定社区的中心或焦点的失败而失去。

如前所述，我们现存的邻里社区已经用这四种基本道路系统形式中的一个或全部来构架了，无论这个系统是否与不规则地形、湿地，或现状用地保持一致，我们都需要通过评价其优劣势，来决定它们是怎样帮助创造我们理想的那种社区框架的类型。所有的形式都可能，也应该被利用起来。

道路的分类

街道的功能决定了它的类别，转而决定了它的设计容量和建设的必要性。街道可以是私人的，也可能是公众维持运营的。居住区街道设计标准，在历史悠久的市镇中可能稍有差别，但20世纪50年代发展的社区开发中，宽阔的道路似乎成了共同的准则。这种变化的发生可能是作为联邦公路标准的实施带来的结果。这种公路标准是基于国民防御指导方针产生的。20世纪50年代，运输交通的设计者们研究了第二次世界大战期间，在欧洲城市爆发的空间爆炸的冲击影响，紧凑的道路格网于是成了他们理想的目标，因为它们能提供大片集中的土地以供建设。这种规则以后就适用于专门为核冲突而设计的道路。宽阔的道路在遭受核打击前可能要出现的大量的疏散和接下来的清除工作中，被认为是必要的。[1]这种想法带来的意外的副作用就是使社区失去了自身的特点、个性和场所感。街道开始成为机动车独霸的领域。这种格网模式已经从功能上萎缩了。小街巷也几乎在郊区地区灭绝了。然而，小巷还是能出现在时兴的再开发中，或者上层社会人士居住的地区，作为占地大的私人住宅的后门车道。

CSD 模式

在常规家区开发(CSD)中，街道的分类进化了，变成了有明确分级的形式。每高一级类型，代表着更多的交通量。这样就生成了三种基本道路类型：支路、次干道和主干道。

支路是短街，尽端路，或距离较短的环路。直接服务于居民各家各户。这种道路典型的红线宽度为12～15m，通常容纳两车道，旁边有一个附加的足够宽的铺底部分，以允许路边停车。

次干道多数是15～30m宽的红线，有三四条车道，是连接居住区与干道的环节。在红线较窄的地方，公寓正立面面向街道修建，但在宽一些的街道上，它们是山墙或者背立面朝着次干道的。商业活动常常在主、次干道交叉点处。

主干道红线一般宽为30m或者更宽，它们是设计用来容纳商业和工业功能的节点间的大量交通活动的。它们通常由分开的快车道组成，中间有分隔带，每向有3～4条或更多条车道。在主干道上，垂直穿越马路是受到限制的。这些分割带每500m或更长距离有一个断开。一般地，没有公寓住宅直接面向主干道的，正立面面对主干道的情况大多是由于建筑是先于道路修建的。不然，就是它们被附加了一条面向正立面的辅道。这种情况实际从功能上，由于要维持两条相互分开的平行的快车道的费用，已经不常见了。当主干道拓宽以容纳更多交通量和提高车速的时候，大多数这种道路被纳入主干道的红线以内。

TND 模式

在传统邻里社区里，关于道路分类的专业术语更是多种多样。这并不意味着道路不承担相似道路的功能，也不说明流行于一般郊区的、有能力容纳更多交通量的道路已经被取代了。但是，TND 模式中的道路，已经开始趋向于容纳越来越少的交通量。这是由于道路网能将交通分散到更多的路上，而不是将它们集中在少量的几条路上的原因。要理解TND模式的道路分类，你必须首先明白道路应该被看成是相似的机动车和非机动车所占据的领域。道路趋向于帮助界定邻里边界，创造场所认同感。它们是互相联结的，可以通过减少某条街道的交通和提供不止一条道路以达到预期的目的。

TND 模式的道路，人行道宽度一般都比较窄，但它们有车行道和可以路边停车。这种技术有助于减慢车速，从而提高步行者的步行安全度。街道两侧都设有人行道，并且通过绿化隔离带与车行道分开。遮阴树规则地种在隔离带中，帮助界定道路边界并能在夏天调节气温。

同普通郊区社区中常见的那样，TND 的道路依据它们的功能和位置来分类。但TND的道路运用以下几种形式：邻里街道、小径、车行道、公路、大街和林荫大道。

邻里街道提供双向车行，街道的两侧都有隔离带，其中种有行道树，并把人行道分隔出去。步行道中途不会被打断，平行停车在路两侧都有。邻里道路的道路红线从9～18m不等(道路红线是从两侧人行道外侧算起的)。

小径，或巷，是狭窄的，单行的或双行的公共通道，通过它可以直接入户，进入私人地块的后部。在 TND 模式中，小径通常是放垃圾桶、走市政设施管线(通常埋入地下)和停靠机动车(停在车库里或在屋后的小的停车场)的地方。小径的红线宽度各不相同，通常为 9m，两边设有人行道。

车行道是区分社区和非社区的公路。在社区边缘，车行道通常设有边栏和排水渠。道路的另一面可能在性质上更乡村化一些，可能还有宽的水沟和污水池塘等。红线宽度取决于车道的数量。

公路是作为进入居住邻里的角色出现的。一条公路的特征很可能是郊区式的。在公路一侧有路肩和池塘，或者它可能有边石或排水沟槽。设有植物隔离带，在道路一侧或双侧有人行道。

大街相当于 CSD 系统中的环路，它们可能在每个方向上有不止一条车道，由植了树的中央分隔带来将交通分开。通常邻里的中心布置，有公共建筑成为纪念建筑的地方会成为大街的底景。大街有可能由两侧平行道路的隔离带分隔。

林荫道相当于 CSD 模式中的主干道。它们很宽，有许多车道。路面上还常设有宽的绿化隔离带。路中央分隔两个相反方向的交通。林荫道不允许在路边停车，但它们会有通过不规则宽度的绿化隔离带与车行道分开，以使人行道蜿蜒曲折而不必严格与车行道边缘平行。

设计中要注意的问题

街道和公路这个层面，对于社区来说的影响远远超过了它们在结构上的价值：它们创造了头脑中对曾经所到之处所产生的印象。事实上，它们应该在设计时对其特性、定位和营造宜人环境的潜力给予特殊的关注。许多设计原则必须遵守，以确保这些目的达到和成功的、功能合理的，同时也是符合艺术标准的交通系统能够实现。然而，假定我们大多数的社区中基本的道路框架已经形成了的话，就不适合，也不实际进行大规模的重新设计。但是，新的道路工程和裸地上的开发总在继续发生着，结束就导致了不断增加的郊区蔓延现象。因此，让我们讨论一下道路设计中的一些有益的方向，这个着眼点并不是源于技术上的需要而产生的 HARD —— AND —— FAST 规则，它们是通往更完美的社区的必由之路。

项目分析：新泽西州，希尔斯博格镇

位置：新泽西州，希尔斯博格镇
委托业主：希尔斯博格镇区政府
设计团队：鲁尼·瑞克斯·科斯建筑师事务所
项目用地：33.5英亩 (13.56hm²)
项目类型：总体规划

主要特征：

- 在镇区中心的南端设计了一个新的交通环岛，在北端设计了一座带有入口标志性质的建筑物。
- 主要街道被几条新规划的道路的交叉口、广场和城市绿地分割成几个传统的邻里单位。
- 现存的绿化、新的建筑、其他街景以及景观元素，加强了社区尺度的缩小感，把原来的以机动车尺度的公路通道，变成了想象中的适合步行者的小尺度邻里社区单元。
- 城市绿地、广场和道路环岛，使镇区看上去像是一个把新建筑排到路边，把停车塞到建筑侧面和后面的合理的外部空间系统。
- 海滩、人行道上的茶座、紧密地排成一排排的遮荫大树以及富有装饰性的街灯和路标，创造了宜人的步行环境。
- 主要街道上的公寓底层商店，会吸引人们到街道上来进行活动。

项目设计构思

这个总体规划的目的是把一条1/4km长的郊区过境公路——206线路,改变成一条更有人情味儿的主街和传统邻里中心。为了达到这个目的,设计人员构思了一个既经济又有现实社会意义,既具有步行亲和力又带有强烈的社区邻里特征和识别性的景观。这其中包括在镇区礼堂里面建立一个电子系统来收集镇上居民的意见。通过这种媒介途径,一个描绘社区蓝图的调查展开了,这使居民们能比较和选择自己更满意的道路景观、建筑、标识物、停车地点和活动场所等的方案。调查数据分析结果出来之后,甲方就召集会议来展示和解释调查结果,再听取反馈意见。这个总体规划是在居民们建议的要建设一个集办公、娱乐、消闲、商业和镇上活动于一体的可供步行、自行车行和与汽车交通混合交叉的镇区中心方案的基础上出台的。

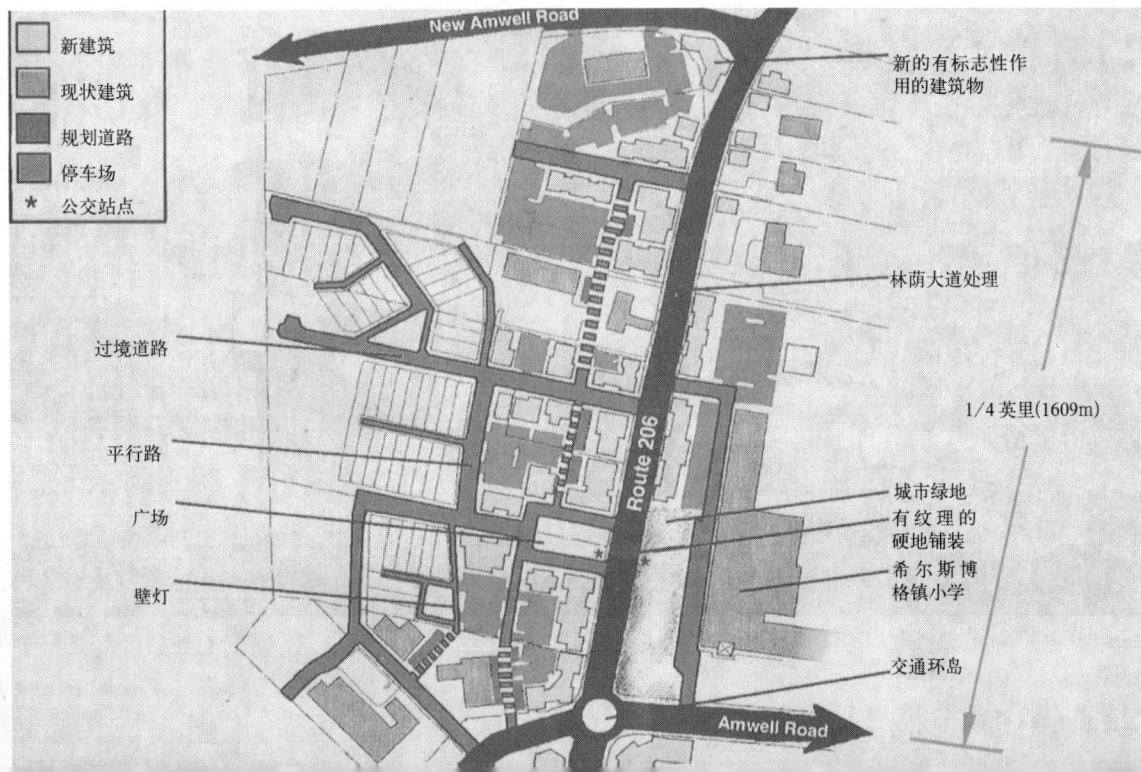

图例:
- 新建筑
- 现状建筑
- 规划道路
- 停车场
- ＊ 公交站点

New Amwell Road

Route 206

Amwell Road

- 过境道路
- 平行路
- 广场
- 壁灯

- 新的有标志性作用的建筑物
- 林荫大道处理
- 1/4 英里(1609m)
- 城市绿地
- 有纹理的硬地铺装
- 希尔斯博格镇小学
- 交通环岛

照片 5.4，5.5　哪个邻里能给人留下更美好、更持久的印象？

- 确定不能修建道路的地方(如沼泽、陡峭的斜坡、有重大历史或文化价值的地方等等)。

- 确定那些更适合建造居住区、商业中心、办公建筑群的地方，并用尽可能多的路线把它们连接起来。

- 确定最便利的出入口，定出最符合要求的行进路线。也就是,确定最合理的地块出入口和相应地设计内部道路。

- 促进社区中出入口与土地利用性质的结合。最近几年来，人们设计道路系统以把单独的社区与外界区别出来，避免城市道路系统中的交通偶然穿越社区的现象发生。这可能也很重要。但我们也许需要重新认识或适度降低这种重点突出的设计手法，以促进社区与大环境之间更牢固的联系，逐渐营造一个各种不同社区互相协调的整体感。

- 重新强调林荫道。这些宽敞的景观大道，创造了一种庄严的氛围，而且比较容易与小径结为一体。这种双重道路系统，在高密度区域功能发挥得很好，既允许了沿街的公共停车，小径也为进入面对着林荫道布置的住宅、商店或办公室提供了很方便的路径。如果土地或资金紧张时，小径可以建成单行线以降低宽度。当两者一前一后地平行布置时，林荫道的宽度也可以缩小，因为小径减少了两侧土地的利用率(因为可以不用从林荫道直接入户)。

- 设计街道时，应该注意能使它吸引驾驶者的注意力，使之集中到道路上来，并能使行驶变得很容易和充满乐趣。A 和 B 点之间的道路的必需性，不能成为这段路程不宜人、没有艺术感染力的理由。重要的建筑、开放的空间、出入口等都应该被考虑设计成为焦点。

- 过境交通应与区域内的与居住有关的交通分隔开来，但仍然应该是社区中的一部分。否则，两部分交通相互之间就会发生分离现象。一个把这两种形式区分开来的系

照片5.6　周围景物的质地应该与公路的设计时速相得益彰

统，确实能同时减少两种方式的交通量。

- 超级社区。一个由街道围绕着的、面积很大的、不允许过境交通穿越的区域曾一度是作为道路系统未来发展方向来受到推崇的。最初将机动车与步行几乎完全分离的超级社区，现在却被认为既没有必要也不可取。实践证明这些地区不仅对步行者是危险的，而且还会增加周围区域的交通堵塞现象。

- 冲突的概念应该得到人们的正确理解和运用。冲突是指通过指挥机动车或停或开来限制交通的流动。利用街道的设计来降低车速而使交通井然有序，以此来增加步行者的安全感和减少交通事故的发生。用来疏理交通的方法有很多，可以是增加行道树，也可以是在步行者过十字路口的地方改变铺地形式，使机动车的行车路线发生偏转。这种方式的例子包括抵消地块之间的交通优先通过点，在交叉口和地块之间建立环岛，让交通流线环绕环岛迂回地行驶，在路的一侧或两侧都可以停车等(可画小分析图)。林荫道、大街和其他环路在某种程度上，对这种交通疏导的需要不那么迫切，过境交通和其他居住区级道路则更需要它们。

- 好的道路系统循环需要对诸如视线、位移、指路、视线指引和参考这样的因素加以深思熟虑。交通循环设计应该为创造一个有趣的、有益的、能利用一些微妙的自然要素和技术成分的系统而工作。

照片5.7　地形应该能指导公路的设计(由国家公园服务机构提供)

图5.8 枝状模式缺少秩序感

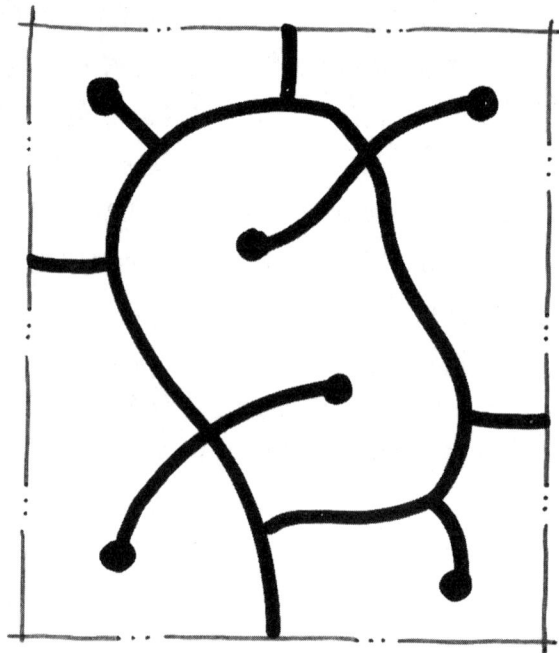

图5.9 明确的骨架或中间环路创造了一种易识别的结构框架

- 视觉上的特性或周围事物的质地纹理，会补充道路上的设计速度。车速越慢，在车上看清的路边的东西越多。车速很高的话，人们在车上就很难领略两侧的景物。这意味着体量大的一些建筑元素和空间布置不应该允许随意安排。也正是因为如此，高速公路两侧整齐的办公塔楼能很容易被注意到，而这种尺度如果在步行街区出现就会显得与环境极不协调，像是被放错了地方。

- 在邻里，一种微妙的平衡存在于街道的数量和地块大小之间的最佳比例。地块越大，它所需要的道路数量越少，反之，则需要的道路较多。然而，相对于单个地块内部而言，事实正好相反，大一点的地块需要更多的道路而小一点的则需要的少。

- 一般地，沿地形等高线或与它们保持合理的角度布置路边停车会比较节省开发费用，对原有地形的破坏也比较小。否则的话，与地形不吻合的设计会很难实施，也会导致可建地块的处理难度加大。尽管在许多事例中，它们的影响不能完全消除，但在所有情况下它们的影响却应该被减小到最少。

- 在地形上有起伏的地方,地形本身就应该能够指导设计，创造出有趣的和有兴奋点的方案。通过简单的顺应地势，就能创造出很丰富的景观效果。在平坦的基地上，设计者必须通过对道路的布置和结构的安排的处理，逐渐灌输一种富有戏剧性效果的感觉或由起伏的地形本身自然流露出来的体验。

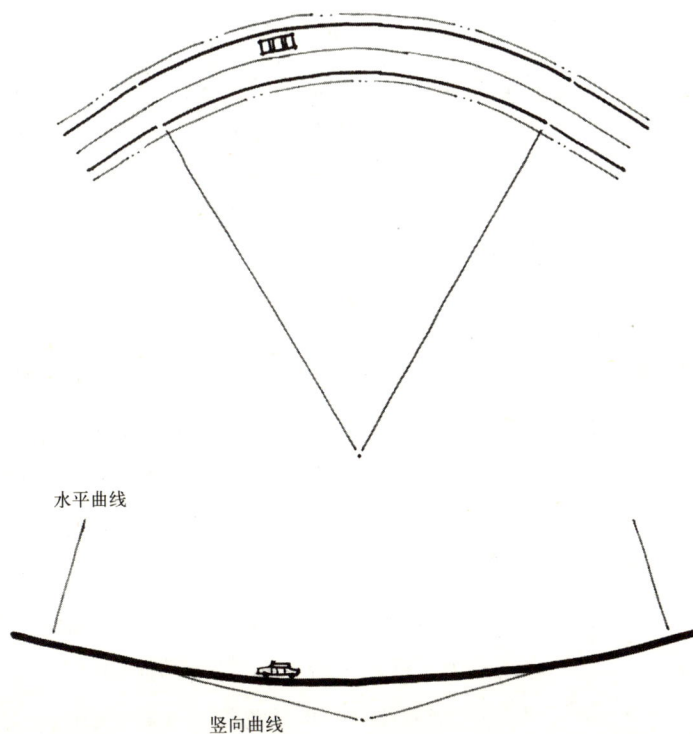

水平曲线

竖向曲线

图 5.10 曲线图

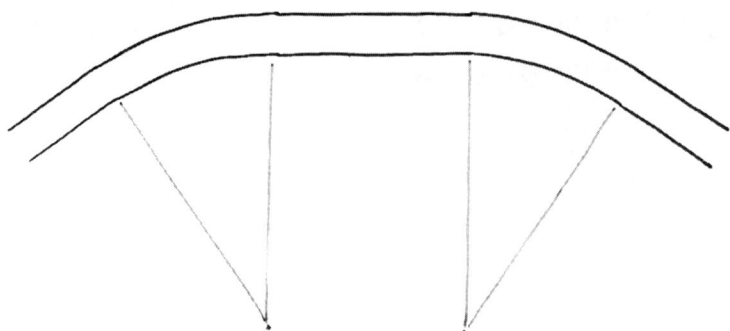

图 5.11 道路曲线半径

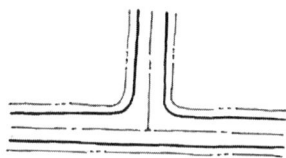

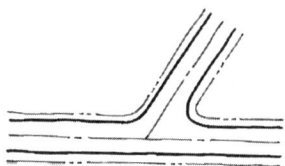

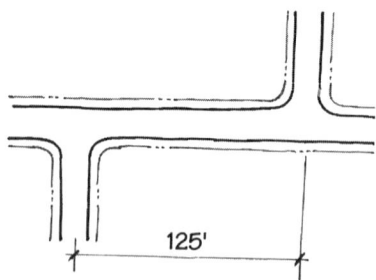

图 5.12 道路交叉口示意

- 短的尽端路红线宽度应该较小，以减少建设费用和硬质铺面面积。然而，在牺牲其他支路的基础上，应该避免过多地使用尽端路，因为这种情况会使交通问题更加恶化，需要更宽的环路来解决问题，这样，就几乎不能减少任何费用。

- 因为环路系统是识别道路的一个基本方法，所以它应该有一定的设计原则或逻辑关系，否则就会难以避免混乱的发生。经常发生的情况是，设计师故意制造障碍，以防止过境交通和迫使交通汇集到主要道路上。以往，人们总是把重点放在有利于分隔功能分区的方式上面，然而，这导致了进一步的交通汇集，这种汇集只有依赖于少数几条过境的通路才能解决。

- 我们应该自觉地努力去加强居住区与支持它的商业和办公区之间的联系，而不是把它们彼此分开。

技术方面的考虑

在这一章中我们只是探讨了社区设计的一些大方向上的问题。然而，许多技术上的参数仍然没有成为市政规划的标准或规定。我们也就自然而然的认可了，在设计之前，规划中存在不同的标准。在这里，我们就会试图将本来应该在设计中优先于设计构思，而必须遵守的每种市政管线之间些许差别的准则变得尽可能地普遍化。

- 在街道的中部设施很拥挤，如排水管道和排水沟，自然它们也就成为了机动车道和人行道的分隔带。

- 尽管10cm已经足够了，但是路缘石却有15cm高。在那些低密度的发展区里，才设有自然的草地与沼泽。

- 人行道的宽度不一，对于一条15m宽的道路来说，道路缘石的间距为7～9m宽。这样的道路允许在一侧停车，而18m宽的道路就可以允许双侧停车。

- 道路的定线是由机动车允许的曲线半径所划定的，依赖于道路红线的宽度和行车速度的要求，例如对于一条红线宽度为15m的道路来说，最小曲线半径为23m，当它是州级高速路时，曲线半径就要达到75m。道路的曲度对于排水也是十分重要的。

- 在两条直路之间加入一段曲路，是为了缓解驾驶者的疲劳，提供缓行区域。道路的交叉应该具有合适的相交角度，但是实际情况却不是这样。当角度小于30°时，道路的相交是不安全的。同时，两个交叉口要么直通，要么相距至少38m。

- 对于多数的生活性道路，连接两条道路的转弯半径不得超过3～5m。一个3m的转弯半径和6m的半径作用是一样的。到底为什么呢？因为这样会迫使司机在必要的时候停车，也令步行的距离最短，最直接。

- 在CSD模式中，道路曲线的长度各异，但是一般不能超过300m。道路红线控制之下，道路转弯处曲线的直径要达到30m。这样便于公共汽车、消防车、垃圾运输车，但同时也要考虑到规划设计的具体情况。例如：在转弯曲线过短的街区，公共汽车就很少进入街道。这样也有利于将机动车交通限制在社区道路上。因此就不需要额外的设置道路来容纳公共交通。同时消防车就可以停在最近的消防栓处，换句话说，交通工程师提供的技术并不是解决问题所必须的途径。

- 在TND模式中，道路转弯曲线的应用就很少。因为它们限制了联系。如果必须使用的话，在街道的尽端就必须设有人行和自行车通路，以便提供社区与周边邻里的联系。

- 另一种形式是折衷的做法。即在允许小型机动车通行的同时，让大型机动车做出让步。当需要很大的曲线时，中心的环岛就是很必要的。然而这种做法并不被市政方面所赞成，因为很难界定环岛的归属(属于城市，还是社区)。这也不是阻止环岛被使用的最主要的方面。但仍然需要官方去协调其具体的归属。在TND模式中，近似设计是一种解决办法。它与曲线设计相似，但在中心的位置上有更大面积的植被，这样就可以很容易被市政部门所接受。

- 在社区道路系统的设计中，必须要考虑交通量。生活性道路交叉口不需要辅助的小路，但是再大一些的交叉口就需要了。这些辅助的小路一般需要一个45m的过渡空间，这样在道路红线以外就需要额外的公用道路空间。

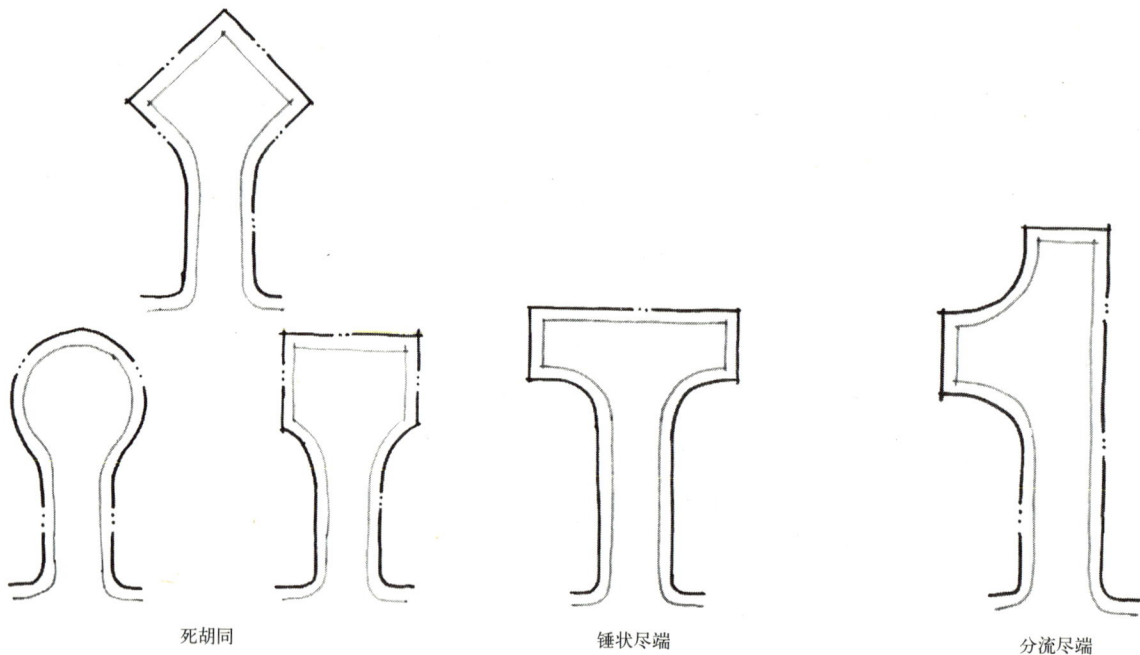

死胡同   锤状尽端   分流尽端

图5.13 道路形式

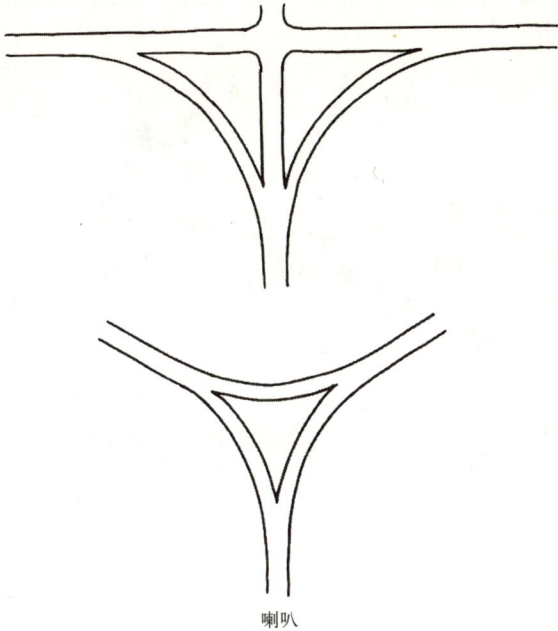

图5.14 喇叭式交叉口

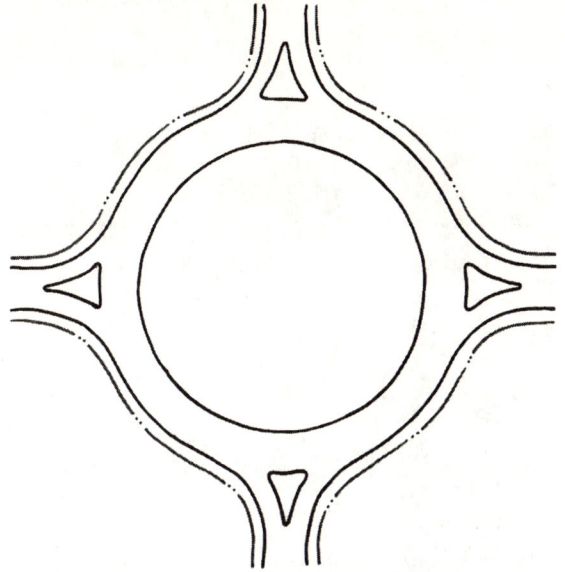

图5.15 环岛式交叉口

- 喇叭式的交叉口也是一种解决问题的途径。当穿越交通被信号灯阻止时，仍然允许部分交通的通行。这种做法同样可以提供入口标识空间、景观空间，或水景空间。

- 环岛式的交叉口，与喇叭式的交叉口相似，都是很好的空间塑造手法。实际上，许多城市设计中，最令人难忘的就是道路交叉口中心处的景观。这也是被大多数的交通工程师所忽略的。他们只是为了形成一个方向的交通流。环岛式交叉口适合于每小时交通量在500~1000辆车的交叉口，并可以很好地为居住区服务。尤其当中心环岛成为一个公园时。

- 交叉口不应该设计得过高，一个30m的交叉口不能大于生活性道路倾斜角度的10%，或主要干道的2%。然而，如果可以选择的话，将交叉口作为制高点当然更好照片 5.8, 5.9 晚饭后，你更愿意到哪里去散步？

了，因为它的视觉效果会更好。为了安全的原因，在过于弯曲曲线上设计交叉口也是不可以的。这些都是设计的一些细节问题，而在这里所讨论的也并不是最终的解决办法。只是为你工程设计的标准提出的一些参考资料。

环通的步行系统

如何让人离开自己的汽车，而选择步行交通，是目前许多规划刊物中所探讨的问题。步行虽然不是锻炼身体最好的方式，但这样却是与邻居相遇的最佳途径。更好地与邻居相处，也就可以更好地营造社区氛围。而步行的意义也不仅局限在公园、林荫道中设计的自行车道，或步行路。今天我们认为的步行路大部分都是不友好的，特别是设置在交通干道一侧的人行道。由于温度、日照、通风等，也会影响步行路的使用。因此你会发现在郊区，使用人行道的人并不多。也正是因为一条四车道的道路上快速行驶的机动车，对微环境气候的不良影响，也波及人行道。这样不良的感受就扩大化了。

建筑离道路过远，也是形成不友好步行环境的一个因素。郊区建筑的大面积后退红线，让我们感觉很不舒服。同时，步行道与车行道却只被0.6m或0.9m的草地所分隔。郊区典型的道路景观设计是这样的：四车道、步行道(3m，如果足够幸运的话)、景观小品、停车场和建筑。这种设计的后果便是，行人们大多数都愿意这样去选择，街道—沿街停车—树边—人行道—建筑—停车场。显然这是由于道路设计的尺度失真所造成的。

人行道缺乏利用的另一个原因就是其缺乏被使用的理由。它们并不是存在于人们所想到达的所有地方。即使可以，也由于以上所提到的种种原因，而令人望而却步。

自行车道和人行道，自身也存在着一些问题。通常它们远离车行道和停车场。它们过于开放，又没有明确的界定，会让人缺少安全感，也就不利于使用。正如威廉·H·怀特在对小城市的研究中所提出的，人们愿意到有人的地方去。[2]他们愿意去购物、娱乐，喜欢去那里看更多的人。一个人愿意看到在不远的地方商场中有人活动。简·雅各布斯在《美国大城市的生与死》一书中，对这些现象进行了研究。她提出对于步行路来说，步行活动数量与多样性的需求是相关的。[3]她建议建设网络化的活动体系，不仅要满足步行通过的需要，也要满足其他活动的需要。在有设置步行路的想法之前，必须有完善的支持系统或混合的使用功能作为其存在的前提。她还进一步指出，活动的密度与机会越多，使用步行路的人就会越多。

照片 5.10 在郊区，大量很有价值的土地被用作停车场

我们如何将这些讨论的结果整合，并营造一个吸引人的步行路呢?下面是一些指导性的建议:

- 别忘了目前的利用状况，街道—沿街停车—树边　人行道—建筑—停车场。显然不是所有的情况都一样。但一定切记人们愿意在尺度适宜的环境中步行。

- 设计的目标是建设一个安全、舒适、有趣的，人与人交往的空间。

- 步行路在社区中要有明确的规划，并形成环通的体系。它们要延伸到人们想去的任何地方。

- 这种网络化的理念要有助于道路功能和形式美学的协调。

当步行路附近有一个社会大型的人流集散场所，就会提升其使用率。

- 让活动有一定的可选择性，包括活动性和通过性，让每个人都可以使用步行道路系统。
- 每一块用地都是很重要的。尽你所能去丰富人们的步行体验。如果你要人们离开汽车，选择步行，你设计的步行环境就必须是方便的、有利用价值的、步行是一种获得，而不是牺牲自己的时间和精力。

停车场

　　停车场可能是造成今天城市和郊区混乱状况的主要因素之一。停车问题已经成为道路工程师、市政规划师所关注的主要问题。停车场的布置应该是具有明确的逻辑性，这样便于司机清楚地知道停车场的结构。布局的明确，有助于使停车场成为有限空间的一个焦点，并很容易被找到。

　　然而，现在的设计却带来了许多不利的后果。由于确信需要大量的停车位，即需要大量的停车空间。对于商业区来说，特别在12月8~12日，需求就更大了。这也同时鼓励使用更多的汽车，建设更多的停车场。结果便是，本以为可以解决交通问题的做法，却导致了更多的问题。

　　出于效率方面的考虑，停车场要尽可能地为小区域服务，并尽量为多个地块服务。在我们今天的商业区里，越来越大面积的停车场被建设，它们也远离购物中心与主要街道。它们的利用率在98%的时间里只有1/4或1/3。这种做法使得许多有价值的土地被浪费。另外，从环境角度来看，大面积的硬质铺装对环境保护也是不利的。

　　可以解决问题的途径就是为商业空间建设它们真正需要的停车场，或在停车场附近布置更多的零售商店。在当今的开发建设中，必须设有足够的停车场。同时它们的设置应该充分考虑到人

"在现代的都市中，社区必须适合机动交通的发展。可是实际上人们应该更尊重步行交通和建设更多的公共开放空间。"

——新城市主义议会宪章

们的需求，以及为公共空间的服务。这样做并不仅仅为政府带来了更多的税收，同时由于商业建筑更靠近主要道路，所以它们的可见性就提高了。商业用地的减少，会留出许多用地，供其他功能使用。

通过分散地设置停车场，而不是通过市政规划中所常用的缝合的手法，停车空间所带来的消极影响一样可以减少。虽然结构上的投资会增加，但更多的停车位却占用了更少的空间，空间的美感也增加了。一般说来，人们不愿意步行超过91m的距离。这不仅为我们提供了停车场布置的标准，也是创造更有效为人们服务的停车空间的一个准则。同时也消除了停车场的海洋——这种消极的城市景观。

在商业和办公区，停车场一般布置在建筑之前，停车场的通道就会垂直于建筑。这样人们可以不穿越停车场而直接进入建筑。从心理学角度来看，当人可以看到入口时，心理会感觉距离缩短了。相反，如果让人在停放的车辆间穿行，人就会失去安全感。

当市政规划需要设置停车场时，可以在3～4个停车场间，布置一些景观岛，这样可以与司机进行一下视觉上的对话，给司机与行人以安全感。因为如果没有提示，行驶的汽车会很容易出现交通意外。这样的岛状空间，可成为停车空间的延伸，当它足够大时，可以种植树木，提供阴凉。这种技术，不仅可以在一个不友好的环境中提供所需的绿地，还可以帮助行人将车辆的海洋，划分为小的"游泳池"。

一条通路的结构在大空间停车时应该被避免，并且要尽量避免令人迷惑的布置形式。一条通路的、有角度停车，会形成许多角度的尴尬景观空间。并不是说这样的空间不好，但它们只能用作景观空间。从设计的角度来看，这种情况下，设计师是为规划服务的，而不是在指导规划。除此之外，无论规划的停车场多么好，与实际情况的冲突也是不可避免的。

停车场应该有一个环通的路径设计，这样司机在开车离开

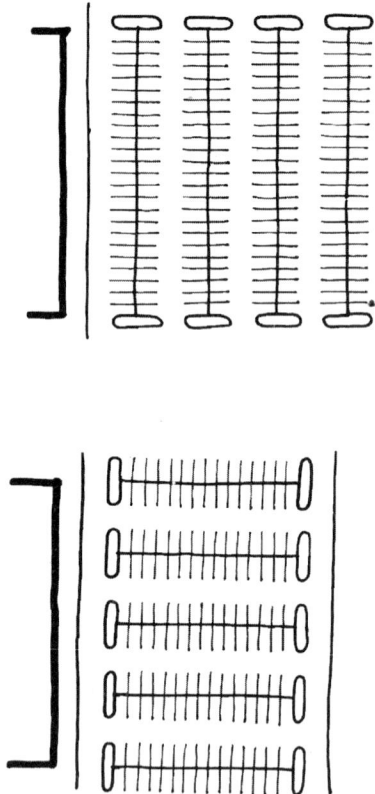

图5.16　停车场应该垂直于建筑布置

时，不需要再调转车头。这样的设计要比那些尽端式的设计效果好的多，因为如果所有的空间都被占用的话，使用就会不方便。当很长的尽端式的停车不能避免时，就应该设置一些回车场。类似于锤头式的布局，既可以避免停车场布置过满，也解决了垃圾车的停放问题。这样一来，垃圾车就不再是停车场里的视觉焦点了。这种作法对公寓的停车场是很适合的，同时又不会为提供回车场而牺牲停车空间。

如果停车场给人的视觉效果是不友好的、消极的，建筑就会更具美感，那么这就是对商业区的停车场进行设计的依据。只是通过简单地将停车场布置在建筑红线的后面，同时不允许在建筑与街道之间停车的话，今天的开发区的景观就可以得到改善。

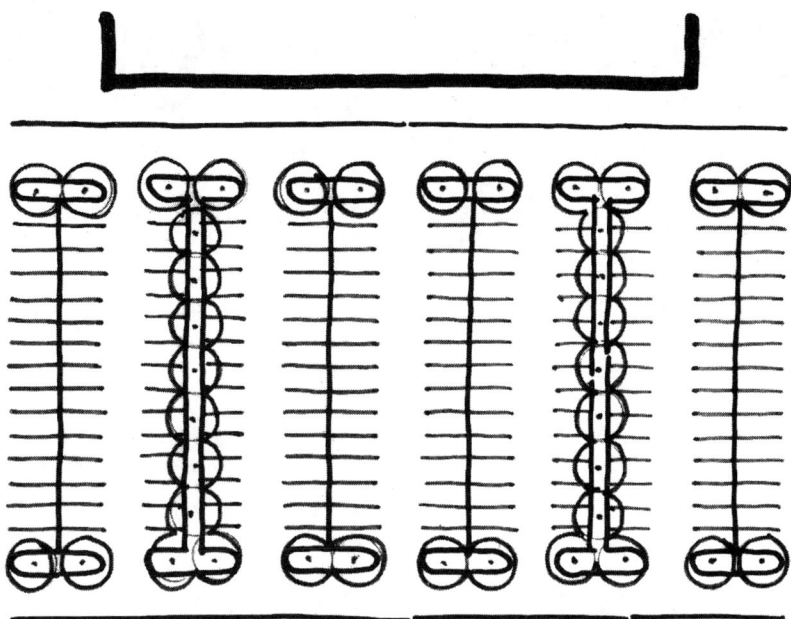

图 5.17　停车场中的绿化带，限制了司机在停车场内沿斜线运动

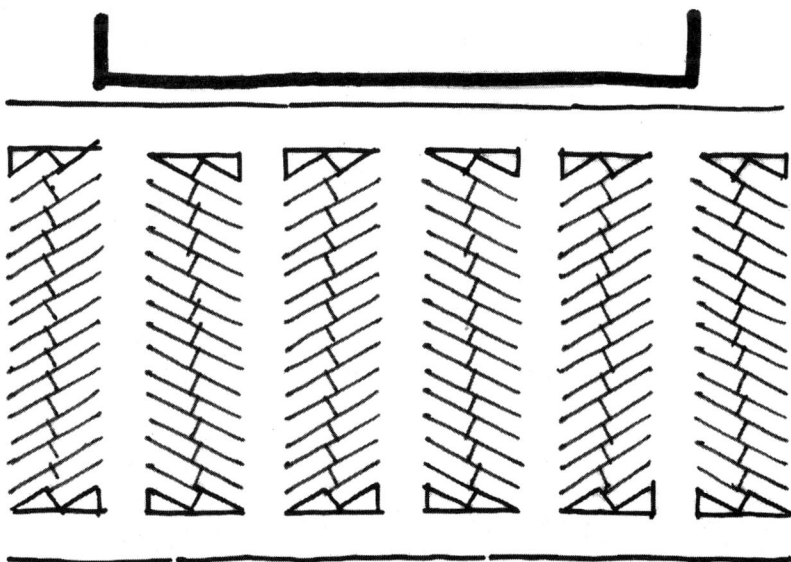

图 5.18　成角度地布置停车位的方法，是不便于使用的

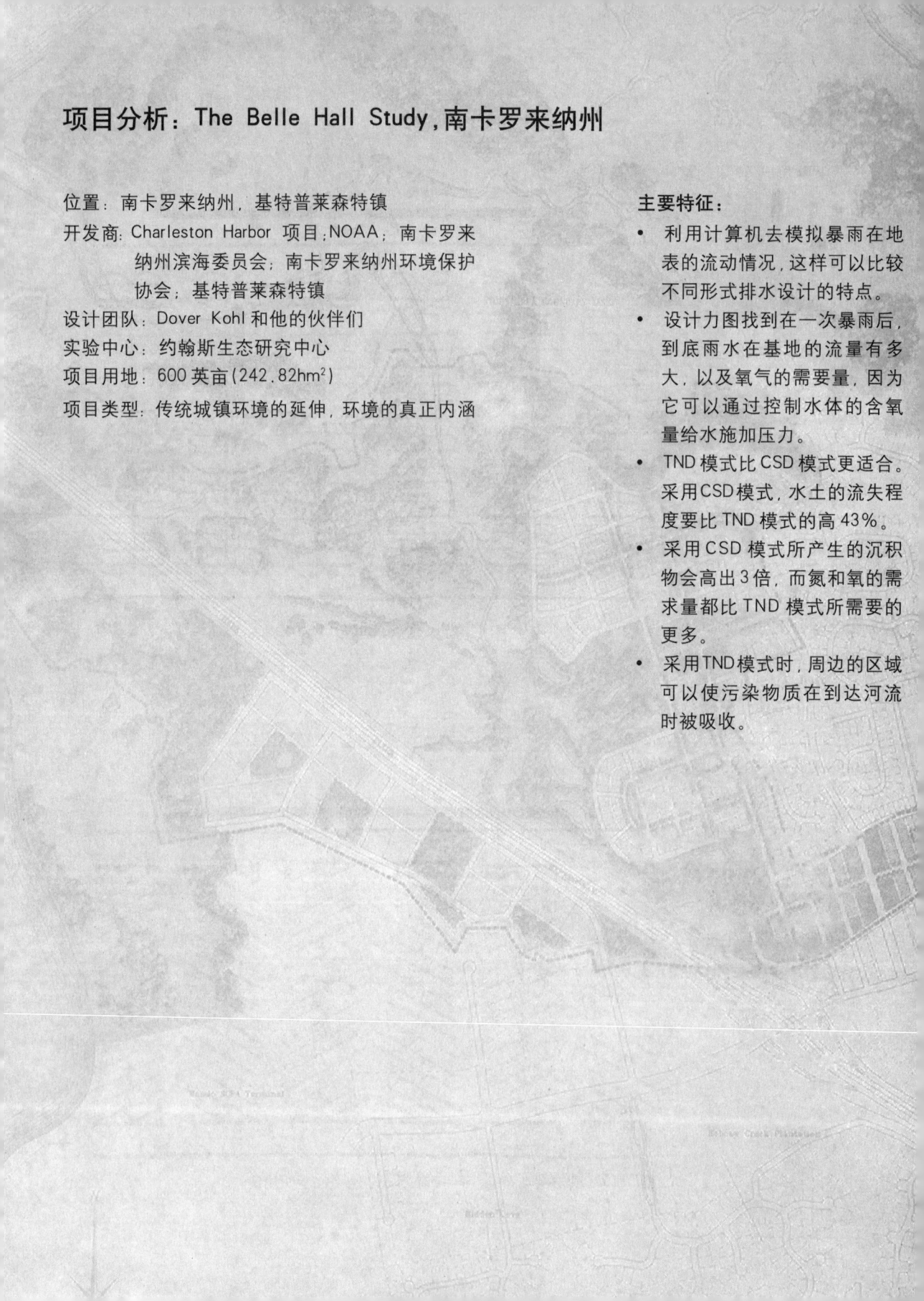

项目分析：The Belle Hall Study，南卡罗来纳州

位置：南卡罗来纳州，基特普莱森特镇

开发商：Charleston Harbor 项目；NOAA；南卡罗来
纳州滨海委员会；南卡罗来纳州环境保护
协会；基特普莱森特镇

设计团队：Dover Kohl 和他的伙伴们

实验中心：约翰斯生态研究中心

项目用地：600 英亩（242.82hm²）

项目类型：传统城镇环境的延伸，环境的真正内涵

主要特征：

- 利用计算机去模拟暴雨在地表的流动情况，这样可以比较不同形式排水设计的特点。

- 设计力图找到在一次暴雨后，到底雨水在基地的流量有多大，以及氧气的需要量，因为它可以通过控制水体的含氧量给水施加压力。

- TND 模式比 CSD 模式更适合。采用 CSD 模式，水土的流失程度要比 TND 模式的高 43%。

- 采用 CSD 模式所产生的沉积物会高出 3 倍，而氮和氧的需求量都比 TND 模式所需要的更多。

- 采用 TND 模式时，周边的区域可以使污染物质在到达河流时被吸收。

项目设计构思

在南卡罗来纳州的基特普莱森特项目中，常见的郊区发展模式与传统的郊区发展模式通过假设，来对它们的具体效果进行比较。通过对排水体系的良好组织，将多种功能融入到一种结构形式当中，同时用地的界限不再用明确的边界来界定，这样的结构就可以进一步蔓延生长。大面积的、不规则的用地，采用尽端路的形式，每个地块只设有一个出入口。大型零售商业集中的地带，设有大面积的停车场，同时周边街区也有许多附属用地。在街区与形状规则的湿地周围，设计了开放空间，这样做的结果是许多自然的本来面貌被破坏了。而传统的社区设计是有明确边界的。一个网络化的步行道路系统，可以让居民步行5分钟，就可以到达城镇的中心。公园、广场和公共空间，与主要建筑相对，同时原有的野生自然生物也被保留了下来。这样的设计手法也可以应用在以下情况中，即当已

BELLE HALL
蔓延

BELLE HALL
城镇化

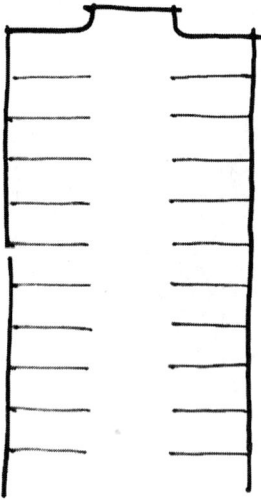

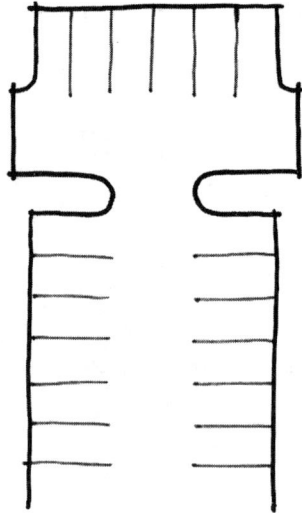

经存在的通道面向过分拥挤的停车场，或是在郊区中那些尺度失真的地方。在近20年中，传统的商业中心依旧具有活力便是一个很好的证明。这同时也为街景的塑造带来了一个很好的契机。

图5.19　尽端式的停车场不能提供环通的通道

公共设施

在真实的世界中，应该设计什么项目，取决于我们怎样定义公共设施的实用性(水面、卫生的排水系统等)，排水系统的管理，与周边环境的关系，以及适当的流程。由于地块不同，存在的问题与机遇也就不同，所以它们的要求自然也不相同。

居住在面积更大、密度更高社区里的居民，希望方便程度可以很高。上下水服务的提供也是有偿的。当供水受到限制时，对社区的发展是一个极大的限制。也正是因为如此，许多社区会严格地限制用水。干旱的东南部地区，无一例外的是限制用水的地区。由于许多地区是依靠科罗拉多河每年的泛滥来提供用水的，所以关于水的使用权经常会引发争论。

在发展中卫生的供水系统花费很昂贵，因为它要依赖于具体所需要的供水系统的形式。在已有的体系上加开一个出入口是很容易的，但是随着用量的增加它是否可以满足要求，是一个必须考虑的重要问题。地形方面的因素也是必须要考虑的。例如：在山上，重力会帮助物体下落。但在平地上为了排水，就必须使用水泵。

更小、更田园化的社区似乎更容易形成自己的特色。优质的水，劣质的土地经常是很普遍的现象。而排水系统是由道路的排水沟、农场的池塘和当地的小溪或湖泊构成的。但就是这种看似简单的做法，却在实际操作中显得很难实现。

排水系统规划

所有的生物都离不开水。而人类，似乎更重视水所带来的艺术效果。我们花费了大量金钱，去建造海岸、湖边、或河边的住宅。如果经济实力不允许的话，我们就会在夏季租用这样一套住宅，来享受水为我们带来的悠闲、适意的生活。这种传统由来以久。从格拉纳达的摩尔人的水景花园，到劳伦斯·哈普林设计的波特兰的Ira瀑布；从凡尔赛宫和勒温特庄园的喷泉，到潺潺流淌的林间小溪，我们一直在营造水景。但当我们设计排水系统的时候，我们却抛弃了这种做法。我们设计一个可以容纳100年最大降水量的水池，而忘记了我们可以利用这些水来营造景观。直到最近才开始利用街道、停车场来组织排水，并抵御洪水。所以现在应该是明确一下水的具体作用的时候了。

当下雨时，一些污染物，例如：草坪和花园中的农药，石油制品，街道和停车场的废弃物，泥土，垃圾，废物，杀虫剂等各种废弃物和化学物质都会进入社区的排水管道。这些污染物流向河流、湖泊，并被带到了海洋中。这样不仅破坏了水质，也影响了生物。对于排水体系的设计已经变得复杂化，这是国家污染物排放管理系统(NPDES)在1990年11月提出的。这也就要求地方政府采取措施去减少污染物的排放。

在这一设计过程中，我们并不是有意要去讨论这些技术问题。还有更加重要的原因让我们不得不去重视这些问题。我们将焦点集中在让排水池成为有用的景观，而不只是景观设计中一个不可或缺的组成部分。有两种形式的排水池：排空水池和满溢水池。排空水池是指，从多方收集雨水，慢慢地将水一直排空。满

照片 5.11 劳伦斯·哈普林设计的波特兰的 Ira 瀑布

溢水池，顾名思义就是不断地收集雨水，而只有当水面超过排水口时，多余的水量才会排出。在雨停以后，排空水池应该得到检查，因为有可能会有垃圾或其他东西堵塞排水管。满溢水池在建设时会需要更大的投入，但却可以营造更宜人的景观，也可以成为野生动物的栖息地。

虽然这么久以来，工程中的排水体系一直具有更多功能上的意义，而不是形式上的。排水池和排水渠会成为社区景观的不利点，需要围栏和屏障，将它们与人的视线相隔离。但这样做是在极大地浪费资源。只要在设计蓄水池时，对它的形象稍加考虑，就可以使其成为宜人的景观，营造出一个适于植物、动物生存的美好的湿地景观区。实际上，这样的设计对本地区内的排水组织和湿地环境的保护都是有利的。

照片5.12　一条潺潺的、汩汩地流淌着的山间小溪

　　作为卖点来说，有湖面与水池的社区，比单纯的住宅区开发项目无疑更具有竞争力。从美学的角度来看，湖面和河流，可以帮助社区形成自己独特的个性，并且会帮助建设更加出色的社区景观。

小　结

　　建立一个网络化的体系，让社区可以同时满足人行和车行的需要。许多设计成功的例子出现在第二次世界大战前的设计中。那时的设计营造了边界明确的街道，与吸引人的公共场所。由于机动车不占有统治地位，所以设计的重点放在对步行环境的处理上。而今天，我们非常爱惜我们的汽车，以它们来代替步行，所照片5.13, 5.14 哪一种形式的排水设计, 可以对社区景观的营造有积极的影响?

以社区也就相应地为汽车来服务了。我们建设了大型的海洋公园为商业购物中心服务——在那里有永远停不满的停车场。这种情况不仅仅存在于商业区的规划设计中，同样也存在于居住区的设计中。现在的郊区社区，往往设计很宽阔的道路、停车场，以及适合于机动车的出入口。这种做法不利于社区生活的安全，对于孩子们来说也是不安全的。

　　这样一来，设计的途径就应该回归到营造邻里感觉的场所上来。街道的设计必须有内部的环通体系、设计节点、营造社区特色等。建筑的后退，以及行道树的种植都应该适于人的尺度。停车场的设计也要有宜人的尺度，这样使建筑在街道上拥有一个更加重要的位置。排水系统的设计必须更多地反映设计意图，而不仅仅是满足技术的需要。因为如果设计时考虑充分的话，水资源是很富有艺术气息的。

第2篇

Parts of the Puzzle

因素汇总

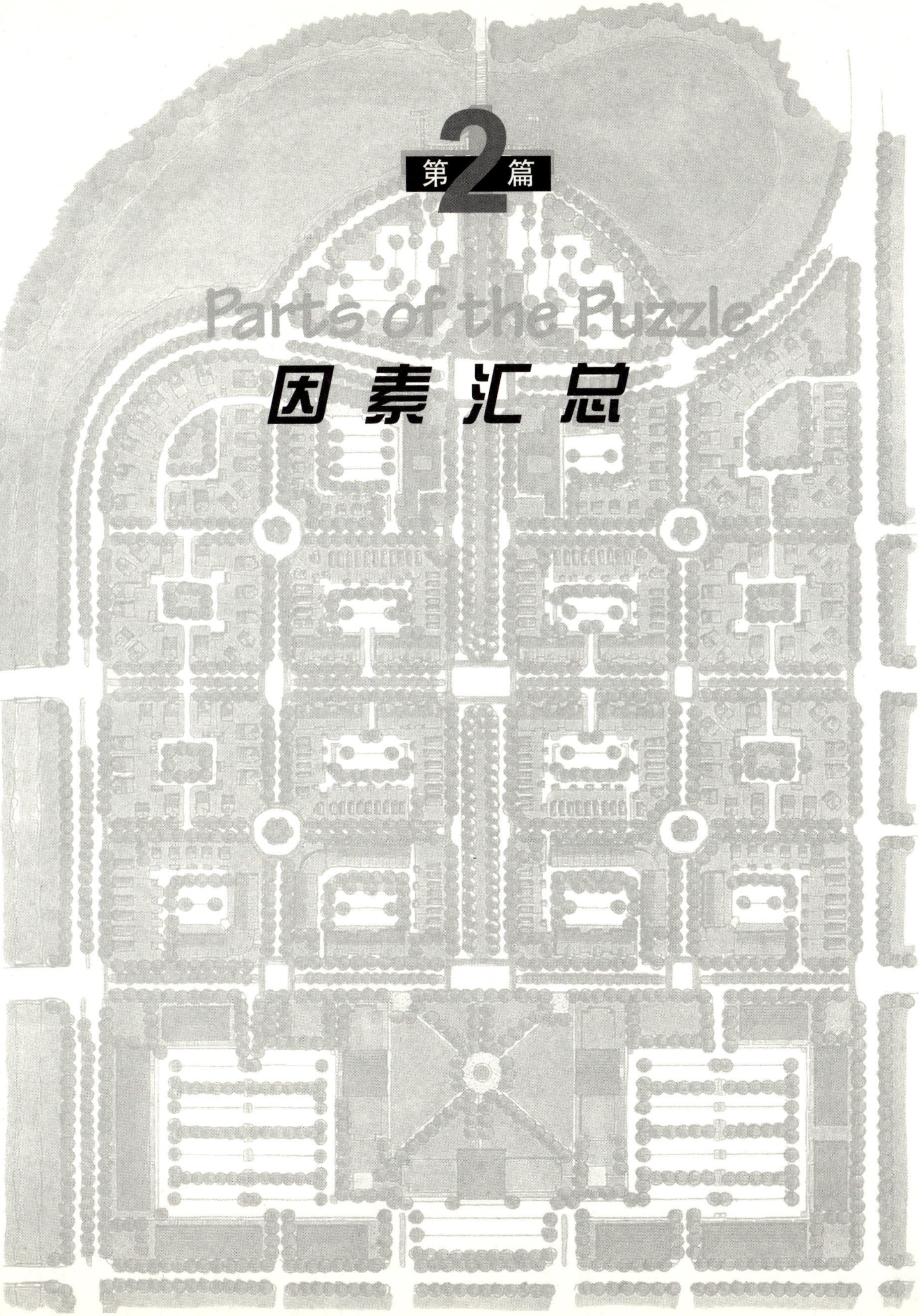

第6章

你更愿意在哪里居住？

【摘要】

❖ 理解将邻里作为社区的基本组成元素的理念

❖ 利用各种不同的住宅形式来组成邻里空间

❖ 发掘一般的郊区发展模式与传统的邻里发展模式之间的差异

❖ 利用文中推荐的设计参数来创造邻里空间，或者重塑那些已经存在的社区空间

你更愿意在哪里居住?在这里我并不是指居住在特定的城市或是国家的某一个特定的区域里。我也不是想要得到这样的答案，"在海边"或者"在山旁"。我是指居住在更像家乡的地方：即是居住在邻里空间中。邻里是社区的基本组成元素。在那里有我们的家和朋友们。我们在那里购物，看电影，在公园中散步；也是在那里我们送自己的孩子去读书；那里可以提供家教，可以看足球比赛，还设有教堂；那里是生活开始的地方，是我们的居住地。我们不会说："我住在Elm大街。"而是说："我住在Shady Lawn"或"Dolphin Quay"，或说我们认为可以称之为家的那个地方。我们只有在写信时，才注明家所在的街道名称，或是在我们的孩子要邀请他们的朋友参加生日派对时才会使用。

在第1章中我们应用了韦伯斯特的邻里空间概念,指出邻里应该是一个具有明确性格特征的场所。我们知道人们居住在邻里社区中,但是什么形成了各自不同的特征呢?各种要素又是怎样组织在一起而形成邻里的呢?新城市主义议会宪章为我们提供了有关邻里的具体概念。文中指出,邻里空间应该紧凑,并且应有宜人的步行环境。同时应该设有综合的功能,使人们日常的一些活动都可以在一个适宜的步行距离之内进行。邻里社区的街道应该形成网络,以此来鼓励人们步行。街道应该有一个由不同类型、档次的住宅形成的明确边界,只有这样才能形成真正的、有综合使用功能的社区,社区也就为个人和文化的活动都提供了机会。公共的集会空间应该设置在明确的中心位置上,以加强社区的凝聚力。邻里空间应该包括各种不同类型的开敞空间,它们可以有许多形式。例如:小公园、农田、球场、交往空间和开敞的花园。上班的地方、购物中心、邮局、图书馆、学校以及其他文化设施,都可以步行或骑自行车到达。这样一来居民和他们的孩子就可以随心所欲地到任何地方,而不需要使用汽车。[1]

当我们要进入以下几个章节的时候,我们应该首先理解要建设一个好的邻里空间才是形成真正社区的起点。我们也将看到下列基本元素,如:道路、边界、区域、节点和地标,是怎样被用来建设环境的。我们也将开始利用轴线、几何、过渡空间和围栏来建设尺度宜人的场所。我们还将看到开敞空间、循环体系以及结构是如何被用来营造一个更好的居住环境的。

我们居住在哪里

住宅是社区中最基本的组成部分,毕竟那里才是我们居住的地方。19世纪中叶以来,郊区就为我们提供了一个可以自由选择住宅形式以及风格的空间。郊区住宅形式的多样性,很好地证明了市场会为建筑风格的变化提供动力。尽管存在着多种多样的住宅风格,但是可以归结为四种基本的住宅形式:独门独院式住宅

(仍然是最具吸引力的住宅形式)，半独立式住宅(两户联立、三户联立、多户联排等)，城镇化住宅(线型联立的住宅，一般由4到10个单元组成)，以及公寓(多层、中高或高层)。

不同的地产所有权合并在一起管理的概念，往往在设计中体现为将不同类型的住宅混杂在一起，模糊它们之间的界限。那种独门独院的住宅与公共社区，甚或与私有道路服务的自由地隔离开来的发展现象是很不寻常的。

这就是我们要讨论的问题的次序：首先我们要谈谈独门独院住宅的完全隔离与半隔离状态。我们将具体比较一下一般的郊区发展模式(CSD)和传统的邻里社区发展模式(TND)之间的区别。我们会提供一些在CSD模式中存在的现象，然后给出TND

"邻里社区中不同的住宅类型以及不同的住宅价格，会吸引不同年龄、种族和收入的阶层居住。他们每天在这里交往，增强了社区的文化氛围。"

——新城市主义议会宪章

照片6.1　一般的郊区发展模式(由 Wesley Page 提供)

模式的可替代方案。我们同样将这种方法应用在独立式住宅的连接上(城镇化住宅),然后用综合形式的公寓组合来结束这一章节。

独立式住宅的连接

在现今的工业社会里,联合的独立式住宅是一种很理想的住宅形式。这种自由的结构形式可以在四面都有院子。然而这种形

照片6.2 传统的邻里社区发展模式,田纳西州,孟斐斯,哈伯镇(由Looney Ricks Kiss 建筑事务所提供)

式又是最昂贵、最浪费土地的。它需要大量的道路系统、服务设施和用地清洁设施。同时，不断增长的用水量也会需要更多的排水设施。

郊区的邻里社区，经常作为一个独立的部分自行发展，只设有一两个出入口，并采用时兴的建筑形式。同时郊区的发展一般会由高密度发展到低密度区域。区域规划也会规定住宅的尺寸与形式，市场会提供不同形式与价位的住宅，以最大限度地满足人们的需要。

设计参数

- 城镇化住宅，大小一般控制在 $325m^2 \sim 4.047hm^2$ 左右。典型的尺寸是 $418m^2$、$557 \sim 604m^2$、$697 \sim 930m^2$、$1115 \sim 1394m^2$、$1858m^2$、$2787m^2$ 和 $3716m^2$。

- 前院进深一般为 $3 \sim 15m$。

- 一侧的院子一般进深为 $1.5m$。

- 后院进深不小于 $3m$。

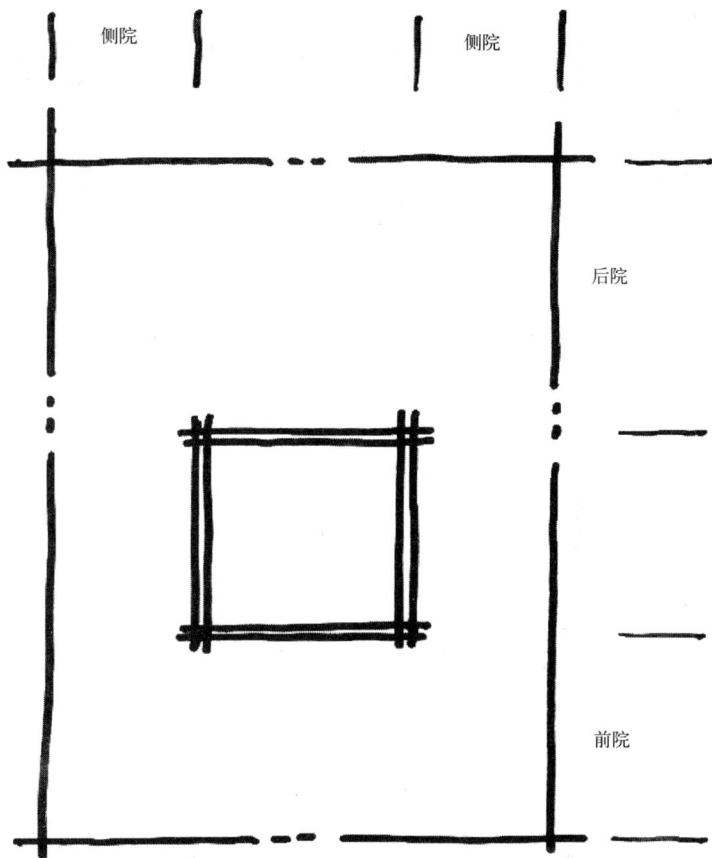

图6.1a 独立式住宅形式

项目分析：洛瓦城，洛瓦半岛

位置：洛瓦，洛瓦城
开发商：洛瓦市政府
设计团队：Dover Kohl 及其合伙人
项目用地：70 英亩(0.7hm²)，再加上周边的开敞空间
项目类型：传统邻里社区

主要特征：

- 与保护区有很好的联系，也有明确的边界相互分隔。
- 内部相互联系的林荫路。
- 支路允许机动车通行，所以车库设在住宅的后院。
- 住宅的前、后院都很整洁。
- 规模小，而且适宜步行的邻里街区。
- 从家步行到公园或广场，是件很容易的事。
- 对开敞空间、沿河景观和野生动物进行保护。
- 邻里中心是一些零售商店，城镇中心是开放的空间。
- 与实际成比例的图解式的导游图，给出了一些关键的细节注释、文化建筑的位置，以及公园、街景等图示。

项目设计构思

　　建设这个项目的目的
是，创造一个既可以保护
自然，又可以与自然和睦
相处的环境。在这里可以
反映传统的中西部建筑的
风格，复兴传统建筑。设
计呈"U"字形，这样就可
以在山顶观赏到全部的河
岸景观。区域是由地理状
况进行界定的，绿化空间
作为边界。包括自然的树
林和一个东北部的高尔夫
球场。土地是城市购买
的，并且建设了开放的公
园，制定了该区域的规
划。设计小组与选举的政
府、市民代表一起制定了
规划方案。

半独立式住宅

半独立式住宅一般会有两户联立、三户联立和多户联排等多种形式。建设这种住宅的目的是为了让更多的人可以拥有独立式住宅。去掉了侧院,让住宅呈线形连接。这种住宅是近几年里在加利福尼亚州、佛罗里达州、得克萨斯州,以及一些高档的地区里发展起来的。为了创造宽敞且便于使用的居住环境,人们付出了极大的努力。这种类型的住宅建设的目的就是为了拥有独立式住宅的许多优点,同时提高住宅的密度。

设计参数

- 这些单元一般为 $10.7 \sim 15.2m$ 宽。
- 它们一般拥有前院和后院,并且至少有一侧的院子被省略了。
- 它们都是应市场要求建设的,这就意味着买主的选择权会因为基本的住宅形式而受到限制。
- 一般的密度是每英亩8个单元(U/A),所以规划时必须精心考虑,以减少基地给人们带来的拥挤感。

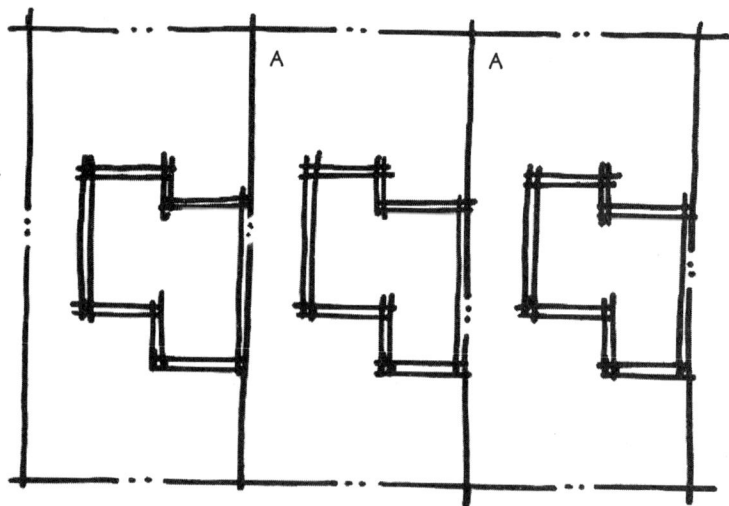

图 6.1b 半独立式住宅。省略了一侧的院子。(A)减少了单元的占地和住宅的价格,同时住宅的面积没有甚至只有少量的减少

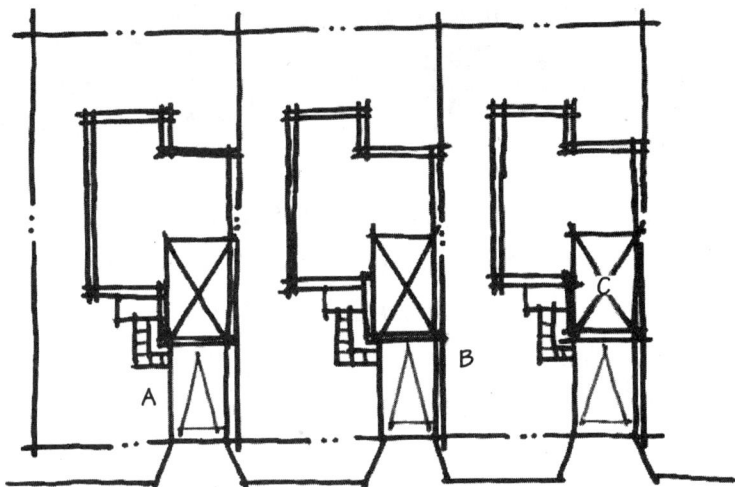

图6.2a　(A)前院的后退是为了提供前院的停车空间。(B)车库门朝向住宅的出入口，这样一来遮挡了建筑的正立面。(C)车库门会占去正立面30%~75%的空间

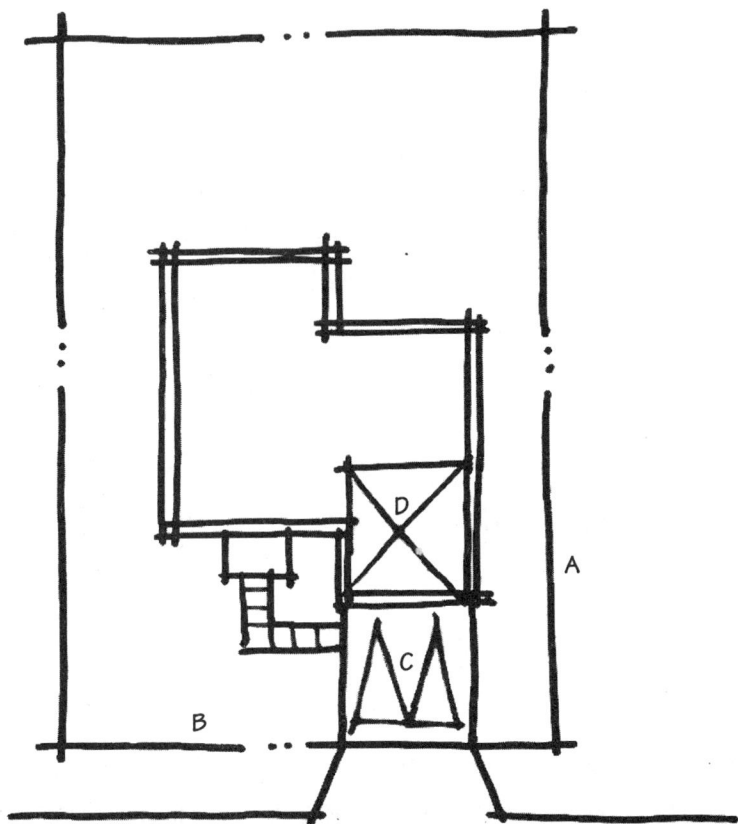

图6.2b　(A)联立式住宅一般为了安全与连接的需要，侧面不开窗或门。(B)前院的后退是为了提供前院的停车空间。(C)单独的停车会占去院落宽度的20%~35%。(D)双停车会占去院落宽度的35%~60%

"对于所有的城市规划师与景观设计师来说，最基本的任务就是将街道和公共空间，真正地定义为公共使用空间。单个的建筑应该与周边环境相联系。这些比建筑的风格更为重要。"

——新城市主义议会宪章

- 如果想要更好地适应市场需要，规划有时候要强制执行。

发展模式

在过去的50年间，一般的郊区发展模式抛弃了为我们已经服务了几个世纪的传统社区发展模式所倡导的邻里空间理念。在20世纪的最后10年中，这种传统社区的发展模式又开始复苏。这不仅是为居民营造归属感，也是为了提高人们的生活质量。我们将要去发掘在我们居住的地方，这些理念是怎样发生作用的。我们将去比较 CSD 模式与 TND 模式，去发掘设计思路，这样我们就可以知道传统的邻里社区发展模式是怎样建设一个真正意义上的邻里空间的。然后提出一个传统模式的可替代方案来解决问题。

CSD 模式

由于停车的需要，建筑不得不后退，这样车库就分割了独立式住宅的院落空间。所以设计过分重视停车问题，也就牺牲了建筑的正立面。被迫的后退是因为前院停车的需要。在住宅前至少后退 6m，可以满足任何的停车需要。在大型社区中，这些并不是问题。因为车道与住宅之间的距离，让其与停车库之间的拥挤感减少了。然而，在更小的独立式住宅的社区中，街道景观就只剩下车道与停车位。

双停车库会占去院落宽度的35%～75%，对邻里社区的景观带来消极的影响，这种问题在密度更高的独立式住宅的社区中更为严重。这也就同时导致了在设计中，过分地重视车库门的设计。

TND 可替代方案

当不再强制建筑进行后退时，就可以允许住宅与道路离得很近。这样做不仅仅提供了一个更大的后院，同时也鼓励将车库设

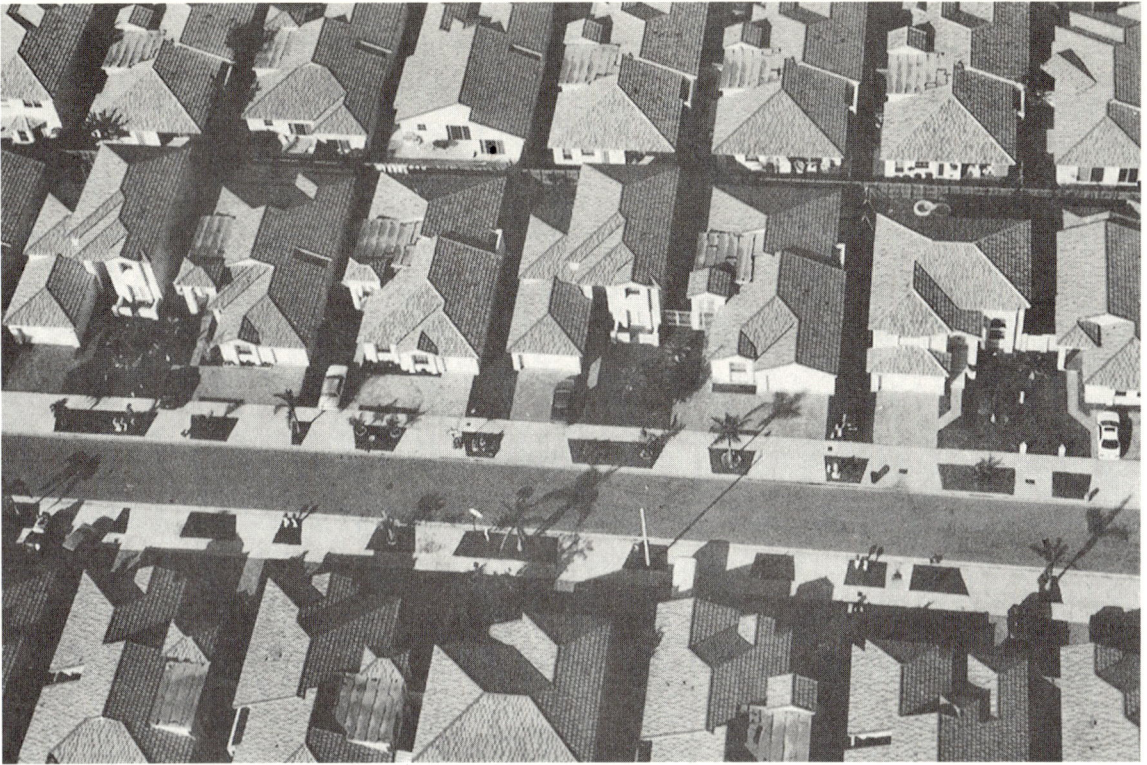

照片 6.3 郊区的街道被车库门和停放的汽车界定着（由 Wesley Page 提供）

置在住宅的后部。理想的做法是将车库门开在距离住宅正立面
5m 或更远的地方。这样，汽车是停放在住宅之间的，而不是住
宅的前面。

　　鼓励这种住宅间停车，无论是在大型社区，还是在高密度社
区，都会减少车库带来的消极视觉影响。而这种做法只有在前面
没有停车的可能时才被提倡。直接的机动车通道也是这样布置停
车库的另一个优点。

CSD 模式

　　更小型的社区并不需要移走树木来为排水设施提供空间。在
许多社区中，地面的排水设施必须由后院移到前面，以作为社区

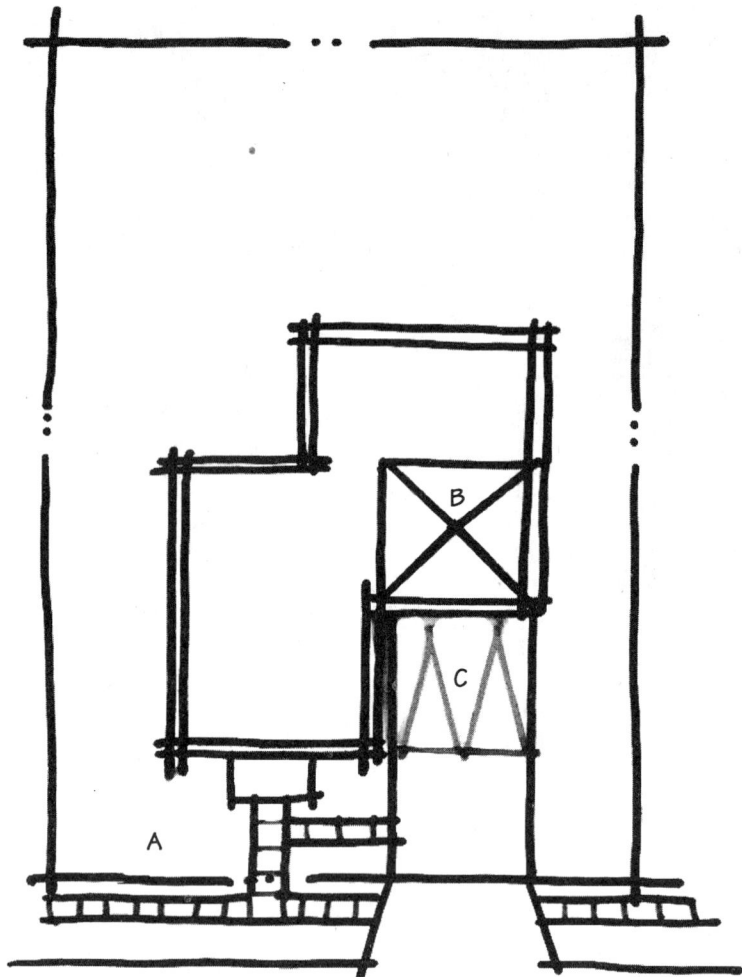

图 6.3a （A）减少的后退让建筑的立面成为了视线的焦点，而不是车库门。（B）凹进去的车库门既创造了停车空间，也减少了将设计重点放在汽车停放问题上的做法。（C）如果车库后退得足够大的话，车辆就可以停放在住宅之间

的边界。这种设计手法会被经常使用，因为排水系统需要环绕住宅。一般典型的做法是让排水管沿着用地的一侧边界，同时也必须移开包括树木在内的所有阻碍其顺利通过的物体。对于紧邻的住区来说，也需要设立两套沿用地边界的地面排水系统。同时为了确保地面水的及时排出，也需要住区的用地作出适当的退后。

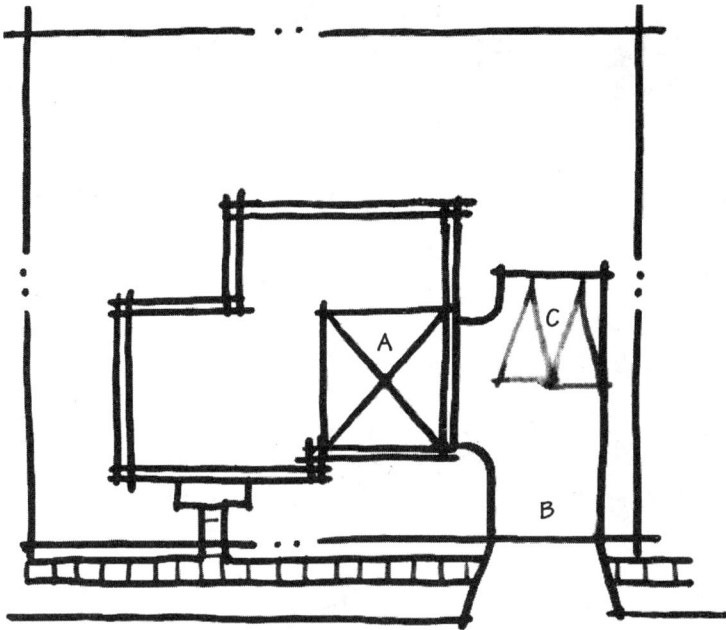

图6.3b （A）将车库布置在建筑一侧，很大程度上减小了车库门给人带来的消极视觉感受。(B)双停车位给人的感觉依然是前院的一个组成部分。(C)在建筑一侧布置的停车库对街道设有直接的出口，这样就不会与人行入口发生冲突，交通组织变得更安全了

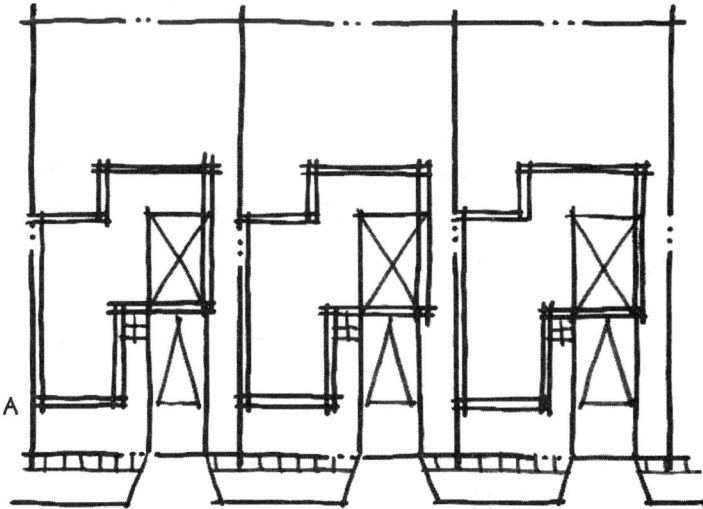

图6.4a （A）重新布置的停车库，减少了从街道上观看到汽车的消极视觉感受。(B)独立的住宅入口增加了对街道的监督感，也增强了安全性。(C)住宅向前提了以后，扩大了后院

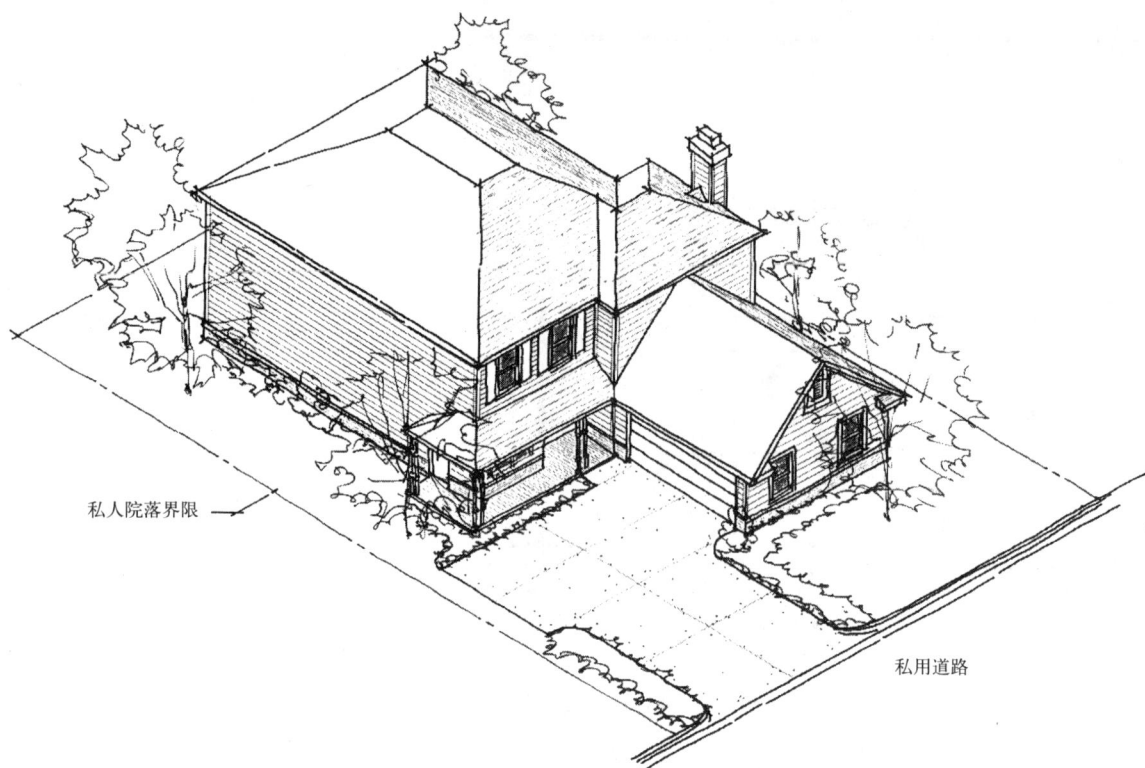

图6.4b 车库的后退，使车库门给人的视觉感受也不再那么强烈

TND 模式

鼓励与邻近的住区建立联系，并共用车行道路，也设计一侧的停车库以减少每栋住宅的硬地面积。同时也为地面的排水提供了更大可供渗透的用地。这样做使车库远离了道路，让机动车的停放变得不再那么重要了。

CSD 模式

居住建筑经常紧邻主要道路，这样就使得住宅临近人行道，并且拥有了两个立面：后院与社区道路相邻，前院与支路相邻。这些拥有两个立面的住宅，必须在景观的设计中下功夫，或者就

照片6.4 在哈伯镇的街道上，汽车停放在车库里（由Looney Ricks Kiss建筑事务所提供）

用围栏将住宅围起来。甚至有时候这些房子是最后才被卖掉的。那么发展到最后，街道的景观是怎样的呢？那么开发商给邻里又留下了些什么呢？通常是一个建在红线上的1.8m到2.4m高的栅栏，也许离社区道路最近距离只不过是3m。这种类型的场所设计方案，割裂了邻里之间的联系，同时也破坏了郊区的生长模式。

TND 替代方案

该方案使大多数住宅的面宽朝向社区道路，而且使它们共用一个车行入口。这样，不仅使建筑更好地面朝向社区道路，而且

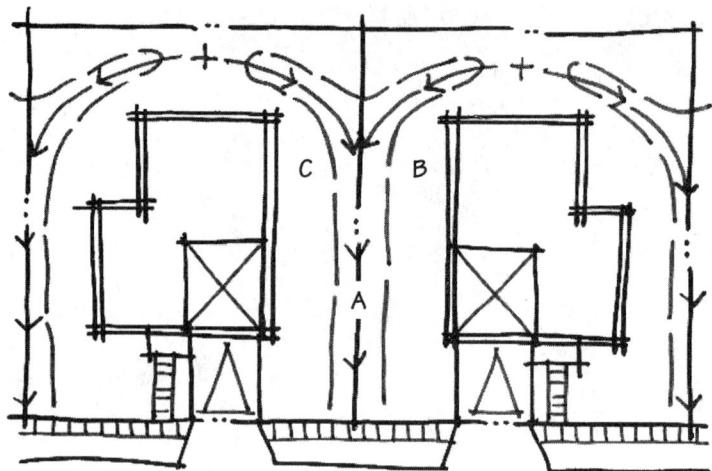

图6.5a （A）将排水地集中布置在中间的公共地，大大增加了住宅周围的私用空间。（B）减少对土地的干扰破坏，还可以理所当然地保留很多树木。（C）建筑之间的公用地可以减少一半

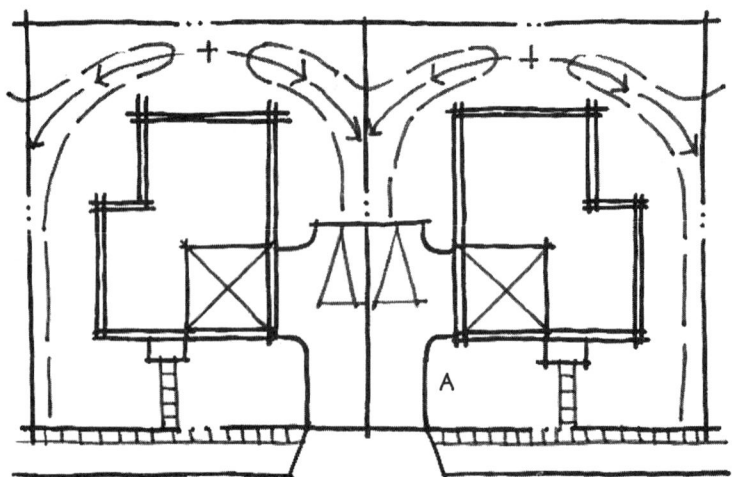

图6.5b （A）路边式停车库共用一个入口的话，就会存在保留住宅前面树木的潜在机会

照片6.5 较大的前院后退，使得车库门比住宅的前门所占位置更重要

照片6.6 减少前院尺寸，为道路和后院停车留出了空间

照片 6.7 这是近郊吗？两个郊区邻里社区被一条道路分隔着

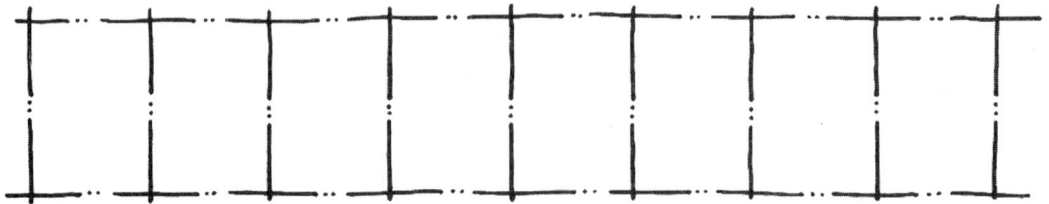

社区内道路

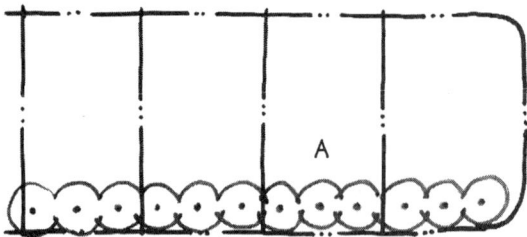

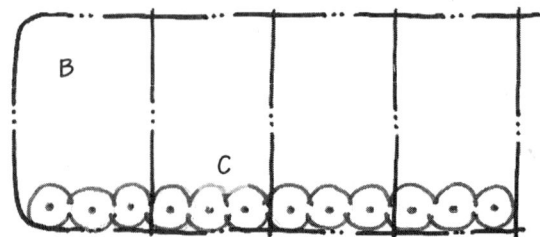

主路

图 6.6 (A)后面的单元也可以看到主要的道路。(B)两个或三个并联式的单元，一般需要增加住宅的后退尺寸，以保证它们与主要道路的距离

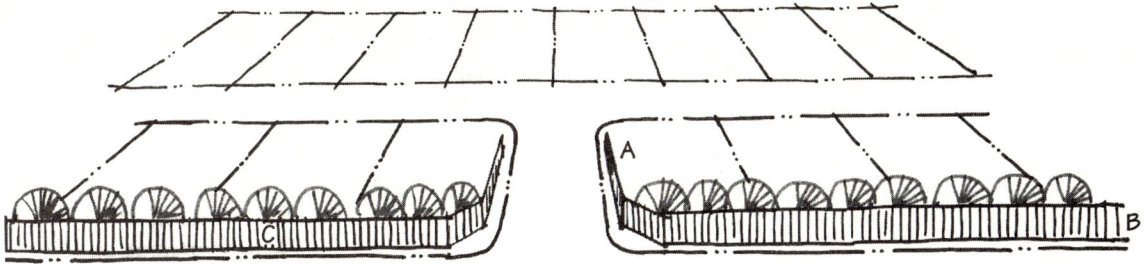

图6.7 (A)在社区中，每一户1.8~2.4m高的栅栏，为人们提供了一种消极的视觉感受。(B)连续的围栏割断了居住区与主要道路之间的联系，也让道路给人的感觉更不安全。(C)实际上围栏并没有什么好的作用，它只能使邻里社区的形象变得更糟

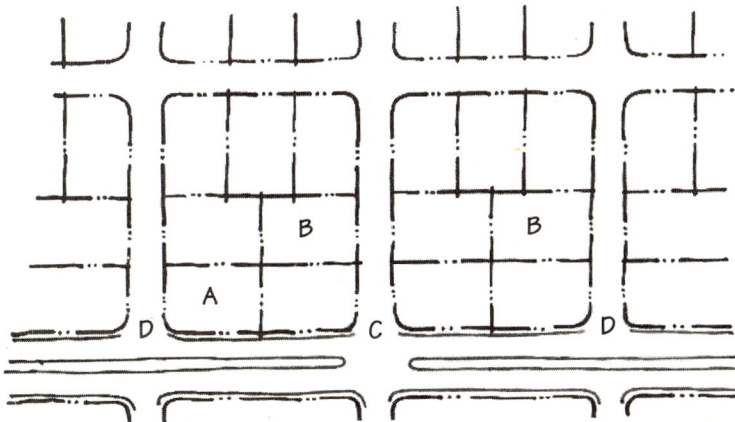

图6.8 (A)垂直于道路的布局形式，创造了更好的街道和邻里景观。(B)这种布置形式让临近城市道路的住宅减少了，也减少了打折出售的住宅量。(C)地块中部的打断，为邻里社区提供了出入口通路。(D)有多个出入口通向邻里社区，可以缓解交通，也减少了道路上的阻塞地带

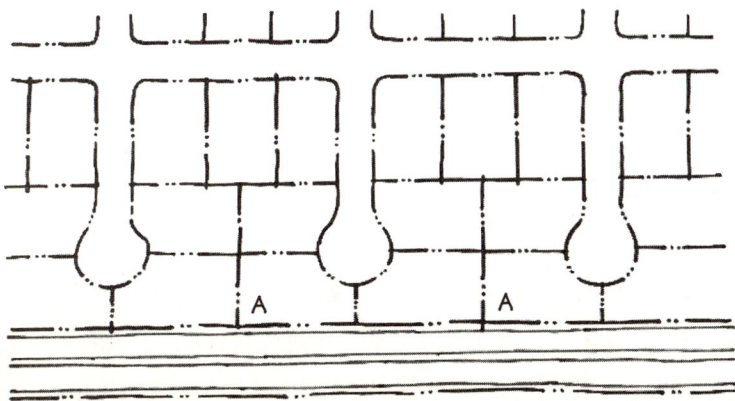

图6.9 (A)如果没有必要一定要与城市道路相联系的话，这种垂直的布置形式也可以在内部解决它的交通问题

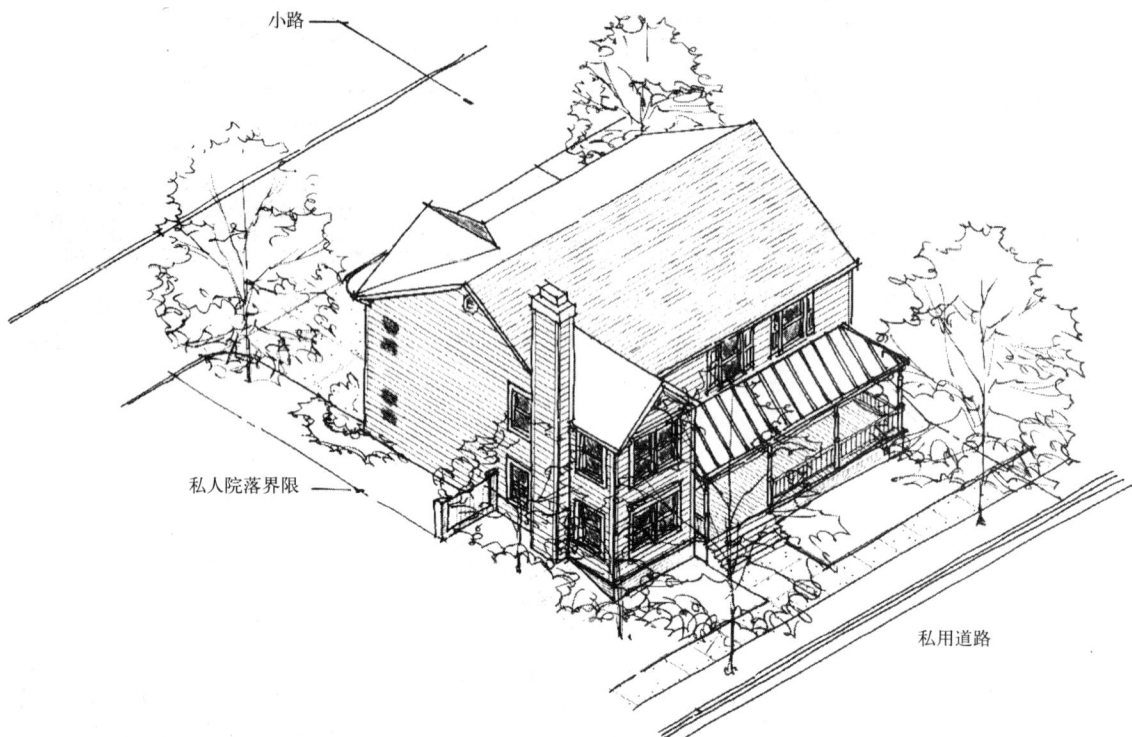

图 6.10a 将车库布置在住宅的后部，这样就让居民享受了住宅的前院空间，而不是只供汽车使用

也减少了由社区道路带来的对场地的无意义的划分。在众多传统做法中，整合用地划分是另一种成功的理念。

在一些更小的独院住宅的设计实例中，街道的景观会由于利用小路来为车库提供通路，而得到很大的改观。只是前院的后退减小了，同时变窄的街道也允许道路停车，这样邻里空间的景象改善了很多。这种做法特别适合于城市或希望提高城市化水平的地区。

城镇化住宅

城镇化住宅在城市中作为一种高密度的住宅形式，经常用作商业区/工业区与独院住宅之间的一个过渡带。随着郊区的发展，这种形式也被用于许多郊区的住宅开发中。今天，城镇化住宅的

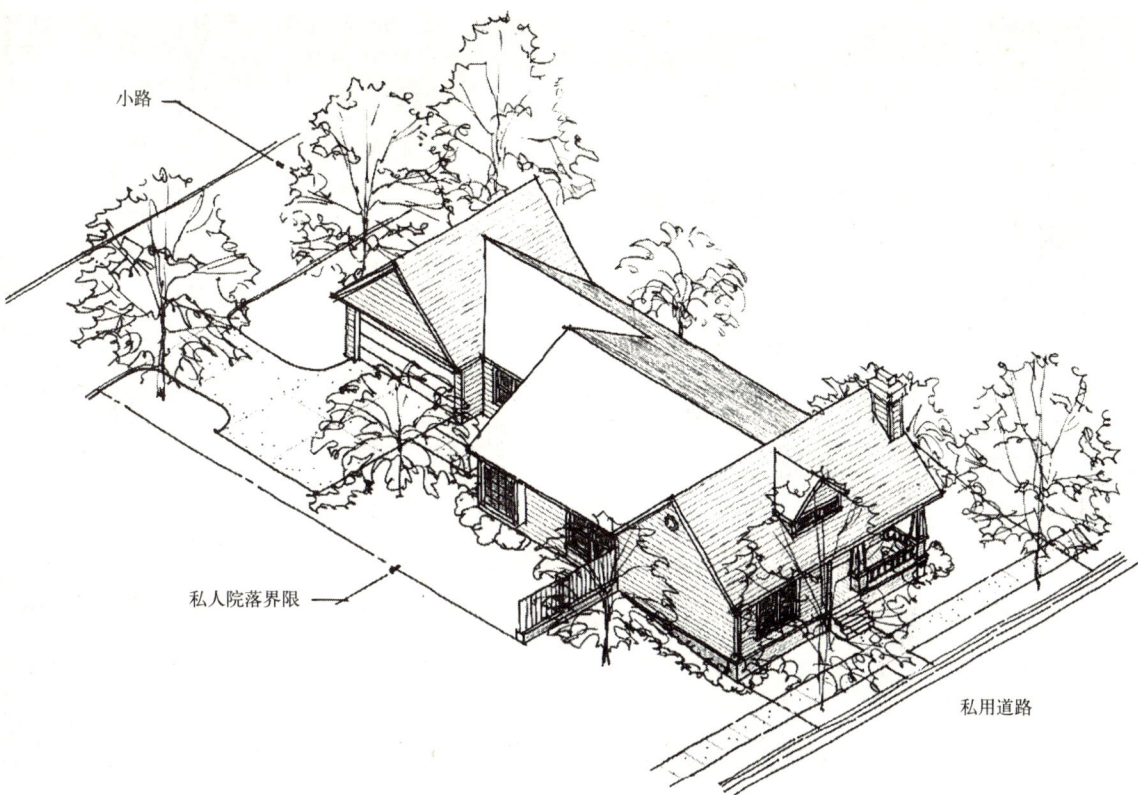

小路

私人院落界限 →

私用道路

图6.10b 在住宅的后部设车库，同时也为住宅的后院提供了一定的防护

主要优势就在于它们可以提高密度，并且提供价格更高的住宅。

面向道路的住宅，只有在最里面的一户才拥有真正的庭院。而在大多数情况下，城镇化住宅都是2层高的，并且在前院有一个停车空间，在后部有一个储藏间，有栅栏将后院与其他区域分离开来。然而，在许多2.5或3层的住宅中，都可以看到与住宅紧邻的车库。在城市中，这样的作法被用作为昂贵房价的补偿。

设计参数

- 在过去，在一个街区里建设10~12单元的住宅是很常见的。但最近6~8个单元的拼接更为常见了。

- 这些典型的住宅都退后建筑控制线6m，而这样做的目

照片 6.8 在这个城市化住宅的社区里，汽车被停放在住宅的后面，从而创造了优雅的街道景观

的就是为一至两辆的汽车提供停车空间。

- 由于等大面积空间的后退，令主人拥有一个私人的小空间。
- 通常的尺寸范围是最小时宽 4.3～4.9m，最大时宽 7.3～9.1m。

发展模式

CSD 模式

典型的单位尺寸是 6.1～8.5m 宽，这样就保证了住宅前部全部用来作停车位。同时绿化空间与前院，就会与停车位有 1.2～2.4m 的间隔，住宅的前院也就随之延伸到街道与单元的交接部位。机动车的停车问题，在城镇式住宅中也属于需额外考虑的部分。因为在那里并没有设计固定的空间用来停放机动车。由于联排式的住宅采用内部停车，使得街道上没有为来访客人安排的停车位。

当六个以上单元联排使用时，街道景观就形成连续的建筑被大面积的停车位分隔。一栋住宅前的硬地到另一栋住宅前的硬地，大部分都用来停车，没有或只有极小的绿化空间存在。许多时候，一排住宅有27m 的空旷硬地面向街道。在许多城镇中，当通道的宽度达到18m 宽时，硬地的宽度会随之增至30m。由于有规律的设计需要每个单元至少

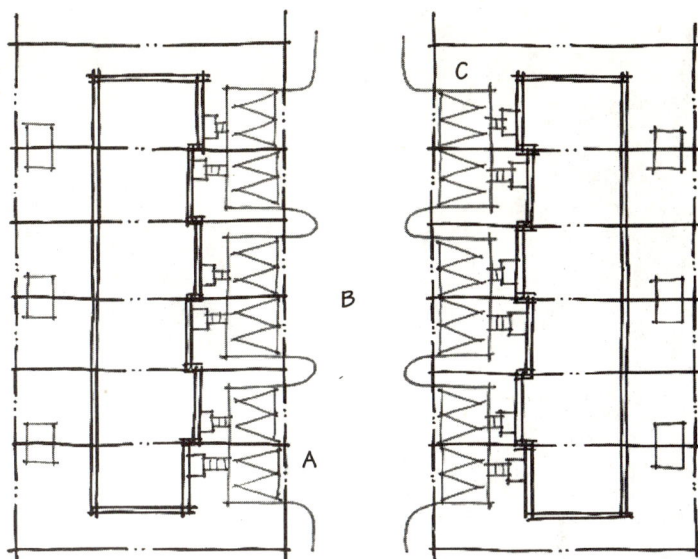

图6.11 （A）连续的非路面停车，真正地实现了在小空间内进行大规模停车。(B)建筑前的空间被27～30m 宽的硬地占据着。(C)典型的停车方式形成了局促的院落景象

照片6.9 郊区住宅的前院变成了混凝土的海洋

照片6.10 住宅后退以后形成的街道景观

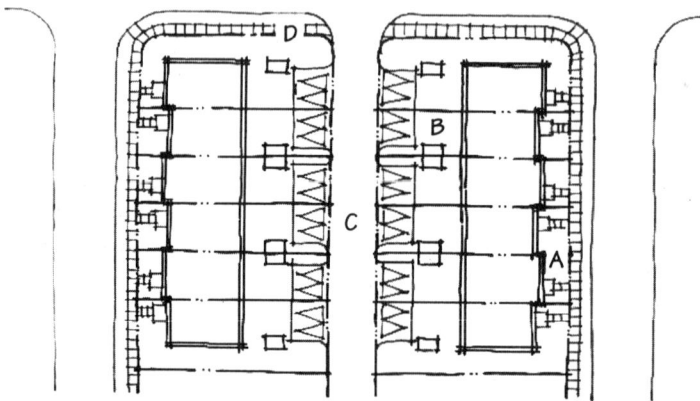

图6.12 (A)不再利用前院停车,解放了住宅的沿街立面,也丰富了街道景观。(B)缩小的前院却提供了更有实用价值的空间。(C)街巷的后退形成了入口的感觉。(D)即使在街道上设置来访客人的停车位,住宅间的空地也会减少

有两个停车位,也就形成了这种严肃、呆板的街道景观。

TND替代方案

街巷式的停车方式,使得街道可以用作来访客人的停车空间,这样令街道景观有所改善。适当地减少住宅前部后退的尺寸,同时减小道路宽度,可以使单元间空地由30m减少至9m,前院的绿化空间也会由1.2m增加至3.7m。

照片6.11 减小前部院落的后退尺寸

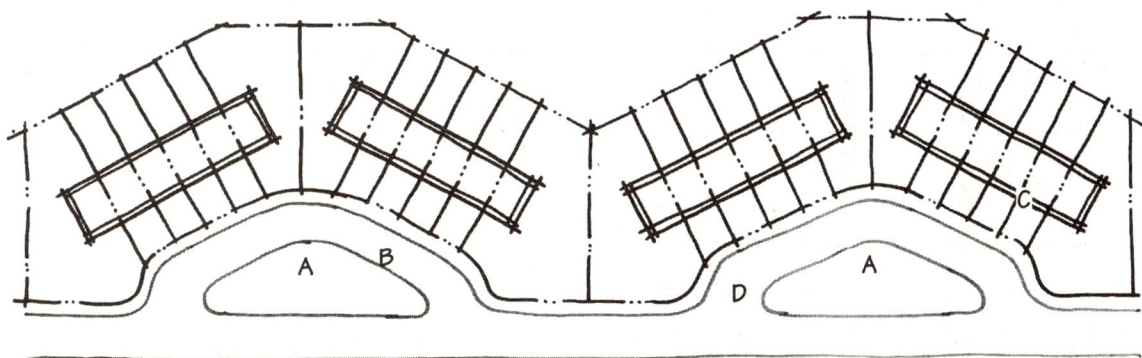

图6.13 （A）环岛用来控制整个停车场。（B）在环岛的后面提供了宽敞的来访者停车位。（C）多样化的建筑形式，创造了更有趣味性、更富吸引力的街道景观。（D）入口部分的引导性，带来了空间的归属感与趣味的共享性

当密度不再是主要促进发展的因素时,形式多样的布置就可以通过合并线型与环绕型停车的方式来获得。这种单元的停车方式与入口的处理,区别于最初的环绕式停车。此种处理在为来访者提供宽敞的停车空间的同时,也创造出了可以在内部环岛有效监控停车场的良好空间景观。

CSD 模式

强制性的前院停车方式,形成了住宅背对背的不友好的街道景观。建筑的间距只有6m,通过前一栋住宅二层的窗子可以看到对面院落。这种后退院落的入口形式,也会为修理工人和仪表读取工人的工作带来麻烦。因为他们需要在有栅栏严格限定的窄路上穿过,这样一来也会令住宅主人的日常清理、割草等工作出现问题。

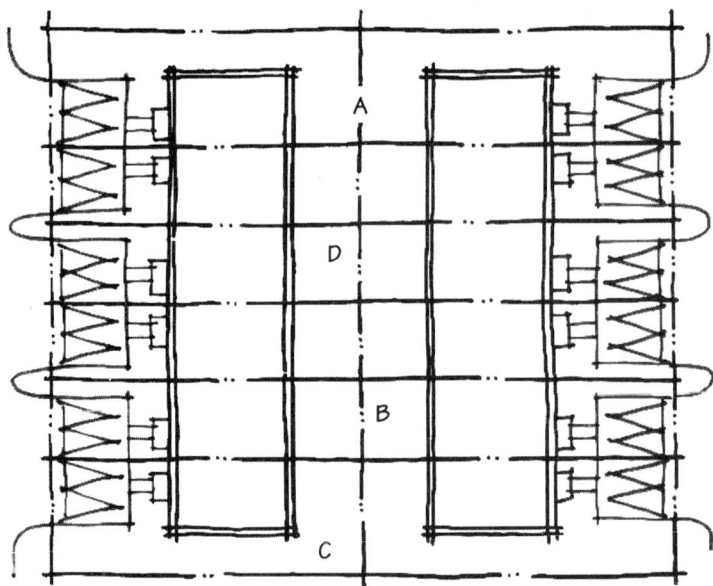

图6.14 (A)利用前院停车,后院的私密性就被破坏了。(B)背对背的排列方式,使得住宅二层窗子打开时超越了应有的空间范围。(C)要到达后院间的通道,只能穿过单元或者联排式住宅的后院。当各单元有了栅栏,到达通道就更有难度了。(D)若开设一条1.5m宽的通道,它会变成一条无人问津的、无人维护的、杂草丛生的小路

TND 替代方案

当在公共道路上通过后退来形成私人的停车用地时,前部既是公共街道空间,又是绿化空间。随着公共道路宽度的减小,街道景观也变得更好了。同时来访者也可以轻松地将车停在街道上。然而在这种情况下就需要加设人行道。必须提醒一下的是,专用街道的造价要低于公共街道。这样既不会牺牲停车数量,又解决了后退院落的入口通路问题。

另外对于一般宽度的居住性道路来说,社区的专用道路并不

照片 6.12 利用前院停车时，住宅的后院经常被栅栏无秩序地分割

宽(一般为18～24m，最宽27m)，尤其在准许平行停车的情况下。城镇化的住宅也可以通过街道来定位。单元的后院可以是一条专用性的街道或减小宽度的公共性道路。这种道路或小巷，当它们与车库结合在一起时，就可以创造出可用的院落空间，并在单元与院落间形成建筑的自然屏障。当然这并非是什么新的设计理念，只不过在现代的美国郊区建设中被限制罢了。

CSD 模式

城镇化住宅的建设与发展常常被视为孤立的建设，它们与周围环境格格不入，同时间隔很小甚至没有，高密度与低密度混杂。如果在设计学校、商场等公共建筑时，安排不当，就会产生

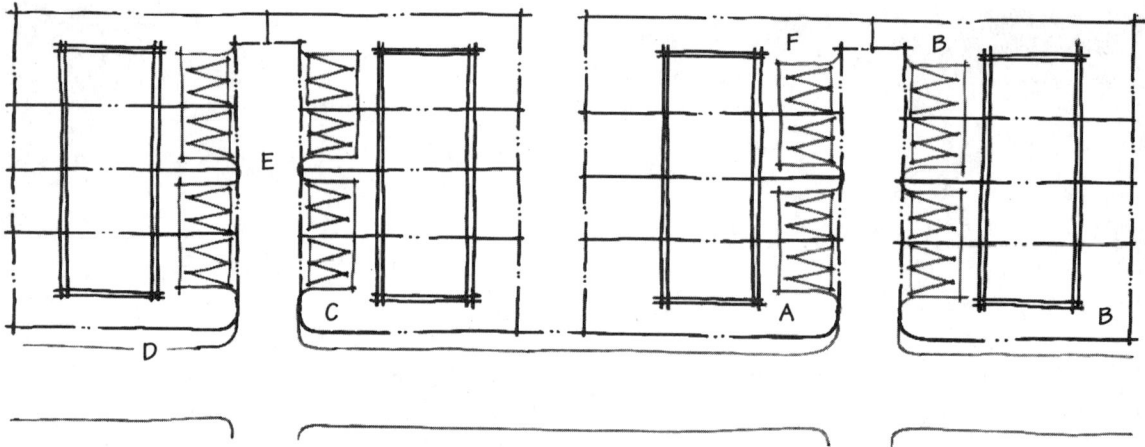

图6.15 (A)在公共街道两侧停车,改善了消极的单元关系。(B)设计单元时,可以通过绿化空间或停车空间来定位。(C)从街道上看到的是住宅本身、低矮的篱笆和绿化空间。(D)来访者可以在街道上停车。(E)专用性道路和共用的街道,解决了住户的停车问题。(F)通过后退,车库停车也成为可能

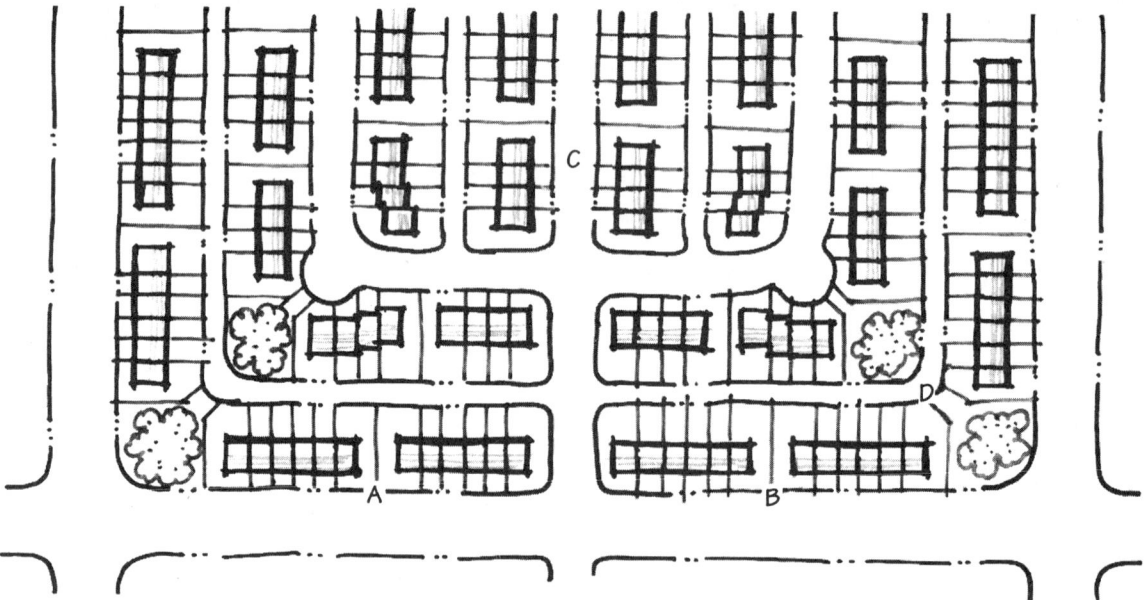

图6.16 (A)通过垂直边界的设计,减小的后退也可以帮助控制街道空间。(B)沿街的立面是建筑立面而不是停车位。(C)小巷上开设了各单元的入口。(D)转角空间可以形成邻里的小公园,同时也使交叉点的景观变得生动了

局促、不合时宜的感觉。换句话说，因为它们被视为过渡性的建设元素的作用被忽视了。

TND 替代方案

　　城镇化的住宅需要一定数量的带状道路来更好地联系和分隔邻里，这样增强了不同形式住宅的整体性，而不是将邻里变成孤立的单元。没有必要将每一条道路从一排住宅延伸到另一排住宅，但必须让邻里之间形成足够的联系。毕竟严谨的规划需要合适的秩序与通道来保证邻里间的防火与安全疏散。

CSD 模式

　　大量实例表明，城镇化住宅的街区外立面连续但缺乏个性。门和窗都是一样的，屋顶要么是山墙要么是平顶，圆顶的数量和位置也是一样的。使用各种各样的元素是城市设计中的重要组成部分，但经常被开发商取消，认为是在浪费金钱。这样的结果就是一排排住宅都千篇一律，街道两侧的建筑也没什么分别。

TND 替代方案

　　在建筑的后退、高度、建筑形式和景观设计上做细微的变化，就可以使得每个单元的形象各具特色。屋顶轮廓的变化：一排用平顶，一排用山墙；都可以采用圆顶或不设。端部的单元可以是一层而不是两层，让它们形成入口的空间感受。在端部设计一层的单元是在街角弱化建筑的好方法。窗的形式也可以具有住宅的特色，如加入一些凸窗。在入口处设计不同的拱券与柱式风格等。而且，尽管这种规则会约束相联城镇化住宅的数量，也并不是所有的组团都要有六个单元。子单元的数量可以是任意的。

项目分析：南卡罗来纳州 I'On 社区

位置：南卡罗来纳州，芒特普莱森特镇
开发商／委托业主：卫恩斯·格雷安和汤姆·格雷安
设计团队：多佛尔，蔻尔搭档；多安娜和泊雷特－资博克
　　　　　设计公司
项目用地：250 英亩(101.18hm²)

主要特征：

- 这个社区坐落于人工砌筑的湖泊和通往 Hocaw 湾和查尔斯顿的哈伯那样的咸水沼泽的小水坑之间。
- 在社区中有连续的河流和沼泽系统。
- 社区中居住建筑的面积和类型有许多种，还有一些办公和居住合一的类型。
- 在公共绿地上建设了一些功能多元的建筑。
- 这是一幅具有小镇独特景观的画面——建筑的比例和界线、正立面和主要细部、城市结构和城市绿地，还有街景，都在这里济济一堂。

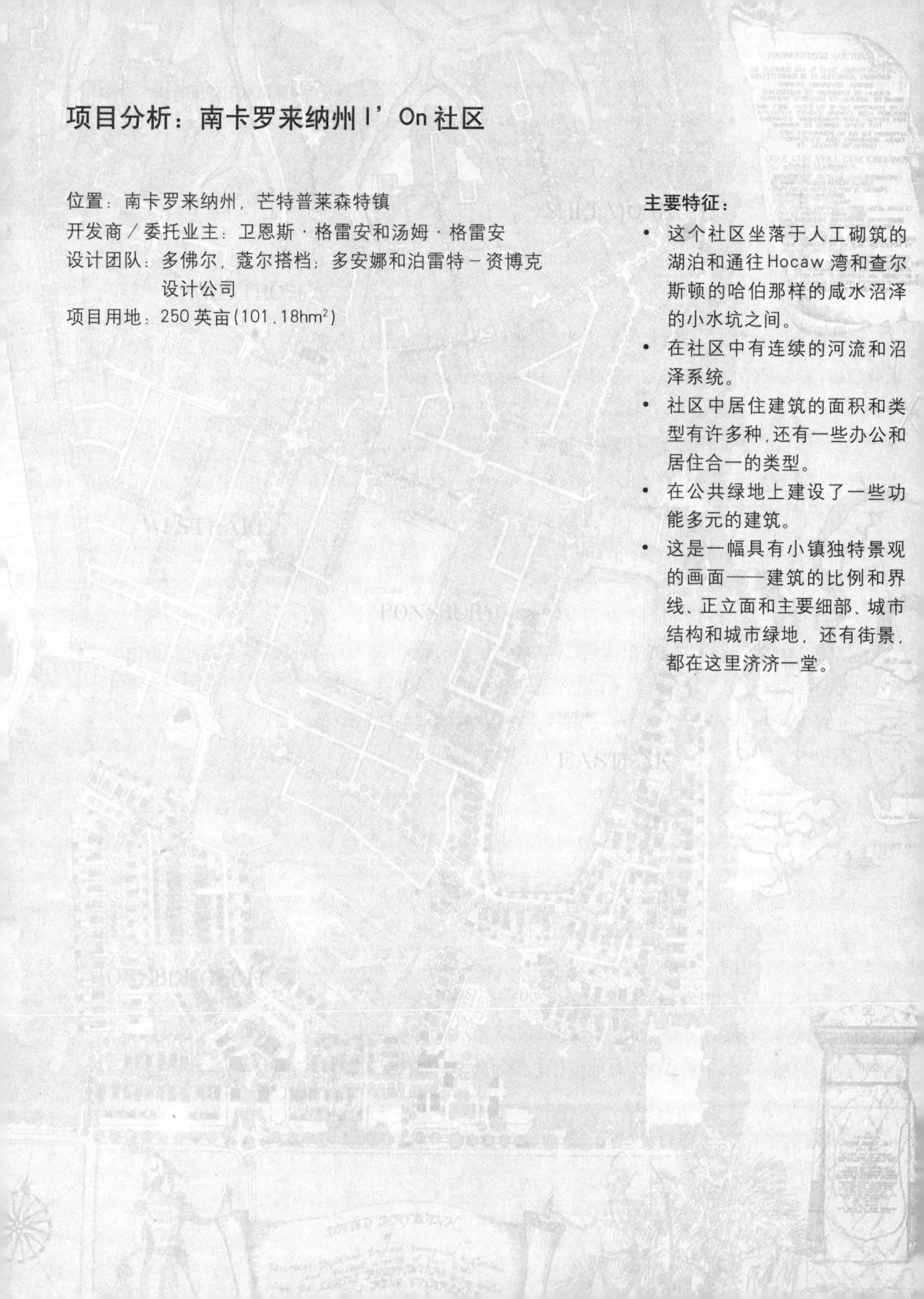

项目设计构思

　　这个项目的目的是创造一个反映地域历史传承和表现与查尔斯顿城的亲缘关系的传统邻里社区。设计团队一开始就走访了一些历史悠久的小镇，像佐治亚州的萨凡纳和南卡罗来纳州的查尔斯顿，分析了建筑的类型和邻里社区的主要框架。然后，他们在查尔斯顿召开了为期七天的研讨会，邀请了包括开发商、地方官员、地方办公室工作人员和设计区域周遍地区的居民在内的多方人员参加。设计团队推出了一个整体的规划方案，还设计了一个图解设计代号来引导这个社区走一条建设传统的低层乡村住宅建筑的道路。

住 宅

在城市的内部空间中,大部分的新式住宅都是二三层的结构形式。城郊的花园式住宅是为满足单身、年轻夫妇等阶层的需要,同时他们也有能力提供住宅的首付金。

设计参数

在过去,单元的入口是通过中心的走廊和通路来组织的。近些年来的设计,趋向于将直接的通路改为各个单元单独使用或两个单元共用的入口,以增强私密性,创造个性空间。建筑的构造

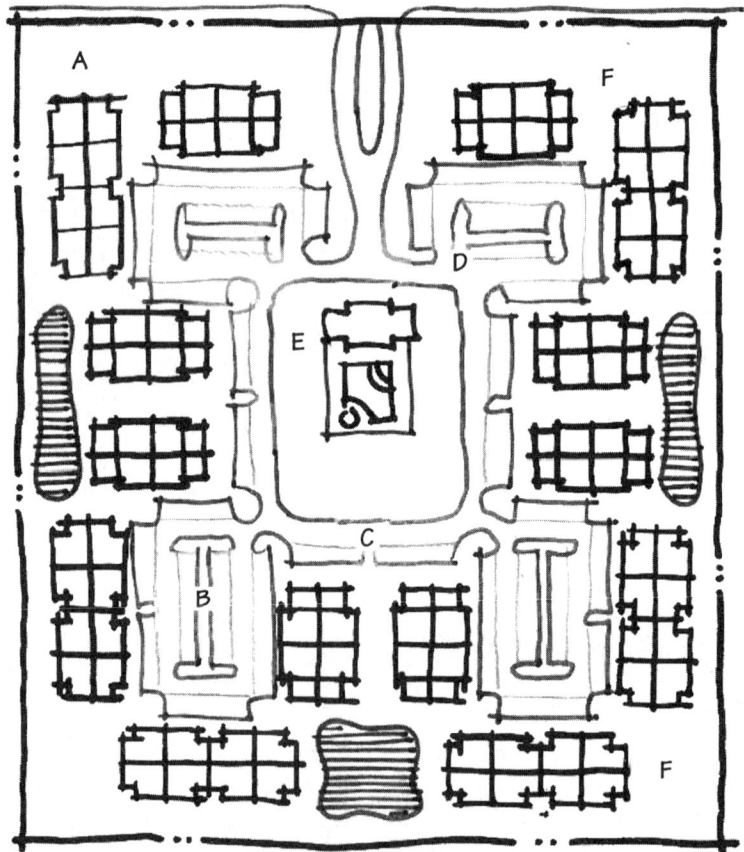

图 6.17a 内部停车(A)街景要求高品质的景观设计与建筑设计。(B)停车空间与外部空间相隔离。(C)内部提供服务,使得所需的费用更低廉。(D)内部停车的出入道路更直接。(E)内部中心的设置,为所有单元提供更明确入口。(F)外部的结构定位展示了最大限度的视觉效果

高度受到防火规范的限制，即必须能使消防设备顺利通过。

两种基本的住宅布置形式：内部或外部的停车形式。换句话说，建筑可以围绕内部布置停车空间，或者建筑也可以以中心向四周发散，在建筑外侧布置停车场。这两种方式很少单独使用，大部分设计都是二者相结合的。

内部停车说明

如果把停车场与住宅之间的最小距离视为一重要因素来考虑的话，这种方式就会被经常使用。没人愿意在雨中抱着东西走很远。由于在组团中心停车空间太有限，这种方式在密度每英亩为

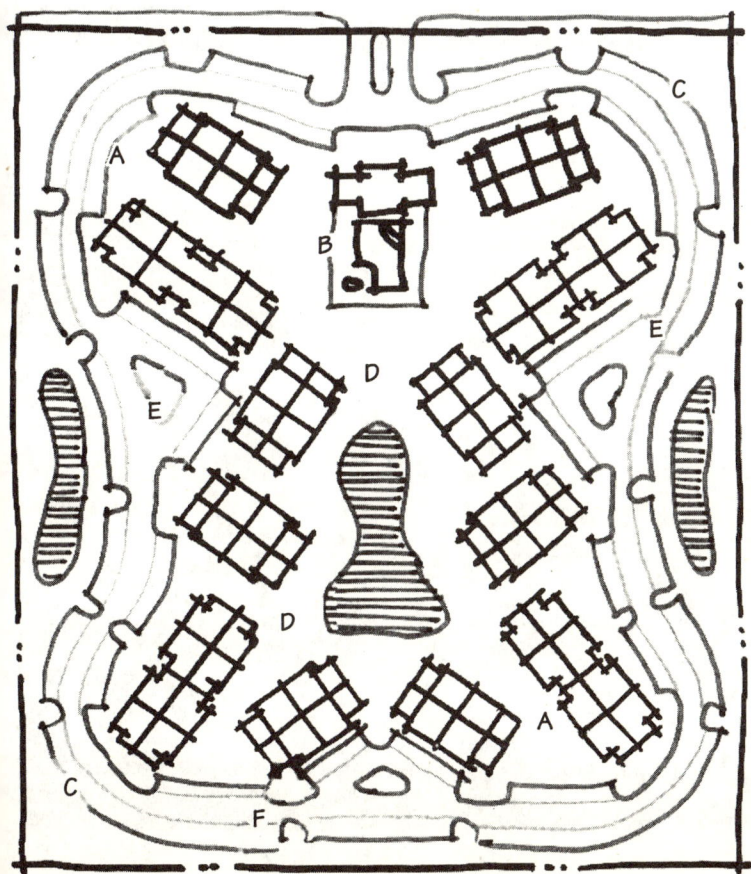

图6.17b 外部停车(A)组团外部停车需要建筑更大的后退，这样也缩小了建筑的间距，并可以建造三层的住宅。(B)所有的建筑对社区公建都有独立通道，并可以不穿越停车场而直接到达。(C)对于居民，停车场几乎看不到，而对于临近的组团和路人来说，停车场就完全暴露在他们的视线范围内。(D)外部停车为建筑的布置提供了更大的灵活性。(E)外部停车需要更高的造价。(F)对于这种结构形式，单元出入口到组团出入口的距离变大了

照片6.13 郊区的住宅组团经常在中心布置一块绿地

照片6.14 建筑的外围被停车场环绕

12~16个单元的2层住宅中才会经常使用。如果需要一个良好的外部视觉效果的话(例如在岸边或斜坡上)，就会使用内部停车方式。

外部停车说明

外部停车可以提供更多的停车位，因此适用于密度更高(每英亩16~36个单元)的3层住宅。这种组团中心通常设有游泳池、中心公建和网球场等设施。这种停车方式使得从停车场到住宅入口的步行距离更长了。

发展模式

CSD 模式

在大多数的住宅组团中，机动车的停车问题解决得并不尽如人意。当问题的焦点集中在机动车的停放上时，环境就成了牺牲品。在进入大多数住宅前，典型的景象就是发现自己行驶在19m长，3.5~3.6m宽的小路上，而周边都是停车位。在大规模的组团中，如果住在组团的中心，早晨的出行将是一项艰巨的任务。

TND 替代方案

要想降低停车的紧凑程度，就必须重新考虑停车场的布置。在住宅前停车是不理想的，因为车辆太多。进行交通的分流是最有效的手段——环通式停车，或一侧环绕式停车。

环通式停车设置在建筑与内部环通道路之间。这令居民有了一种更强烈的归属感与责任感，也不会再出现无人负责的停车位。在城镇化住宅中举的例子是环绕式停车，停车场与街道有两个出入口，同时在车位与街道间形成了大量的绿化空间。这样一

照片6.15 这是孟菲斯附近的哈伯镇的一栋住宅。建筑与街道对话相互，而不是为了停车

个眉毛状的空间，使得很少的建筑是直接面向街道的，因此不仅分离了交通，也形成了富有生机的建筑景观。建筑的排列就像在营造一个大型的室外空间一样，带给居民一种归属感。这种街道与单元的相互关系，也令布置方式变得灵活起来，可以适应不规则地形的需要。

正如分流式停车中所包含的意义，它是居民的停车路线与过境交通相分离的体系。在组团入口处这两个系统就分开了，允许过境交通在不受任何阻拦的情况下，经过住宅后面的一大片绿地穿行到基地的另一端。另一个优点是，这种停车方式将停车场与绿化、道路分隔开。

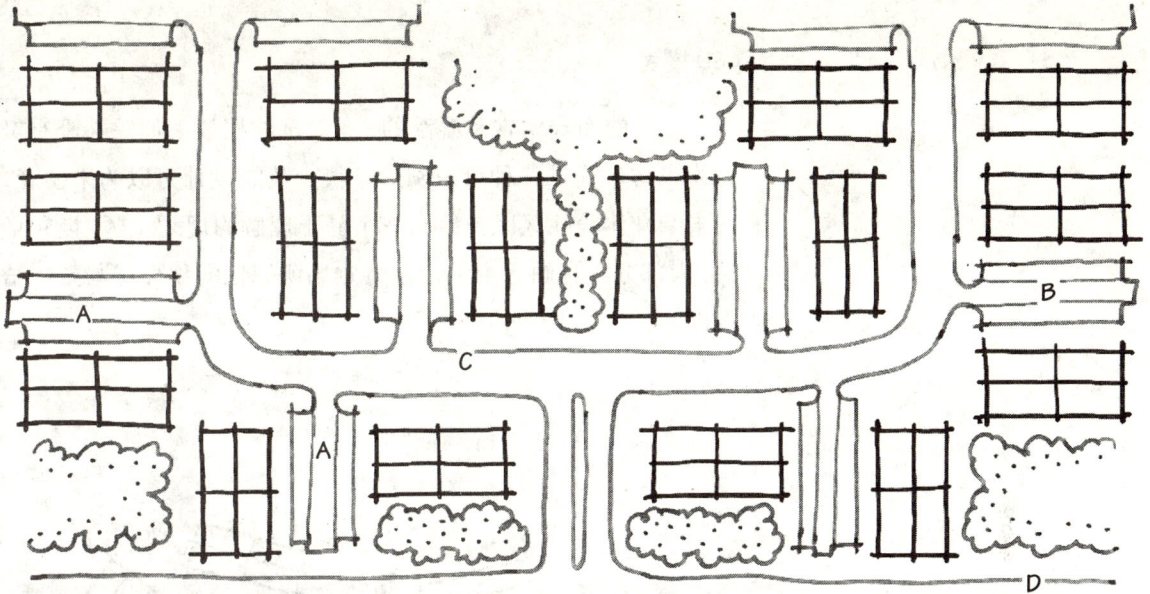

图6.18 （A）明确的私人停车场。（B）私人停车场不允许外人使用。（C）内部环绕的道路为基地中每个单元提供直接的入口，并允许非小区的居民在路面上停车。（D）内环路的街景是由绿化与建筑组成的，并没有过多的停车场

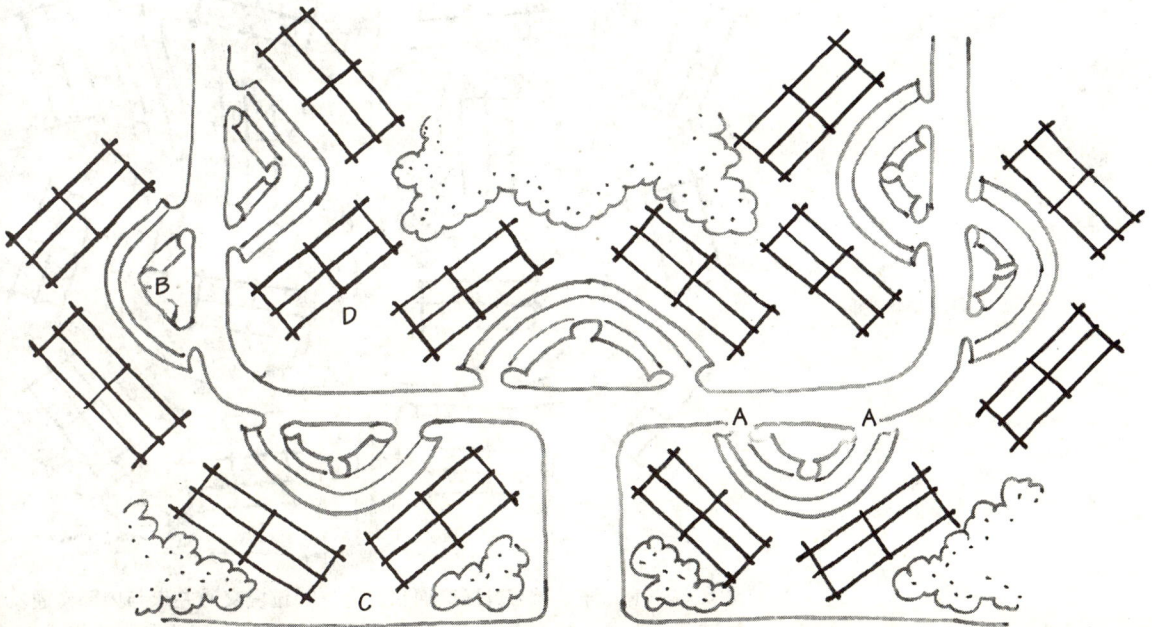

图6.19 （A）每个停车场都有两个出入口，方便了交通。（B）环绕式停车为建筑提供了明确的停车空间。（C）街道两侧的岛状空间，丰富了街景。（D）建筑与街道成角度布置，创造了绿化和建筑相融合的空间景观

CSD 模式

住宅的布局常常是混乱的,在建筑的摆放上似乎并没有努力为来访者提供一种可识别性。很少数的设计可以为来访者,在未亲身体验住区以前给出一个易于理解的规划主题。换句话说,大部分设计缺乏令人产生特定场所记忆的秩序感与整体结构性。

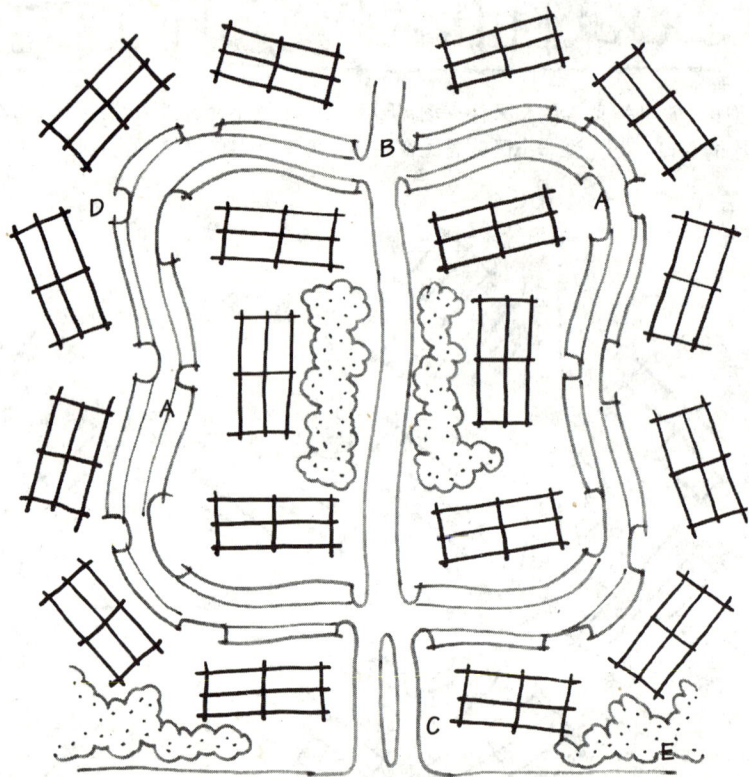

图6.20 (A)停车场与过境交通相分离。(B)过境交通并未与内部交通发生冲突,而是直接穿越。(C)沿内部环路的街景是由建筑与绿化组成的。(D)建筑与停车场的布置很灵活,依赖于基地的边界条件。(E)外部的街景由绿化组成,而不是停车场

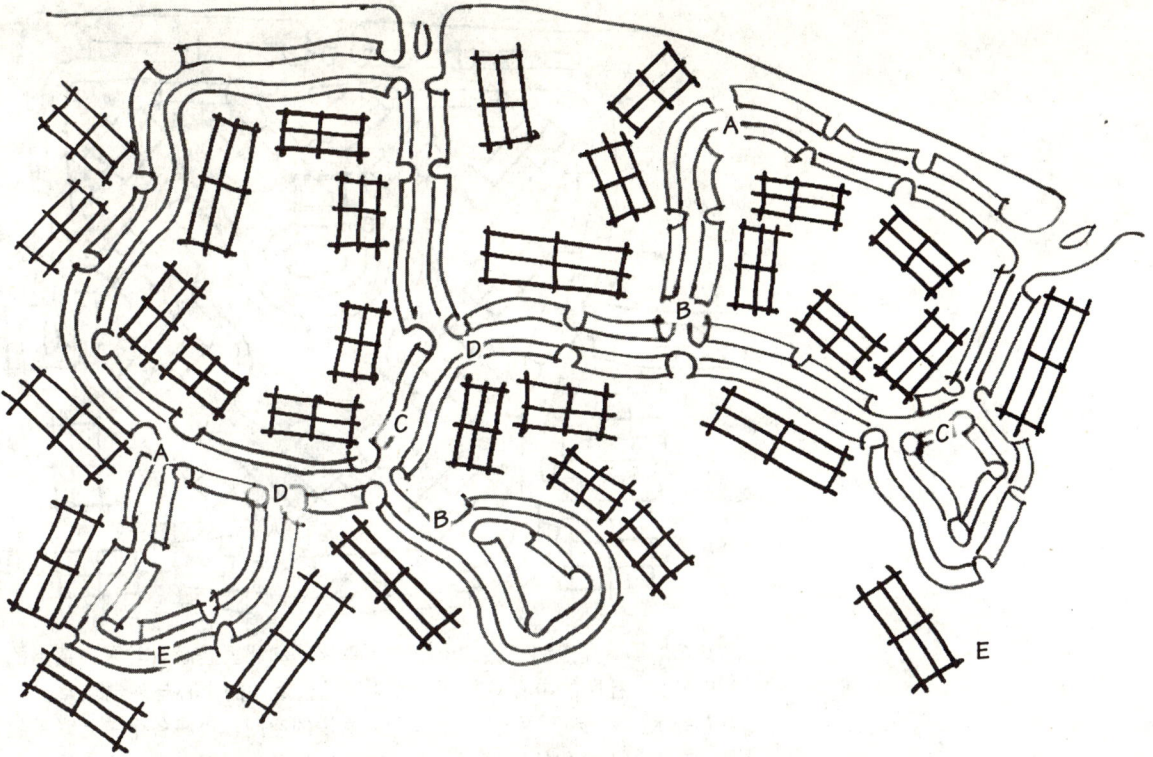

图6.21 (A)随意的道路组织，让居民与来访者都摸不着头绪。(B)在基地的布局中，没有中心或视觉的焦点。(C)没有内部的环绕道路来组织交通。(D)连续的停车场布置，使的入口处交通拥挤，也容易发生危险。(E)散乱的建筑布局，使得安全防护与防火疏散遇到困难

TND 替代方案

精心设计交通和停车问题，可以创造一种秩序感，用以帮助来访者与新居民清楚地掌握住区的结构，对规划的意图也有了清晰的思路。另外，建立规划主题，也会令社区更好地发展，更具有整体感，也有利于安全防护和防火疏散。

CSD 模式

因为不合理的社区规划布置，许多停车空间必须固定给特定的单元，以便于居民在一个合理的范围内停车。不合理的设计还

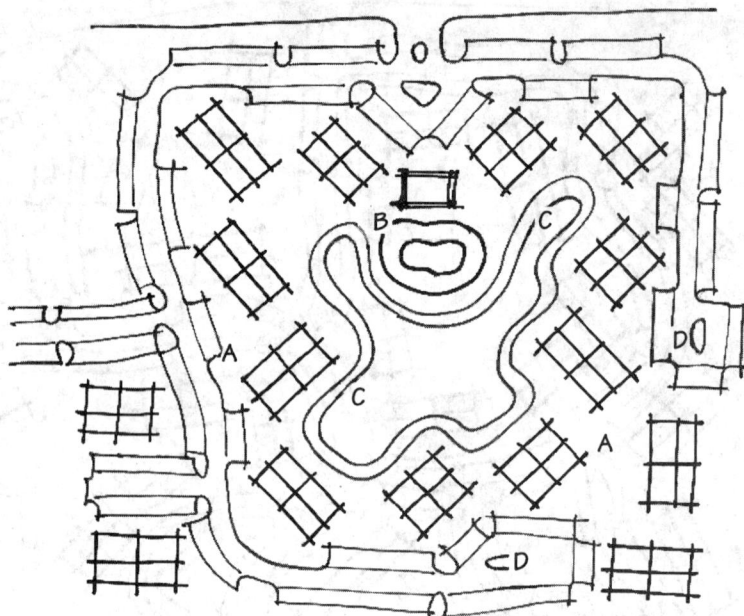

图6.22 （A）建筑的有序定位形成了秩序感和邻里空间。(B)因为突出的入口形式，社区的中心与游泳池成为了社区活动的中心与视觉焦点。(C)中心的水体和步行小路，不仅是令人愉悦的空间，也将各个单元联系起来。在更为人性化的层面上，大多数的设计并没有努力去建立良好的邻里关系，也就导致了孤独感和疏远感，交流也变得困难了

会形成一些含糊的开敞空间，不知道它们是属于哪几栋建筑。这些空间会成为流浪汉的避难所。

TND 替代方案

　　这三种停车的组织形式还有一个有利的方面，即停车空间可以不必受数量的限制，因此也就不存在哪个停车场是属于哪个单元的这样的问题：因为结构决定了从属关系。同样的，精心的建筑布置也塑造了其周围的空间，因而也增强了居民的空间所有感。规划中创造建筑组团也是形成责任感的有效途径。如果一个人对一个地方具有所有权，他就可能会更合理地利用和管理它。惹麻烦的人最害怕的就是指责的眼神。

CSD 模式

　　公寓的建设就像城镇化的住宅一样，都是很内向的布局形式。它们似乎有意避开周边的商业区，而不是努力与其形成一个整体。一般，公寓区只有一个出入口，当然大量的交通就会集中在这个点上。另外，基地以外的道路就必须要进一步发展（例如：加速或减速车道的设置，或者附加的环基地的道路系统的设置等）。

　　当规划包含一部分城市的已开发区域的话，公寓就会坐落在地块的前面，并且靠近交通干道系统。对于商业区的可识别性、方便程度以及简单的出入口通路等方面，对于公寓来说，似乎都

照片 6.16　公寓的建设也应该为街道边界的形成作出贡献

照片6.17　公寓通常布置在商业中心的后面，为居民提供了一个可以看到的服务区域

可以不去考虑。

　　另一种布置公寓区的典型形式，就是将其布置在一个购物中心的后面，同时这两部分又被为中心服务的小路分开。它们之间的空间就会偶尔被垃圾清理车，或成堆的货物箱所占据。公寓通常布置在商业中心的后面，这也为居民提供了一个可以看到的服务区域。要屏蔽这些区域就必须设立栅栏和高耸的隔离物。即使没有设置荆棘丛与栅栏，居民也仍然不得不面对着商业中心的后墙、屋顶和破败的栅栏，同时在炎热的夏天里还得穿越这一切才能到达商业中心。

　　在这种情况下，住宅被用来作为一种向建筑密度低的地块过渡的手段，就如同城镇化的住宅和独栋别墅之间的过渡一样。虽然这种方法由来已久了，但事实证明，并没有在大规模社区的规

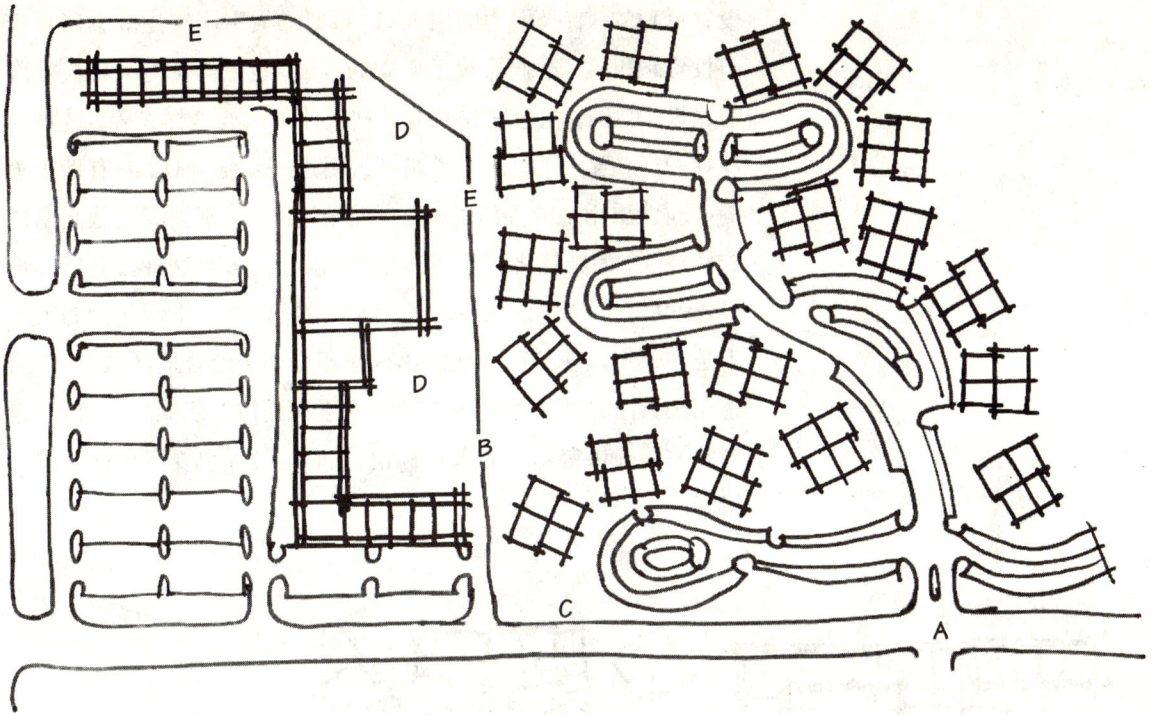

图6.23 （A）当利用单独的入口来解决集中交通时，常常需要在入口处设立标志。(B)没有直接的出入口进入商业区或居住区，那么住宅就会被孤立起来，也机械地脱离了周边环境。(C)街道无明确边界，令社区道路缺乏围合感，也削弱了社区的整体感。(D)商业服务区需要良好的可视性，更进一步的设计还应该让缓冲区域与临近的区域相分隔。（E）孤立用地之间的空间缺乏控制且具有危险性

划中去仔细地考虑如何使用这种过渡的设计手法。有一种住宅组织形式是这样的：在组团式的空间中设置面向街道的出入口，而又不向附近的商业或办公空间开设直接的出入口。但这种组织形式需要在两种性质的用地间开设允许步行通过的机动车入口。然而，往往步行交通是不被提倡的，因为人行道的设置更具礼仪性而不是实用性，而且它与快速交通相邻，缺乏围合感，从而形成了不友好的步行环境。

TND替代方案

在过去，市场策略要求大多数的公寓在复杂的外部环境中，

设置单独的、有吸引力的出入口。同时布置一个突出的会所来吸引投资和租赁。这就导致了孤立的发展，也阻碍了更大规模社区的建设。的确，在地理和其他一些条件下需要这样布置，就如同规则一样，当社区与周边道路系统更进一步结合时，它有助于模糊不同性质用地的界线，从而自然地过渡。特别当周边是高密度的住宅区，如城镇化住宅或其他公寓区。大多数这种孤立感的形成，是由于住宅建设在缺乏过渡元素的社区中。正确建设的第一步是将公寓建在与其他住区出入口不相冲突的合适区域，可以通过在次级出口处使用景观与特色元素来提供明确的出入口，但也仍然需要提供警示性的入口标记，同时与社区也要有更强的联系纽带。

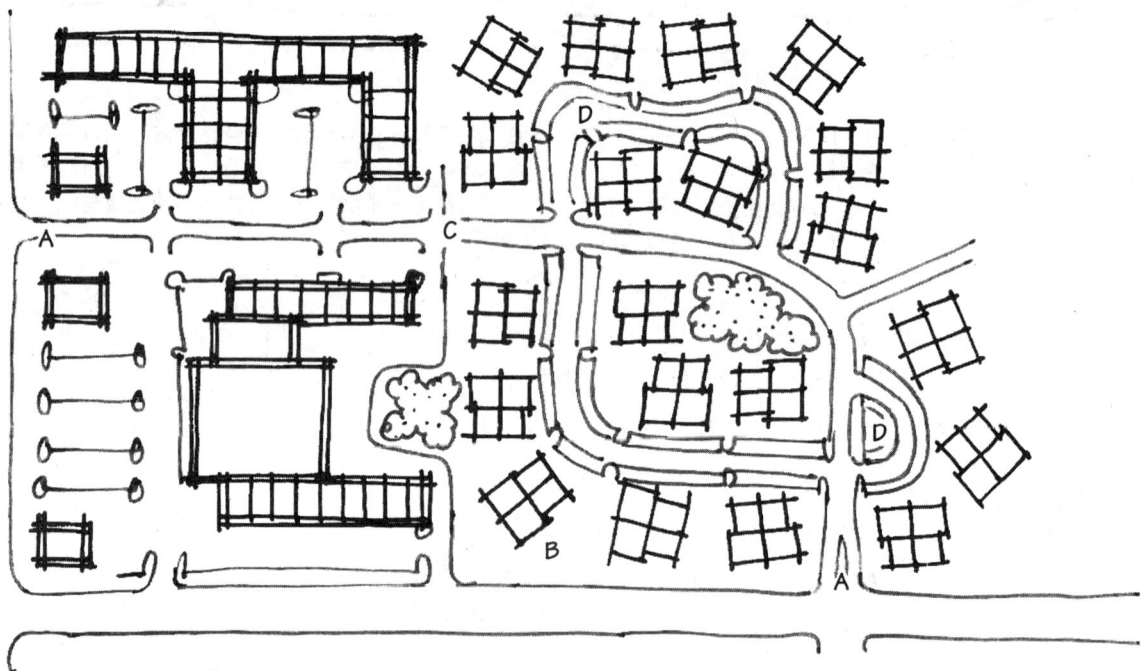

图6.24 (A)市场的出入口是在社区道路上开设的，这个次一级的通路方便了交通，也让步行者通过它到达其他性质的用地。(B)建筑的布置加强了街道的边界感，同时也强化了社区道路与住宅的围合感。(C)在住宅区内有一条直接的通路到达商业区，使得社区道路的交通量得到缓解，也减少了交通的平面交叉。(D)住宅的交通组织可以采取环绕式与环通式的停车形式

比例、结构和一些细节，也是街景设计的重要组成部分。通过设置道路的边界，设置过渡性高度的结构形式，这样建设的公寓就会成为社区组成的积极因素，而不是孤立、消极的组成部分。

如果住宅必须布置在商业用地的后面，那么就减小了建筑之间的间距，特别是那些沿街布置的建筑，这样可以减少不同性质用地之间的冲突。最小的后退就能为商业建筑创造出明确的街道边界，同时通过对停车场的再布置也可以完成不同用地性质的转换。另一种解决的办法是允许在不同用地间设置更多的机动车入口，而不需要将所有的入口都开设在社区内的道路上。这有利于在提供机会去创造令人愉悦的步行空间的同时，也不需要穿越大面积的商业区或停车场。过渡性的空间并不是必须在不同性质用地间形成明确的边界。真正意义上的社区概念是指将各种用地有机地组合而形成的网络化结构，从而为邻里提供最大限度的交往机会。

小　结

对于一般的郊区来说，发展的首要问题是将用地通过联系达到整合。这在我们的居住空间中是十分重要的。欧几里德的分区法则要求掌握每一种住宅的形式，如是否是独门独院，是连立式、城镇化住宅，还是公寓式住宅，在哪里机动车的流线设计会影响到住宅的布局。而结果往往集中在居民的收入水平与是否符合家庭的意愿和发展目标等问题上。这种理念保证了将住宅以高密度布置，同时建筑设计也更适应需要；也可以令投资者投入最小。但在许多情况下，这些区域却被用作过渡区而不是建设区，这使得过渡变得更生硬。

在真正意义上的社区规划中，焦点问题在于邻里之间的联系上，设计可以通过巧妙的过渡空间的设计，将不同收入阶层的住宅差异削弱，模糊了它们的界线（就如同让不同的两种住宅来分享同一块绿地一样)。在建筑设计中，更多的去关注两种形式住宅的细部，也可以减小由于收入水平而引起的差异，以及低收入住户不可避免会产生的自卑心理。实际上，这种邻里的设计，会由于整体设计的高品质而提高使用者的品位。一个人只需通过观察邻里单位的财产升值状况，就可以看到人们究竟想住在怎样的环境中，想要在怎样的地方安家。真正的邻里感是指家庭发展成为更大的"家庭"，即人们喜欢与邻居住在一起，与他们在学校、教堂结识的朋友住在一起，而不是到新的地方去重建这种关系。

第 7 章

你更愿意到哪里购物?

【摘要】

❖ 了解零售中心是怎样发展的,以及在郊区的发展中它们的形式是怎样的

❖ 了解不同形式的零售中心与汽车之间的相互关系

❖ 知道一种更好的设计途径,可以为使用者而不是为汽车服务

❖ 将传统意义上的城镇中心营造成步行的零售区

在 20世纪40年代末以前,一般说来,几乎所有的商业服务设施都设在城镇中。它们坐落在城镇中心,在一个重要的道路交叉口处,或是在车站或河流分枝的附近,在这里可以看到高密度的建筑群,建筑的底层被商店和办公充斥着,上面的楼层用作公寓或写字间。这些店面由商人自主经营,每一栋建筑中的服务项目也都是单一的。

伴随着第二次世界大战而来的经济大爆炸,为经济的增长与财富的累积提供了无尽的机遇。随着信贷资金的大量增加以及大规模政府住宅项目的建设,人们开始从坐落于市中心与工业地带之间的拥挤公寓中搬出来。更大规模的居民搬往郊区,这也就对汽车有了新的需求。

购物中心

在城镇内部和外部怎样的地方被认为是购物中心呢?独立的零售商店和邮购商店是首先利用城镇边缘的廉价土地的,因为它提供了足够大的空间来足够容纳建筑和停车场。这带来了零售商店与邮购商店奇迹般的发展——那些商业空间是在目前的城镇中较早建设的,建筑混乱的造型和尺度,以及一目了然的用途,同时每一个也都比旁边的建筑更巨大、更俗气。通常基地的宽度只有30~45m,基地中的建筑外型简单,并有很小的前部空间。

渐渐的这些空间就发展成为今天我们熟知的三种基本形式的购物中心,即:邻里中心、社区中心和地区中心。每一种中心的形成都取决于人们是愿意到更远的,拥有更多选择的地方去采购,还是愿意就近购物。换句话说就是很容易去预测在哪里建设怎样的购物中心。一般说来,人们到2400m左右的地方去选购食物,4800~8000m的地方去购买生活用品。同时当价格和选择更重要时,人们可以到12800~16000m远的地方去购买。每个地区不同的地理状况和独特的特征也会影响到购物中心的位置。

邻里中心

邻里中心的面积一般在2800~14000m²,这主要取决于当地的人口和人们对服务的要求。中心要满足2500~4000人每天或必需商品的供应。包括:杂货店、药店、干洗店、理发店和牙科诊所,它

图7.1 典型的早期商业区布局。(A)各种各样的建筑形成了杂乱无章的布局形式。(B)个性化的外观吸引着驾车者的注意力。(C)总体上看,街区的入口很罕见。(D)商业区中,建筑的布局形式在其后部独立了部分空间

照片 7.1 典型的郊区道路远远超出了行人的尺度

们一般坐落在社区道路与主要居住区的交叉口处,大概需要占地
$1.2 \sim 4 \text{hm}^2$。

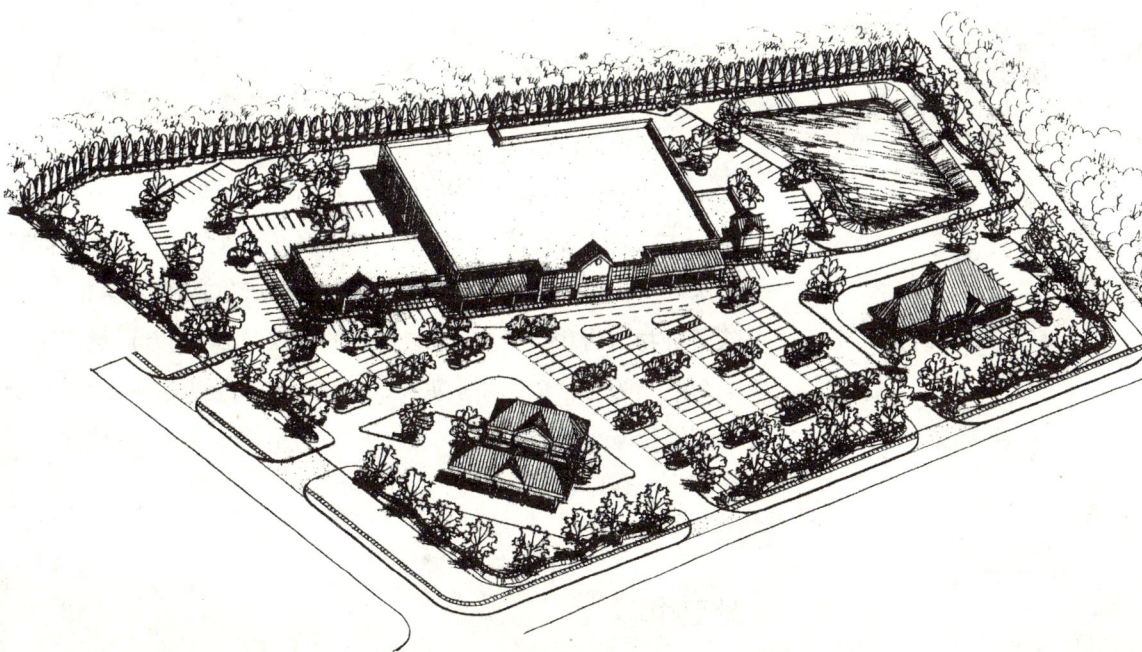

图 7.2 一个典型的邻里购物中心

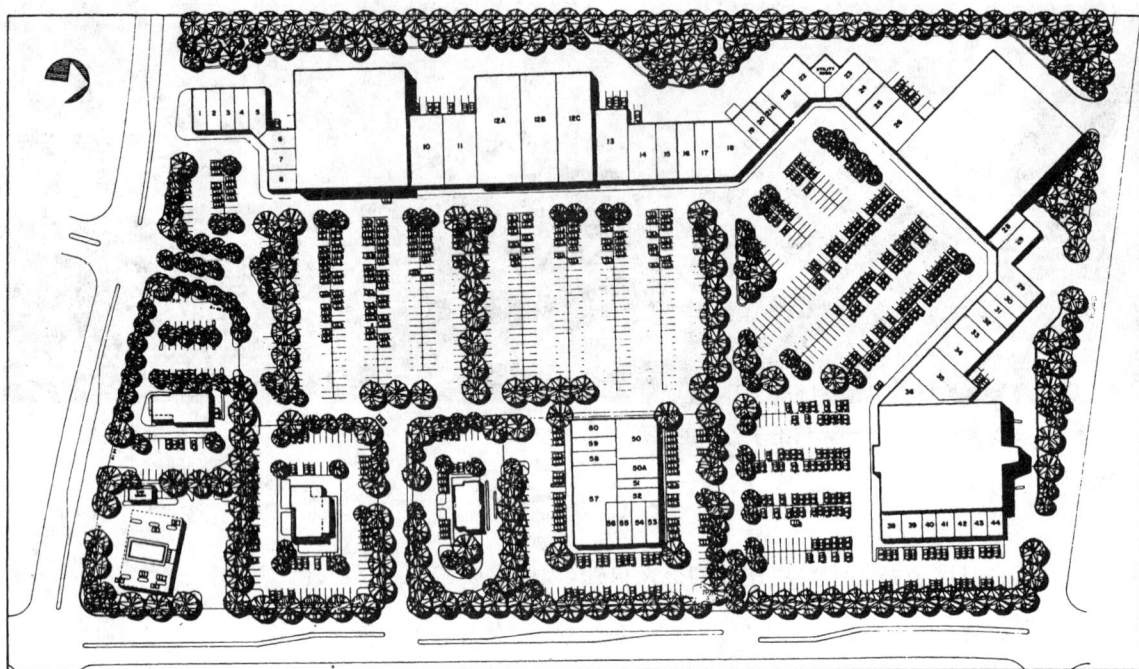

图 7.3 一个"社区"中心

社区中心

社区中心的占地范围在 9~32hm² 之间，一般其面积至少有14hm²。他们不仅提供邻里中心所有的服务项目，还设有折扣百货商店、超级市场等。社区中心的服务范围是 4~15 万人。同时坐落在两条社区道路(一般包括四条支路)交叉口处的显著位置上。除了折扣商店和杂货店，一般建筑的进深是 24~37m。然而由于当今商品的营销理念要求更少的储藏空间和更大的展示空间，所以进深也减小到 12~24m。店前的展示空间为 6~9m。这样一来社区中心通常就需要占地 4~12hm²。

地区中心

地区中心的占地面积在37~90hm²之间，它们提供了更具竞争力的商品与服务(包括所有的百货商店可以提供的服务)。其服务范围在 $1 \sim 1.5hm^2$ 之间，服务对象超过 15 万人。地区中心已经成为郊区新的中心区，同时需要 $12 \sim 20hm^2$ 的土地来提供足够的停车空间。更大一些的地区中心集合在一起，坐落于地区的道路系统与社区交通干道或社区道路的交叉口处。

购物中心的一般组成元素

购物中心趋向于一致的建筑风格，也归属于一个公司或一个发展团体。所有购物中心都设有顾客停车场，车位都是为机动车设计的。由于服务区域与公众停车场相隔离，因此也不会被人们

照片7.2 一个地区中心

"城市的活动、慈善机构的活动和商业的活动，应该相邻设置在特定区域内。而不应该孤立地设置在单一用途的建筑物中。"

——新城市主义议会宪章

注意到。在商业发展中，作为一个通常性的规定，建筑基底占地约为总用地的25%。另一种说法是：每英亩的用地，应提供900m²的商业空间。

每一个购物中心都拥有一个承租群体来保证商品种类的平衡。不同类型的商店要谨慎地选择商品，以与其他商店竞争，同时争取最小的商品重复。在或大或小的程度上，所有的购物中心都有不错的周边条件与安全设计，也应满足顾客在不同天气情况下的购物需求。

购物中心满足了机动车的交通顺畅，但是也让郊区变得更加拥挤了。人们希望邻里购物中心可以步行到达，而只有进行主要的购物行为时才使用汽车。这样带来的问题是多数的购物中心脱离了其周边邻里，并设置了有危险隐患的出入口。即：机动车和人行出入口。由于社区道路的限制而同时为两个区域服务，这使得车流量与车速都增大了。以上情况并不只存在于早期的商业区中，虽然那些区域有更丰富的建筑形式、更少的承租人和更小的停车空间。然而他们提供了街道停车，但随着郊区的发展有些做法是被严格禁止的。

大部分CSD零售中心提供了一个单一的土地使用性质：零售。极少数的中心可以为高密度住区或办公空间服务。它们一个个相互孤立，只通过4~6条社区小路或昂贵的停车场互相联系。同时这种做法也比对连接处进行必要利用的做法需要更多的土地。

任何新的购物中心，当增加到一个地区的商业供给中所需的建筑空间时，就相当于在一个小城市中形成商业区一样。如果我们把每一个新的中心想象成一个小城镇或城市的中心区，而它的占地等同于区域的商贸用地的话，那么这个问题就很容易理解了。新的购物中心并不能带来新的生意，它们只能从其他中心那里争取生意。而那些失去生意的中心往往处在不利的地理位置上，或是早已年久失修。

定位设计：应注意的几个问题

中心的正确选址，可能是事关设计成败的惟一重要因素。它要求简单、便捷，并易于识别。然而，一个中心的影响力并不只在于它与相邻中心的间距，还在于它为顾客提供的服务的方便程度，以及对机动车要求的满足。出于方便的考虑，邻里中心应坐落于临近社区道路的地方。这为现代郊区的发展中所说的必须将出入口设在主要道路上的说法提供了依据。这种想法也就造成了今后的状况。因为邻里中心为当地人群服务，所以也就认为它不一定必须那样设置。也就是说那些依靠更小型中心去提供急需品的人们，知道中心应坐落在哪里，应提供怎样的服务。

对于社区中心来说，坐落于主要道路附近是更有必要的。因为它们需要一个更大的服务范围，因此也就需要更方便、直接的出入口。从更大的服务范围来说，地区中心应该坐落于地区交通系统附近，而不必要紧邻。如果选址过于接近斜坡路段、交叉口等，出入口与机动车流线就会受到影响，带来交通的拥挤并阻碍司机的正常驾驶。设置一个入口合理的距离是距道路交叉口 $0.5km^2$ 或 $1km^2$。

图 7.4 一个早期建设的商业区（由 Wesley 绘制）

　　这样很容易就将选址等同于对中心标志性的设计，也会将其看得过于重要。然而却忽略了中心选址最基本的问题。因为你虽然永远也不会在意 Waldenbooks 的外部形象，但你会肯定那一定会不错的。因为大多数的购物活动都目的明确，即：一个人经常有目的地到一家或几家商店去购物，几乎不会有人在外出买鞋时，由于看到了橱窗里的广告，而顺便买回一台电冰箱。

传统的郊区结构
带状中心

　　带状中心是最简捷，也可能是最普通的形式。就像其名称

照片 7.3　传统的郊区购物环境：这是我们真正想要的吗？

一样，在街区的后部，商店沿直线排开。顾客的停车场布置在建筑和街道之间，服务区设在建筑的后面。小型中心的长度一般不足120m，这样一来都可以在一个适宜的步行范围内到达所有的商店。可是早期的一些中心没有遵循这一原则，由于长度过长而不适于人的步行。另外，这样的设计让顾客可以将汽车轻松地从一家商店开到另一家去寻找停车位。这种设计手法也被今天许多的邻里中心和社区中心所采用。

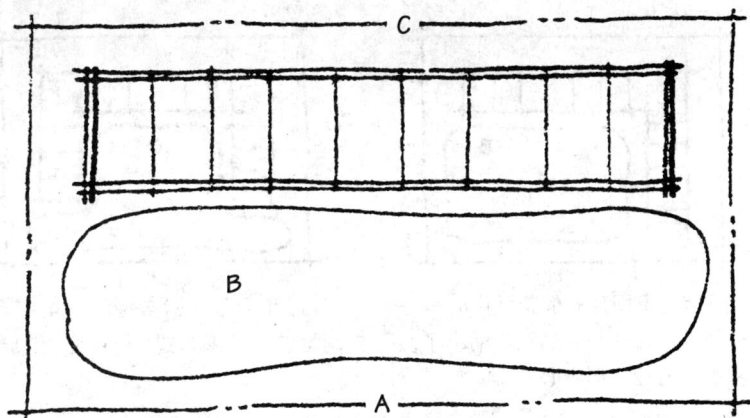

图7.5 带状购物中心。(A)典型的建筑布置方式：直线型。(B)停车场设在中心与道路之间。(C)服务中心需要与居住区之间有缓冲和屏蔽，所以被设置在中心的后面

主题中的变化

带状空间中可布置L形、U形和T形建筑形式来适应街区空间，并且更有效地利用空间。这样的布置形式比起只是以直线形布置建筑，可以在地段的主要部分布置更多的建筑。从心理学角度来看，这种设计通过引导观者的视线由路的入口到达基地后部，从而使大体量建筑只呈现一个较小的面。更大的基地会将人的注意力集中在建筑上，而忽略了停车场。因此必须让中心的主体建筑有明确的可达性。这样也让顾客在行走中见到更多商店的铺面，同时也让基地看上去变小了，有利于顾客轻松购物。

组 群

一个组群起到了将两类中心联系在一起的作用。这样就在

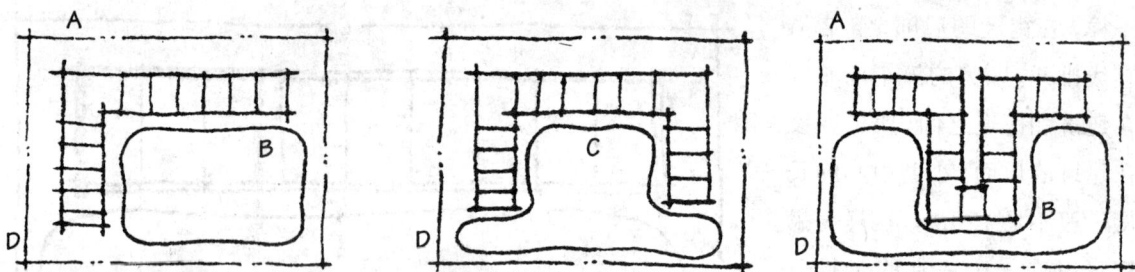

图 7.6　不同形式的带状中心——L 形、U 形和 T 形。(A)典型的街角布置形式。(B)设计使得从建筑的一端望另一端时，它们之间的距离缩小了。(C)中间地块被用来布置 U 形中心。(D)当整块地两侧是转角时，会形成更长的狭长中心或 T 形中心

中心内部形成了一个纯粹的步行空间。当停车场按一侧排列或环建筑布置时，内部便形成了一个类似于小乡村或传统城镇的社区空间。这种形式更适合顾客的口味，因为他们期待购物会是一件很有意思的事儿。更小的商店在这种布置中可以提供更多样的小商品。然而，这种形式不适合布置大商店，因为其长期大型的运输业务，需要更大的服务范围，同时建筑也需要在街道上无视觉障碍的可识别性。因此这种形式在今天的郊区就很少见了。

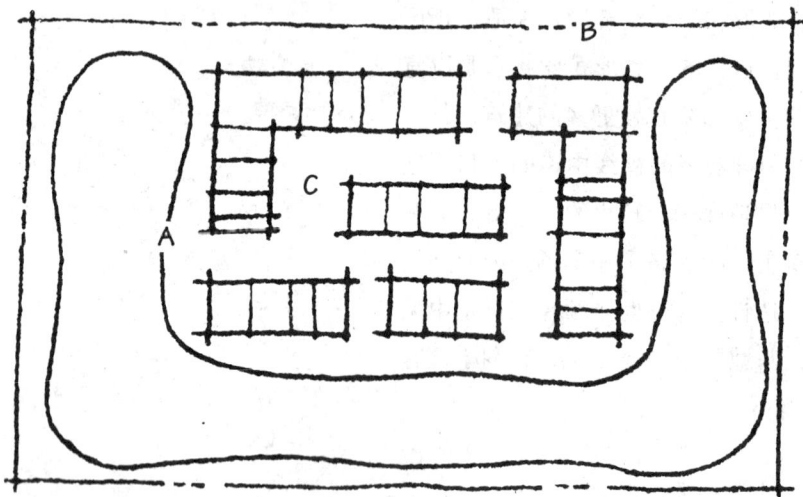

图 7.7　组群式中心。(A)除了商店有两个正立面以外，裸露的墙面既不友好也没有吸引力。(B)由于缺少标识性，削弱了后部商业空间的市场竞争力。(C)对内部空间的服务也不方便

商　场

出于对商场这种购物环境的发展以及天气对购物影响的考虑，在最初，商场呈直线形布局。现在商场的设计者们，在早些时候的设计中获得灵感，

在铺面之间设计了新的9~15m的步行空间，同时利用转角来引出主要道路。这样减少了视觉上的距离，也将人们的注意力集中到明亮的展示橱窗上来。商场是当今地区级或超地区级商业中心设计中常使用的设计手法。它们形成了郊区的中心区，完全独立于可以为其提供大量停车空间的邻里和社区。近些年来由于商场的过度建造、对商业空间需求的减少、环境的建设，以及大型连锁店以更便宜的价格销售商品等种种因素，商场的发展变得缓慢了。

一般的停车方式和循环形式

　　大多数的顾客停车场距建筑或铺面90m，超过1800m的距离很少被使用。人们除了一年中最忙的时候以外，很少能接受这么远的距离。停车方式应该有秩序性、逻辑性，容易让人理解，同时使顾客可以清晰地掌握停车方式。在大多数的地区中心，停车要有一定角度。而只有一条通路的停车系统会让人感到迷惑。另外，这种形式不如两侧呈角度布置车位更有效。因此只有当基地条件受到限制时才会使用。

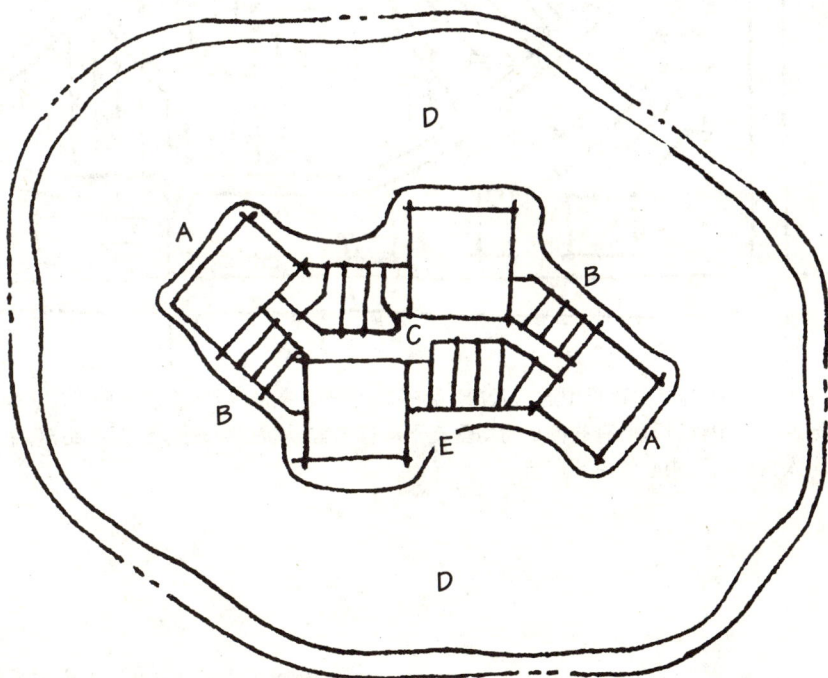

图7.8　商场(A)通向内部商场的入口，对顾客具有吸引力。直接的入口应该受到一定限制。(B)极少数的小商店的外部是暴露给停车场的。人们经常看到的是建筑的外墙。(C)交通的频繁为小商店带来了生机。(D)大面积的停车场将商场与社区其他部分分隔开来。(E)外部的服务空间是商场设计中的副产品

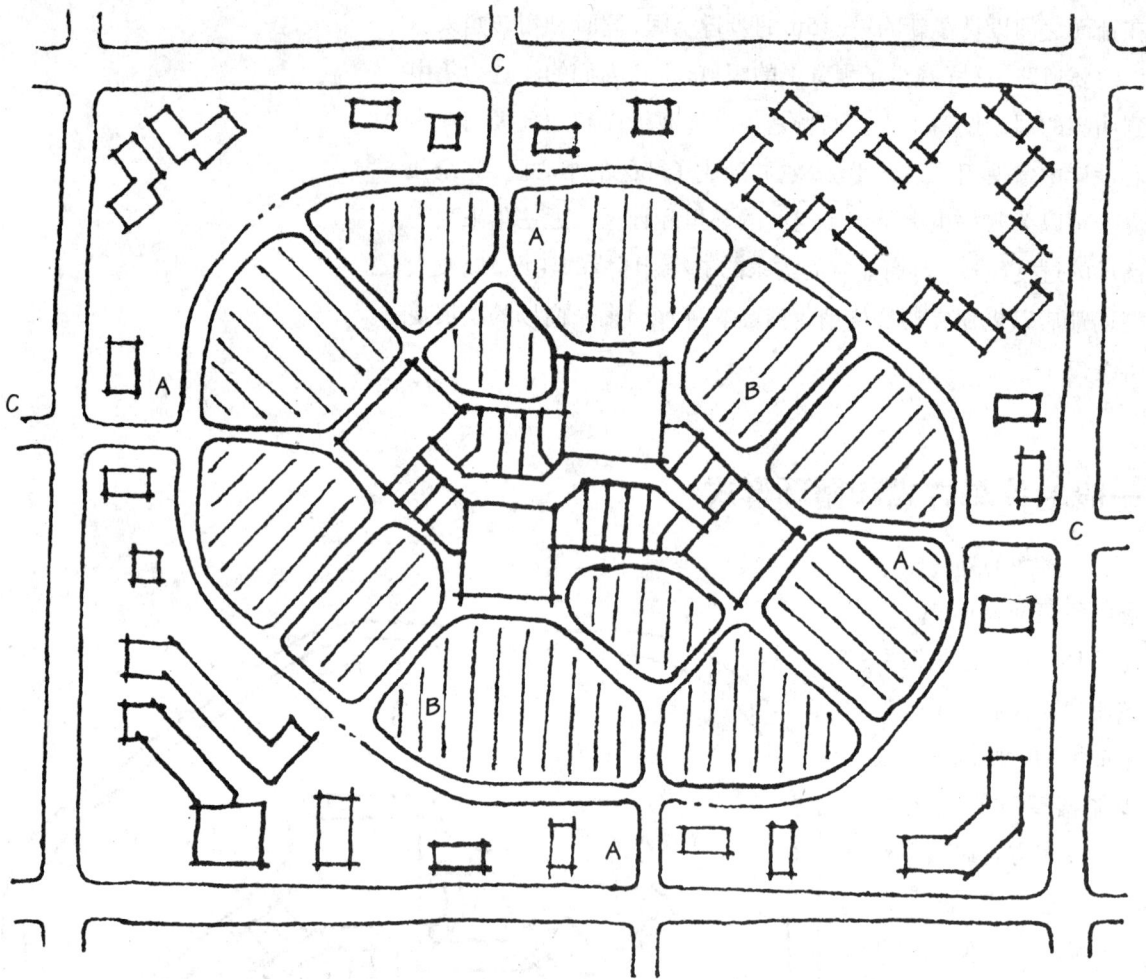

图7.9 （A）与外部道路相通的入口，让停车场只能停放不多于800辆的汽车，同时也令停车场具有了很强的封闭性与专用性。（B）所有的停车场均垂直于建筑布置，从而在心理上缩短了距离，也形成了步行入口。（C）主要的车行入口应临近中心的主要商店

停车场应设在土地增值可能性最小，并易于分隔的用地上。这样一来穿过基地的入口小路、步行路、地面排水系统，大量的汽车会最小限度地影响人的视觉效果。在地区中心中应该设计不多于800个停车位的停车场。同时停车场可由小路和场地需要去

图7.10 （A）在距离商场入口90m的环路上，可以为中心提供足够的停车场。（B）内部的环形道路与基地景观结合，减小了停车场的尺度和比例。（C）在环形道路之间形成的街区，在为顾客提供日间服务和夜间与周末停车的同时，也为进一步发展提供了可能性

分隔。也就是说当入口设计得恰到好处时，也增强了其对顾客的引导性。

　　所有的停车场、小路、场地布置和步行路都与建筑垂直。没有人可以穿越停车场到达商场。顾客的通路应该有明确的标识。

同时围绕着地区中心与建筑应设置环形道路，并有小路直通建筑。实际设计中大部分停车场都需要90m的宽度。较好的布置形式应该保证这个距离。因为此种距离恰恰可以减小停车场的尺度和比例。

在许多基地规划中，都将停车的需要放在一个重要的位置上，设计者很少考虑在一次购物活动中的复合式停放，因此也就没有设置公共停车场。大部分地区级商业中心，需要每93m²的商业空间提供5～5.5个停车位，或者说要为节假日的购物提供足够的停车位。如果我们假设大部分商店每天营业12小时，一周7天的话，那么这些商店的停车场只有0.25%或更少的时候是满的。换句话说即99.75%的时间里都是不满的。这种闲置会带来不好的影响，无疑是在浪费商业空间，而同时也必须缴纳整个基地的赋税。另外，考虑到对太阳能供热的利用和过分的铺装造成的污染，这些对环境都是不利的。

大面积的停车空间垂直布置，围绕着地区商业中心，这种形式已限制了今天的发展，同时也截断了周边邻里与它们的商业中心之间所有的步行交通。考虑到停车场环绕着地区级中心，安全问题也变得主要了。这车的海洋让人感到完全暴露，并且很容易受到攻击。或真或假地意识到有犯罪分子的威胁是一件有趣的事情，而今在我们的城市中就有了不能满足居民需求的购物区。

一个将来的替代方案

关于所有的郊区商业区的说法，必有一个一定是正确的：美国人对于它们又爱又恨。我们在需要它们提供方便的同时，又不喜欢它们的形象。1962年凯文·林奇指出：它使人目眩的形象成为我们实体文化最坏的象征。[1] 典型的商业空间的发展，经常受到市政专家的谴责。同时居民也指出，许多市政的规划文件都包含着限制他们要求的成分。然而居民们坚信，郊区商业区所提供

照片 7.4 购物中心的停车场大部分时间都不能被充分利用，这才是真正的浪费土地

的服务与起到的作用是大家所期待的。

因此我们接受了他们的建议，使用所有的手段设计栅栏、防护，将中心与居住区隔离开来。而不是去寻找不同的结构形式与设计手法。这只是从表面上而不是根本的解决问题。

对于商业区的设计还有可供选择的其他途径吗？可以有什么方法去制止这种形式的发展吗？肯定有的。但是我们必须再次对当今五个层面的商业区发展进行分析，把每一个层面的商业中心创建成有友好的步行空间，并且更少地受到机动车限制的中心区。通过考察这五个层面中心的设计，就可以得出结论。即：通过在最小比例尺度上的分析，就会形成郊区发展的新模式。对每一个社区都是一种再好不过的形式。

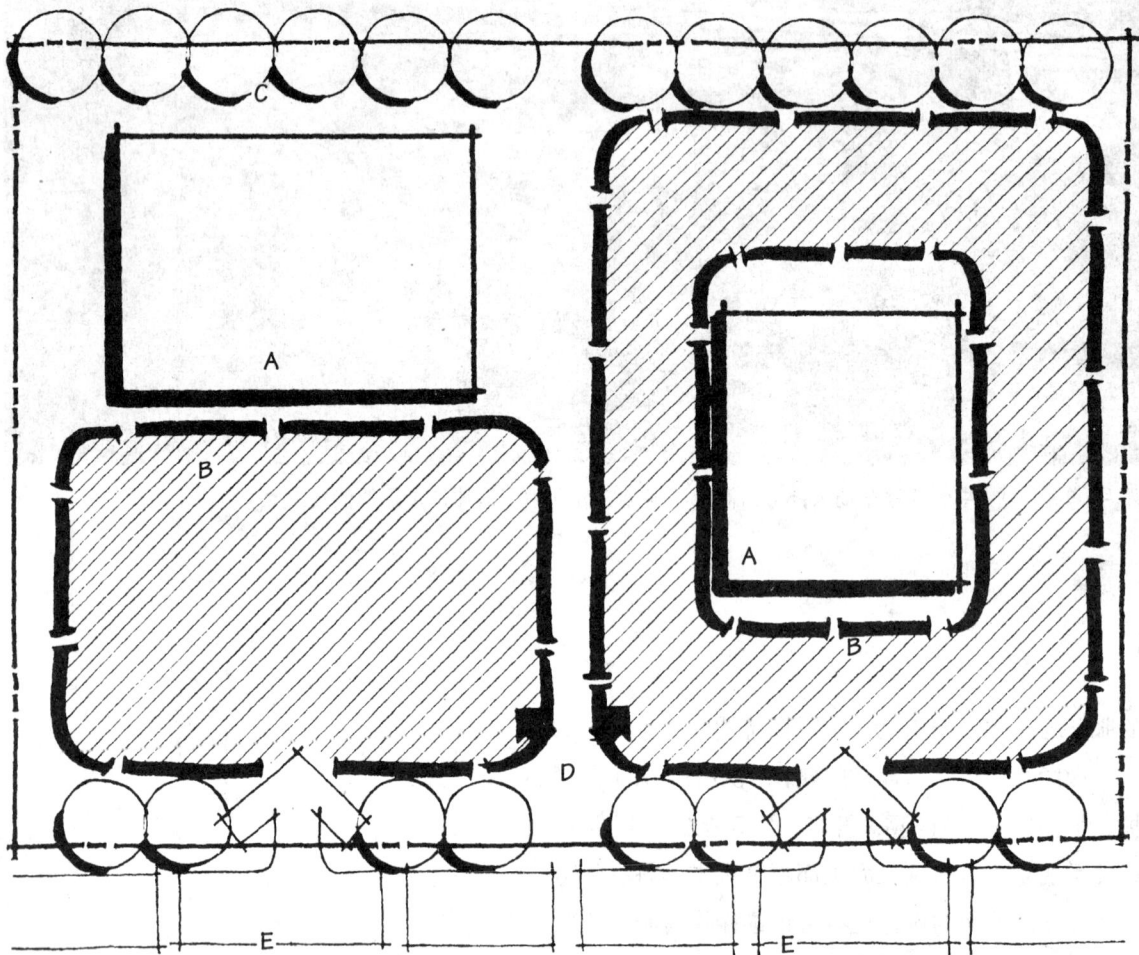

图7.11 (A)灵活的后退，鼓励了市政建筑的建设，形成了无秩序和杂乱的街景。(B)后退迫使停车场设在建筑前面，降低了与街道的联系能力，也削弱了步行系统。(C)当临近居住区的出入口时，基地后面的建筑就需要很大的空间。(D)停放的汽车占领着视线。(E)随意的用地分割，会给行车带来迷惑感，令交通状况恶化(由特波特集团提供)

照片7.5 郊区空间的艺术性

个性化场所

CSD 模式

当建筑面向专用道路时，会出现购物中心的合建。当建筑后退时，就要求建筑必须在控制线以内，这也就是说建筑常常建在基地后部。当基地与住区紧邻时，区划就需要一个缓冲空间，有效截断了两块用地间的直接联系。建筑一般与左侧控制线相距9~11m，停车场设在建筑前面(在一些实例中，围绕建筑布置)，以尽可能地创造可用空间。这种设计保证了在临近的街道上看到的景观就是一个停放了机动车的场地，或只是郊区的一个空停车场。此种政府行为，平等地对待每个相邻的街区，也形成了

参差不齐的建筑边界，让每两个建筑都互不相关。更进一步地削弱了它们与街道的联系，这一点是非常重要的。因为继续这种作

图7.12 (A)建筑后退道路红线，增强了可视性，扩大了步行空间。(B)停车场设在建筑的后部，沿道路边界布置，与建筑形式良好地结合。(C)建筑的布局削弱了停车场的视觉感受。(D)建筑垂直街道布置，让基地与临近街区的入口具有一种空间的引导性。(E)停车场的出入口分设在两侧，在需要时可以将相邻街区的停车场设置在一起。(F)很有用的外部公共空间——可供艺术展示、公车站点、露天餐饮等活动（由特波特集团提供）

照片 7.6　一个有着宜人尺度的购物中心

法会令街道景观质量下降。这也是形成今天郊区发展问题的核心所在。

TND 替代方案

　　将建筑布置在后部的控制线附近，会产生许多积极的因素。这有利于将停车场布置在建筑的一侧或后部，也削弱了沿街道停车这一感觉，让建筑更靠近街道。在鼓励外部公共空间(如：小广场、公交车站、外部餐饮等)发展的同时，也可以创造更宜人的外部街道景观。同时建筑的孤立感也减少了，建设的各部分都成为建筑或设计的有机组成部分。这种单独方法的使用，能极大地提高郊区的景观质量。

在那些具有发展狭长型商业空间潜力的地块上,这种做法有利于形成一个秩序井然,并具有多个入口的停车场,因此也增加了安全感。这种使出入口垂直于街道的做法带来的另一个好处是,它让机动车穿过街区到达基地后部,减少了入口处的流线冲突,并暗示后部有一个更大的停车场或居住区。

从这个例子与以下的一些例子中可以看到,常规的和传统的邻里,可以由相同的建筑和停车场组成。这些基本的设计手法,看似简单。但通过它们可以建设更大的购物中心或任何其他形式的商业空间。

邻里商业中心
CSD 模式

这些500到1500m²的基地,分布在城市与郊区的许多角落,象征着城市的进步与发展。这些典型的中心包括一个主要的停车站点、一个零售商店、一个药房、一组小型商店和快餐店等。它们通常建在控制线后部,所以建筑与街道间的空地就会被停车场占据,就像在专用空间中提到的那样。此种做法破坏了街道与步行区间的友好关系,也影响了从邻里住区进入商业区的步行环境。使得停车场在任何时候都不会有超过1/3的车位有车停放。只为了一年中3~4天使用要求而来布置如此大面积停车场的做法是很可笑的。典型的结构形式就是直线布置,停车场由基地的一边伸展到另一边。事实上,它们的布置形式似乎在鼓励顾客沿中心外侧停车——换句话说,从一家商店到另一家,要开车去而不是步行。一个负担过重的停车场,一个巨大无比的尺度,这些都促使顾客感觉,永远不要到自己可承受的范围以外去购物。这种排列方式,需要中心面向后部的用地是开敞的,而用地常常是居住区。

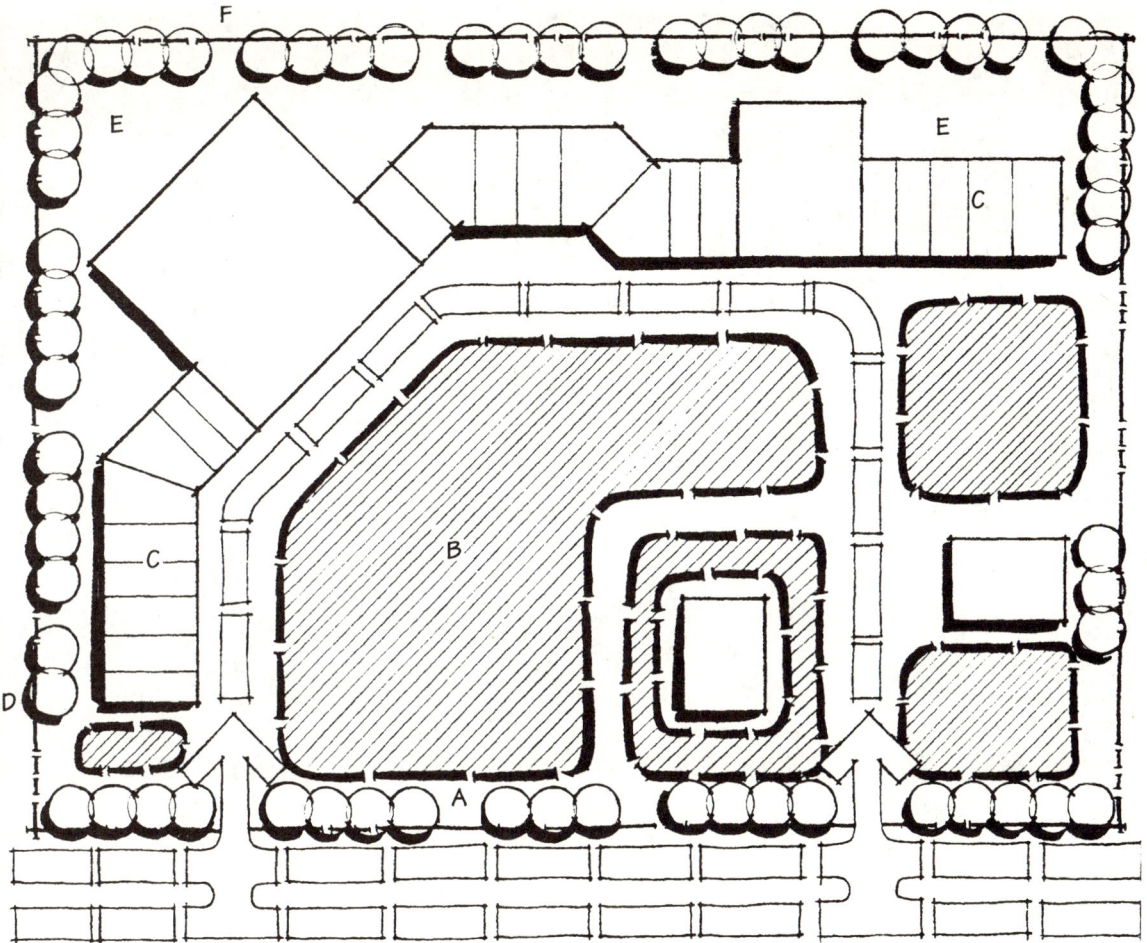

图 7.13 (A)由于缺乏道路边界，也就没有吸引人的步行通道。(B)主要的视线被停车场占据，而它们常常有一半是空的。(C)线型的布置形式并没有设置公交停车站。(D)服务区需要大面积的屏蔽空间。(E)服务区太庞大；还没有利用上的，则需要厚重的景观设计来掩盖。(F)这样的布置消除了与临近居住区联系的任何机会（由特波特集团提供）

　　形式上与感觉上的分隔是由大面积的服务区造成的，它需要更多的联系空间来消除与邻里间的消极关系。邻里的居民要到购物中心，就必须经过基地外的道路，也就造成了交通的拥挤。

照片 7.7　一个乡村的商业区

TND 替代方案

在专用基地设置中，也能运用同样的理念，商店可以坐落在街道附近，即可创造出在许多邻里中心中极度缺乏的街道边界。主要的停车场可以布置在中部，让沿街布置的商店遮挡了停车场的主要部分。这样，小的停车场可以分散布置，不至于过分集中。将主要商店沿控制线布置，或与临近的商业建筑背靠背布置。服务区的面积也就减小了，剩余的空间可以建建筑或创造令人愉悦的空间。为汽车服务的商店紧靠着真正需要它的停车场。

这种布局也为临近居民敞开了基地，他们可通过基地内部道路进入中心。另外，当主要商店同时面向居住区和街道时，商店的沿街铺面造价也降低了。乡村型的商业中心带来的结果是伴随着它的内向型布局与建筑之间空间的减小，提供了更多的购物选择，也更有效地利用了邻里空间，令购物成为一件愉快的事情。

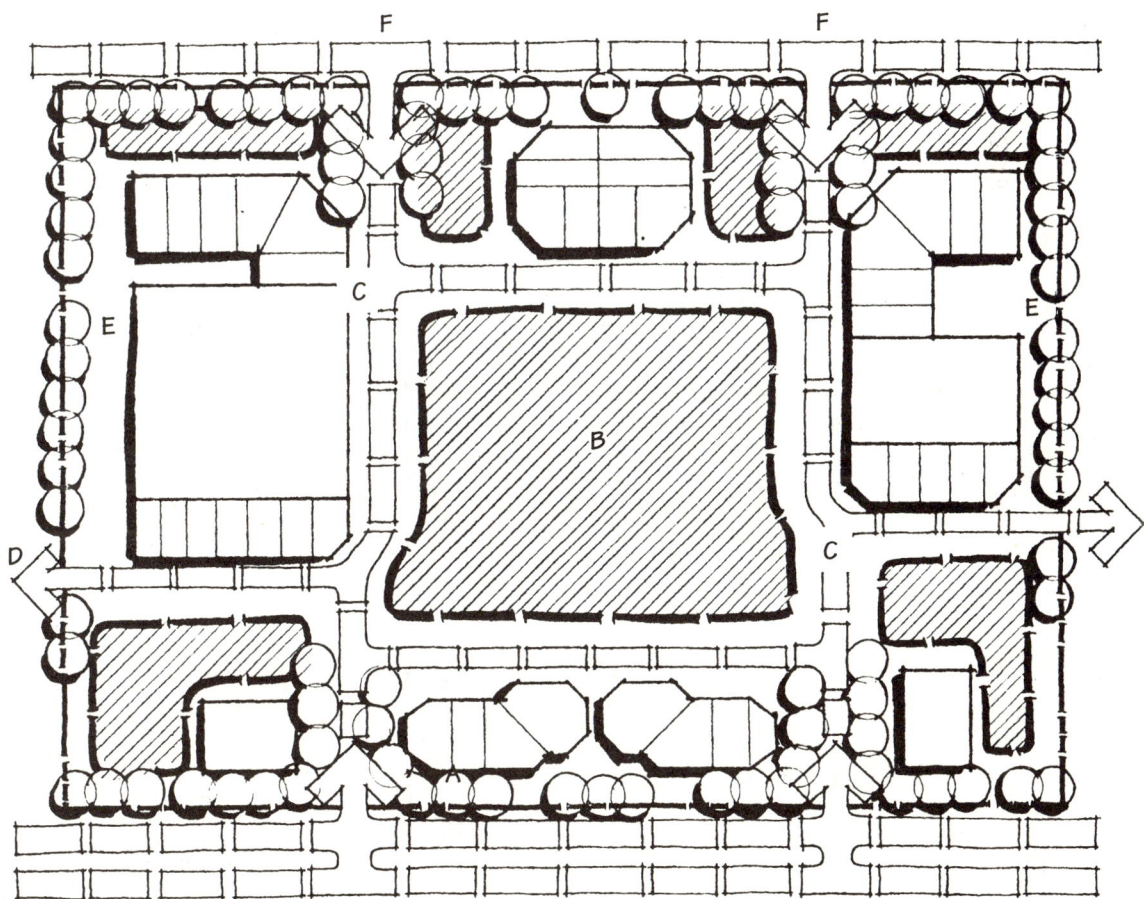

图 7.14a　(A)明确的道路边界，创造了更具吸引力的步行环境。(B)内部停车场减少了其与街道间的冲突。(C)内向型的布局，营造了一种乡村的感觉，也鼓励市政停车场的设立。(D)与临近办公／商业区强有力的联系。(E)服务区与临近办公／商业区垂直，也就需要更少的屏蔽。(F)道路向内部的延伸，鼓励居民不必穿越社区道路而方便使用(由特波特集团提供)

TND 替代方案

　　邻里的购物中心为商业空间的再利用与结构一体化提供了契机。通过简单地将社区道路向商业区内部延伸，两个区域之间一种完全不同的关系形成了。这使得它们互相依存，互相支持。一个简单的操作就能改变原有的结构，即让街道向基地内部延伸。当考虑到日常(不是高峰时期)停车的需要时，停车空间就减少了，也就拥有了更多的可租用空间。

　　如图 7.14b 所示，沿街道来布置商店，建筑的后部和一侧都可以用作停车，这样浪费的空间也可以用作邻里的活动空间。

　　另外，与周边邻里明确的道路关系，让社区道路的交通量明显减少了。

　　这种手法是具有生命力的。因为它不必将原本就是邻里空间一部分的商业区域重新进行规划设计。

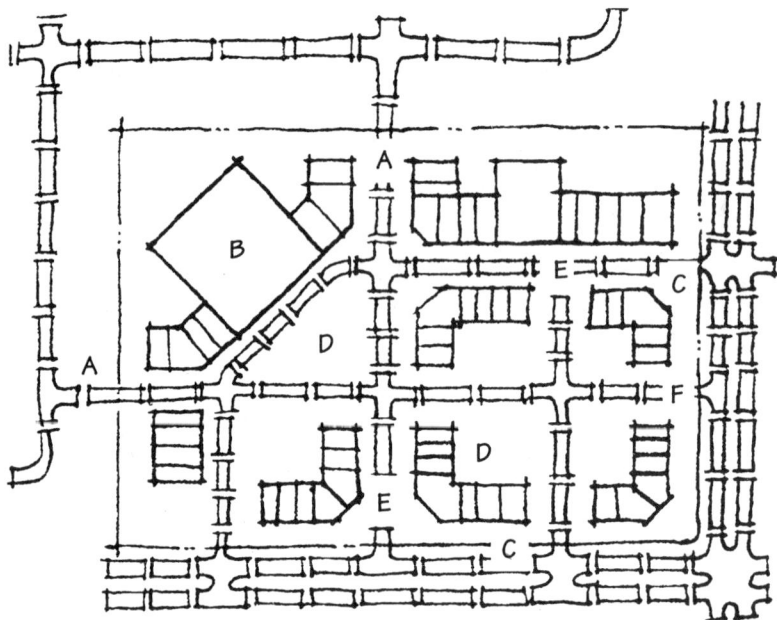

图 7.14b　邻里中心的适应性布局方式。(A)道路延伸到商业区内，以鼓励人们进入。(B)主体商店一般是一家百货店，需要在前面设置足够的停车场。(C)沿社区道路的街道边界也是被重新划定的。(D)从社区道路望去，购物中心停车场的主要部分被遮挡了。(E)街道景观延伸到基地内部。(F)附加的出入口削弱了交通的拥挤状况

社区中心
CSD 模式

　　这 8~10hm² 的土地，比邻里中心具有更多的组成部分，更多的百货店，更多的停车场和更多的问题。它们通常坐落在更大的道路交叉口处，就像在例子中提到的，有时会占据两个交叉口之间的所有空间。由于出入

照片7.8 沿街布置的店面，将停车场布置在建筑的一侧与后部，这种做法让原本无人使用的用地变成了邻里活动的空间

口的设置、约束控制条件等因素的相互作用，很容易让人形成迷惑感。因为街道与建筑间的距离感，使主要的商店只有一小部分可见。也形成其与街道间很弱的联系，以及负担过重的停车场。当距离122～244m时，任何甲方所需的建筑外观效果也会被削弱的。当然，在这个例子里，也有昂贵的服务区，它必须与附近居住区分开，并需要更多的遮蔽设施。这种孤立为犯罪和暴力活动提供了机会，这也是店主和雇员需同时注意的一个主要问题。

最后，在一些实例中，办公中心就建在附近。它们很少数会被当作一个区域整体来设计。它们更愿意相隔很远的距离，以获得机动车入口。而这也导致了交通问题和更少的步行联系。

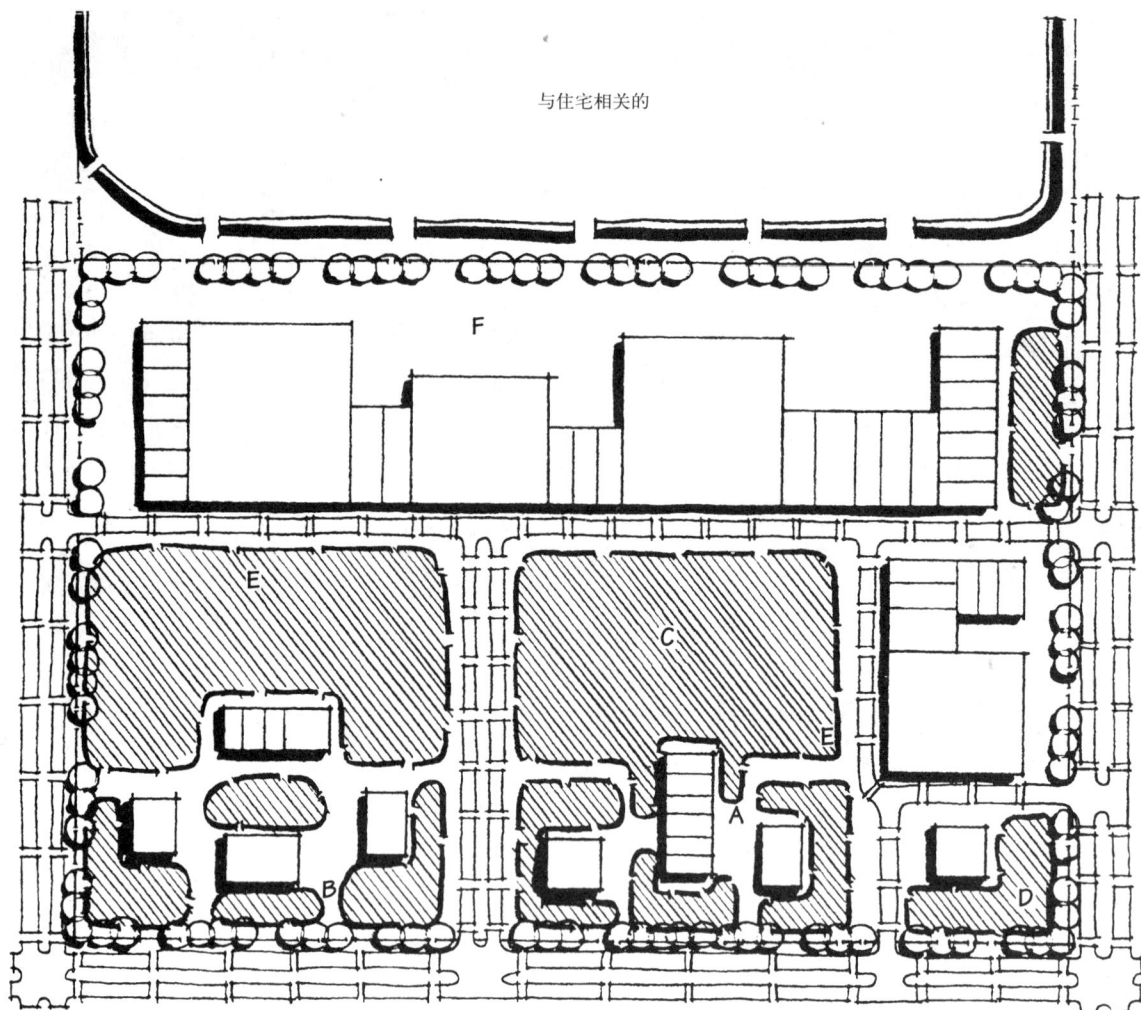

与住宅相关的

图7.15 （A）自由的商店布置与市政的街区形式，争夺着人们的注意力，也产生了令人迷惑的交通组织形式。（B）设在街道和建筑间的停车场，破坏了良好的步行环境。（C）外向型街区让停车场与商店正面的可视效果减弱了。（D）交叉口处的停车场设置，占据了原本作为公共活动的空间。（E）扩展的停车区域与中心的面积，使步行者须绕过基地才能进入。（F）昂贵的服务区需要屏蔽和安全防范，同时也取消了直接的步行或车行通道（由特波特集团提供）

TND 替代方案

社区中心的尺度和比例，比传统的形式需要更大的灵活性和创造性。只需一个小小的创新手法，就可以将多样的元素统一为一个整体的社区核心区，而不单只是一个社区购物中心。使用以

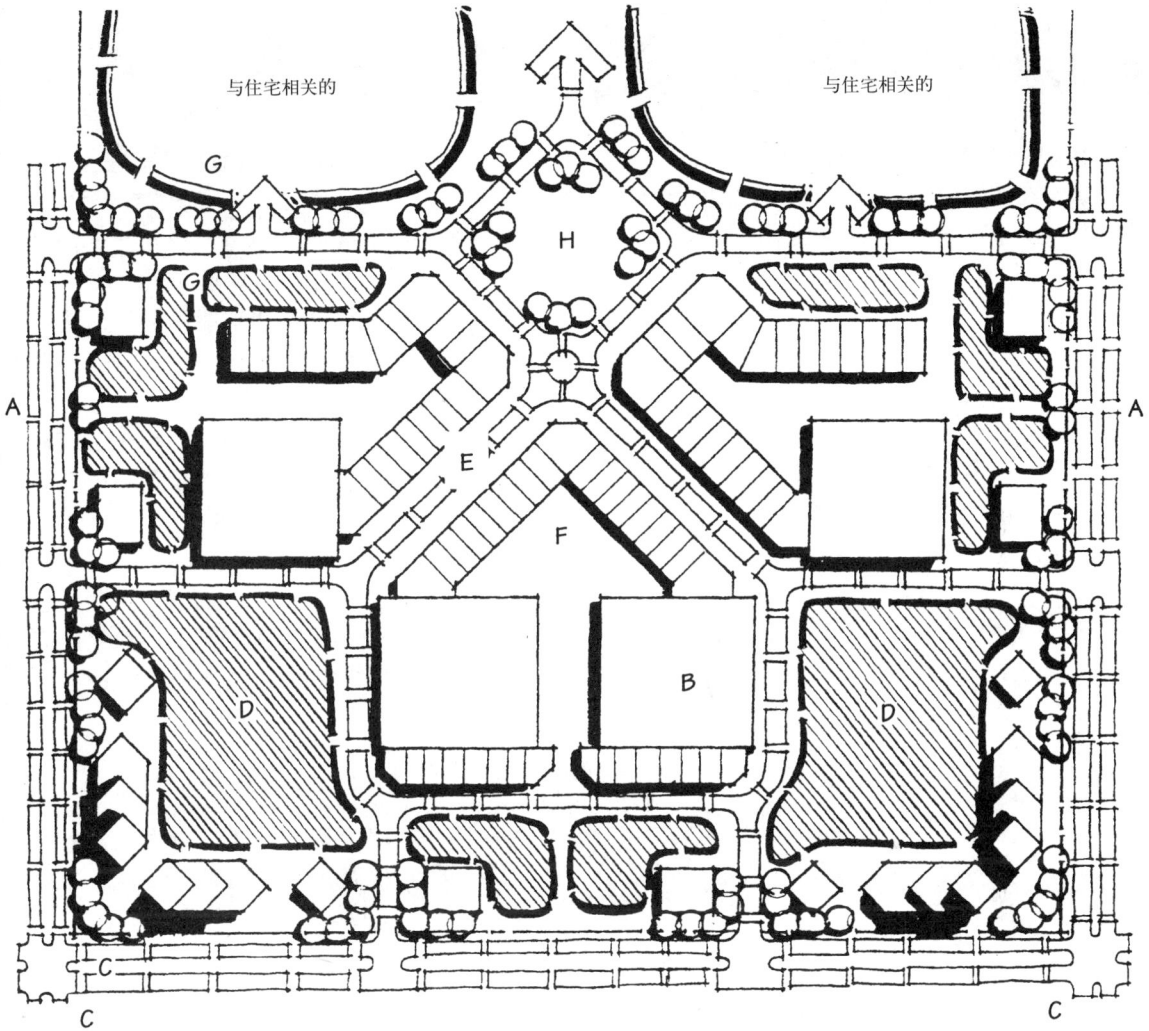

图7.16 (A)街区的分隔减少了迷惑感，而垂直的布置也塑造了街景。(B)主要百货商店的外观也是统一的。(C)办公空间位于交叉口处，遮挡了停车场，也创造了公共活动空间。(D)停车区域降低了造价，也为其他用地的利用提供了机会。(E)主要的街道、沿路的停车，创造了家乡的感觉，邻里的感觉，也鼓励了居民的活动。(F)服务区是安全的、稳固的、内向的。(G)入口通路同时为商业区和临近居住区服务。(H)中心绿地成为焦点和人们聚集的地方（由特波特集团提供）

前的设计理念，主要商店可以再次靠近交叉口布置。在减少了停车场的可见性的同时，也使得建筑的可见性提高了。在街道转角处设置办公楼，通过提供除特有的购物建筑外观以外的建

项目分析：佛罗里达州，winter springs

位置：佛罗里达州，winter springs

开发商：winter springs

设计团队：Dover kohl 和他的搭档们

资金来源：在佛罗里达州贸易协会和绿色通道项目基金中获得 5 千万美元

项目用地：200 英亩(80.94hm²)

主要特征：

- Tuskawilla 路与州级 43 号公路相通，是最近建设的 4 车道的高速公路，也将成为一条主要道路。
- 主要的街道将市场与更安静的中心 Magnolia 广场联系起来。
- 有综合使用功能的邻里区域，将与广场相联系，并包括办公、零售和居住等功能。
- 交叉的 Seminole Trail 的存在，提供了可供选择的步行和骑车等方式，到达中心区的核心部分，也可以围绕周边骑马或远足。
- 在旅行中可以看到湿地景观区。
- 宽阔的林荫步道、优美的广场和丰富多样的城市建筑，都会增强居住空间的邻里感。
- 一个简单的、便于使用的城镇中心区就形成了，用以替代 winter springs 现在的土地发展规划和控制性规划，同时也预测了未来发展的需要。

项目设计构思

　　项目设计的目标是,在这个由多个独立单元规划控制下的区域内,创造一个清晰明确的城镇中心。城镇中心用地达80.94hm²,大部分未开发的用地都紧邻四车道的高速公路。它要为市民提供方便的服务。在这里,购物、工作、行政、娱乐、居住和艺术等活动都要得到充分体现,以此来反映出城市的价值、精神和未来发展的方向。

筑形式，也极大地丰富了中心区的建筑艺术性。在这一地段中，办公建筑的建筑形象为街道景观的形成起到了积极作用，也丰富了城市形象的薄弱地段。另外，增多的办公区和公司的员工，对于商品及服务也有了大量的需求，这样商业区就满足了他们，而不需远程购物。由于大部分购物活动都可以得到满足，在午餐时间机动车出行也就极大地减少了。在这一设计中，使停车场有效地利用了空间，当然也就减少了占用其他用地。

为了鼓励紧邻街区与周边邻里间的内部步行与车行联系，可将次一级的商店作为联系纽带。让整个街区形成一个类似于封闭的商场空间，并形成一条实用性的主要道路。这样的设计更好地为车行者与步行者在午餐时间(他们在附近工作)和下班后(他们在回家的路上路过)服务。这些小型的商店和办公楼在街道上不会被明显地看到，所以在基地后部沿社区道路布置。当家位于街道的一侧，而邻里商业中心位于另一侧时，真正的城镇感受就形成了，也就出现了底层是零售和办公，上层是公寓的建筑形式。街道两侧都是24小时"营业"，也为住宅和商店同时提供了安全防范。在两种性质的用地间加入一块公共绿地或社区公共中心，使这里形成真正意义上的社区中心。这种设计的副产品是它提供了整体化、内向型以及对商业服务区的专用出入口，让它们更安全，也更协调了。

主要的内部组成部分

CSD 模式

在每一个郊区的发展区中，都会发现郊区商业区经常设在主要的交叉口处。这种方式历来比专用基地和邻里中心的设计理念使用的时间更长。因此它们也就从大面积的整体规划或对于周边区域的控制规划上收效甚微。如图7.17，它是我们所讨论的所有形式的混合，也或多或少地带有一些随意性。在多数实例中，各种形式的商业区、办公区或居住区，都在一个道路交叉口周边混合设置。当然也就导致了交通的拥挤，尤其在高峰时期，情况更难以想像。直到所有的交叉口都几乎全部在每一块用地上都用4条道路来组织交通时，人们才意识到，拥挤的交通需要通过对交叉口的交通疏理来解决。是的，机动车停车站点设在那里，人行出入口、信号灯也都为行人设计了，可是那里有行人吗？几乎没有！这些交叉口的尺度过于巨大，使得行人步行穿越时感到很不自在。当看到有人在这里步行里，路过的司机会认为他或她显然是汽车出了问题，正准备到一个街角的修理站求援。很容易理解这种想法的由来。在我们努力解决交通问题时，却恰好破坏了一个地方的领域感，也拒绝了它继续发展的需求。

这种混乱、无重点的发展，是政府规划的失误之一。在这些关键地点上，机遇的丧失——可以营造一个焦点，一个真正场所的机会——这是需要一代或几代人努力去更正的失误。

TND 替代方案

运用相似的模式来描述社区中心，将它们集合在交叉口的4个转角处。当提供了所有的服务与土地使用性质时，一个清晰的结构形式就出现了。摒弃那些各自为政的建筑形式，也就减少了交通工程师们之间的意见不合。除了将分裂的街区整合，通道也可以穿越每个街区的控制线。这种布置形式，可以将主要道路上8个点上的商业区分散到2个环状道路上去，即环绕交叉口的环路。此方式减少了主要交叉口处穿越交通的干扰，并且鼓励了在环路之间建设商业区。另外，也使环路以外的邻里与零售店之间的交流容易了。同时通过环路让商业区与居住区分开了(相对于那些裸露的服务区，这种形式更加合适)。这样形成了邻里空间上的商业街，和不必经过交叉口而直接进入邻里的道路。内部环路供主要的商店使用，为商店保持了很好的沿街景观和顺畅的交通。当最小的商店主要为邻里服务时，就可以从外部环路进入这

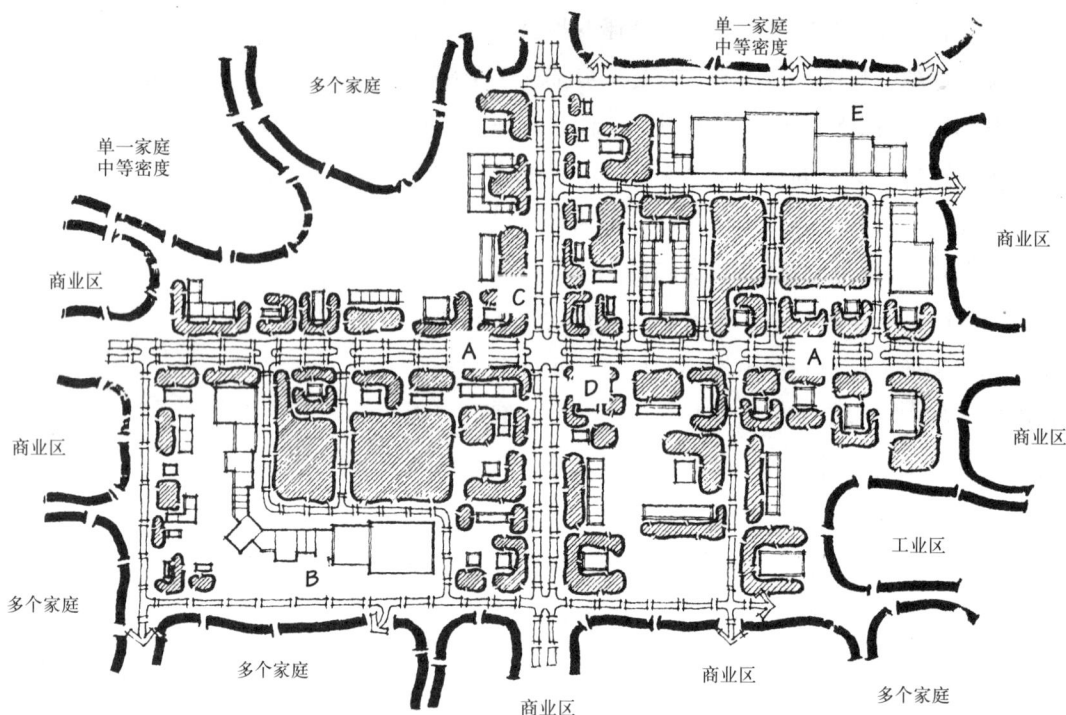

图7.17 (A)市政设施和道路缘石的打断,造成了迷惑感、交通的拥挤和不完整的街道景观。(B)服务区暴露给居住区,限制了在社区道路上开设人行出口。(C)大部分区内的与穿越的交通都集结在一个交叉口。(D)没有城市的交流空间。(E)剩余用地鼓励了继续发展 (由特波特集团提供)

种垂直布置的商店中。

在商业区主要交义口形成环状时,这个区域就为紧邻交叉口的办公区服务了。通过这种手法去屏蔽停车场,增加步行活动区,会使得办公区和居住区真正成为社区的一部分。实际上这也形成了社区真正的核心区。

这种可供选择的设计理念,在这块基地上使用是很适宜的。办公区和商业区之间的停车场(整个星期白天和夜晚都有人使用)也提高了使用率。被遮挡的、设在中部的服务区增强了安全感,也减少了消极的视觉感受。提供了可供选择的购物环境,让邻里

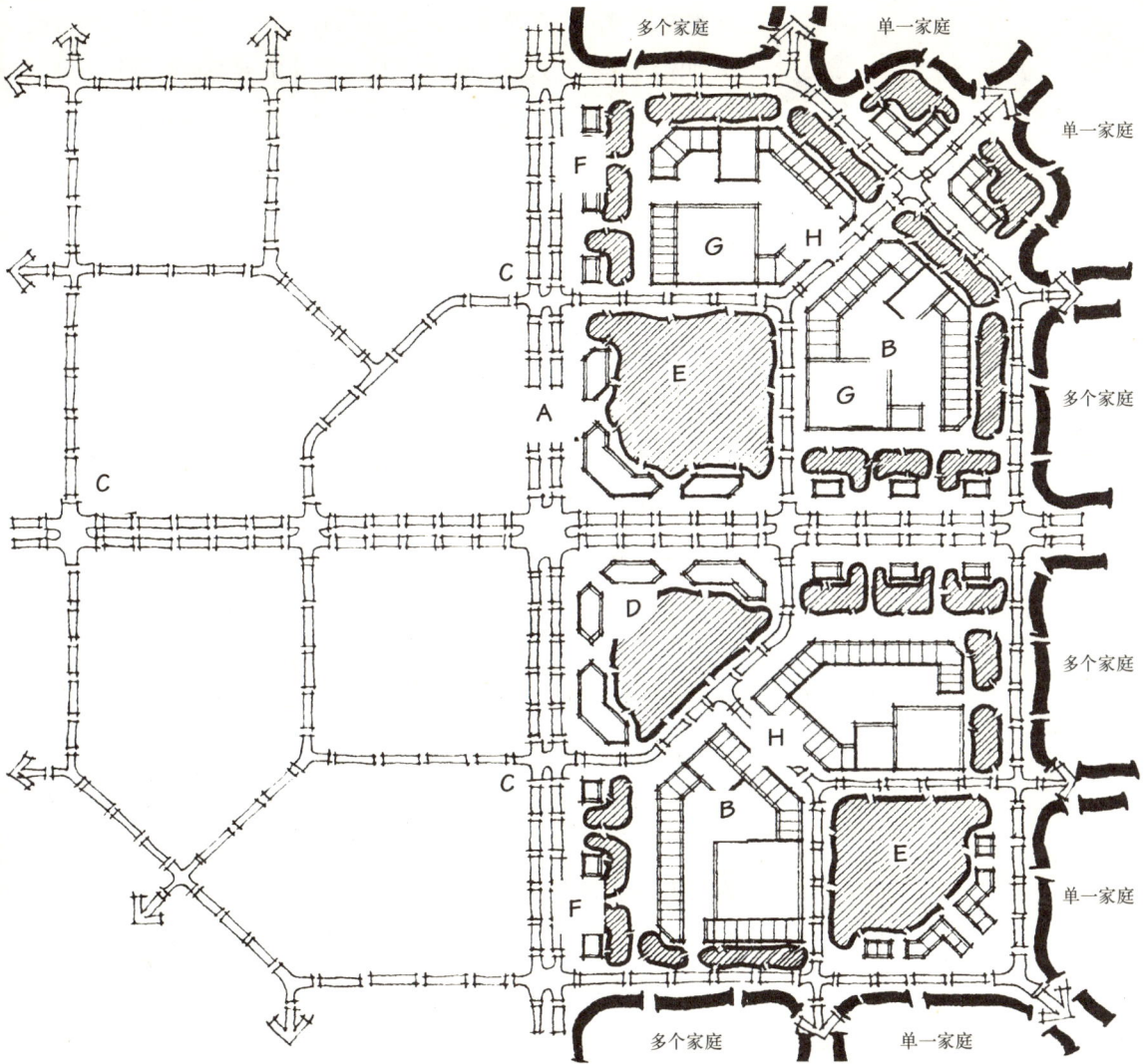

图 7.18 （A）路上没有明确的缘石打断，允许了过境交通的通行。(B)相连的内部服务区更有效，更便于管理，也不需要屏蔽。(C)市政用地的入口，将专用交通流从过境交通流中分离出来。(D)市政办公区设在主要交叉口上，营造了连续的街道边界，扩大了步行活动空间。(E)主要的停车区域被交通组织形式屏蔽了。(F)外向的街区建筑在保持立面效果与出入口联系的同时，提供了办公空间和商店。(G)主要的商店拥有了同样或更好的视觉效果。(H)邻里空间的主路处在中心位置上，为办公区和居住区同时服务（由特波特集团提供）

的主干路更明确地为社区服务。当然，这种方式并不是适合于每

一个道路交叉口。然而，一个更好的建设可以在更小的用地上使

商业中心形成一个整体。由于这一原因，当出于节约用地考虑，这种做法更加有效——因为土地的大小需要适应居住区的需要，同时作为一个区域的中心，必须具有一定可识别性。

商　场
CSD 模式

这些当今美国郊区的中心区，在许多实例里，地区级或超地区级中心很容易就占有60.7～80.9hm²的土地，并且以独立的巨大体量存在着。它们被主要道路界定着，也没有快捷的道路与高速路的连接。它们基本上只由商场组成，但是现在也包括大量的周边区域支持它们工作。这些区域除了办公区、旅馆、饭店、机动车服务和高密度住区以外，还包括邻里的或社区的购物中心和专业办公区。所有这些都需要分离地、独立地设置停车场。这些附属区域很易于在中心商场周边形成围护区，相互间也被巨大的停车场隔开。

在该设计中，主要组成元素是环路，它给定了商场的外部界限。除了偶尔的雨雪天气或自由停车外，从停车场到建筑间的距离有的只有30多米，而有的却达180～240m。这样做的目的显然是为周边环路所需的辅助设施，提供足够的空间，但当我们行驶在环路上，去寻找恰当的停车场时，就如同轮盘赌中白色小球的滚动，直到找到休息点才会停下来。

这种复杂形式是与区域道路要经由许多为区域道路服务的入口通路密切相关的。也是随意地去布置周边区域的典型表现。实际上，大多数设计的遮挡设施和缓冲区，就是作为规划中为减少单一和比例失调的结构所造成的消极影响来设计的。

如果我们考察一下结构本身，就会发现，原本要建设的商场与周边停车场间的关系与设计是相抵触的。商场的设计目的就是通过其显著的位置与独特的建筑形式来吸引顾客。这也就要求商

照片 7.9 在提供可选择的购物活动的同时，邻里的主干路增强了社区的整体性

场有足够的标识性，同时两个商场间应有足够的间隔。次一级出入口(直接通向小的商店)也没能起到很好的引导作用。然而这些更小的商店设在主要的商店之间，它们通过对交叉点的设计、商场的打折活动，以及季节性展示来试图吸引顾客。也就说，如果穿过主要商店的道路是重要的话，为什么要在它周围布置那么大面积的停车场呢？为什么不只在商店周边提供所需的停车场，而以更有效的方式布置其他停车场，如：办公楼、旅馆或高密度住区呢？

对于旅馆、办公楼来说，最主要的利用停车场时间是上午8点到下午5点。商业区是从上午9点到晚间9点。这就意味着在一天24小时中，大部分时间停车场是闲置着的。

项目分析：得克萨斯州，"东方之门商场"查塔努加

位置：得克萨斯州，查塔努加
开发商：查塔努加·哈密尔顿郡，地区规划委员会
设计团队：Dover kohl 及其合伙人
项目类型：20 世纪 60 年代的优秀购物商场的再发展

主要特征：

- 一个网络化的内部道路系统和街区布置。
- 建筑沿街道布置，设有停车场的公共区布置在外部。
- 建筑的排列形成了高品质的街道景观，也带来了更高效的使用价值。
- 为城市建筑设计了特别的形式。
- 综合使用功能的建筑。
- 与临近区域友好的步行联系。
- 林荫路延伸到主路上。
- 为未来的转换提供了可能性的合理布局。

项目设计构思

　　设计的目的是为城市的
Braineid区创造一个真正的中
心区。这就需要商场可以准确
地体现这一区域特色，即通过
在周边区域提供足够的停车
场，和重新让购物中心为附近
邻里和办公区服务。这两种手
段保证了这一目的的实现，设
计小组用了1周的时间与周边
居民、临近商业区的投资商、
城市政府机构，零售商以及交
通部门进行探讨。并做了一个
市场分析和交通分析来辅助设
计的完成。同时就项目发展是
否赢利的重要问题来预测市场
需求，那么商场将慢慢被传统
城镇中心的综合体所取代。

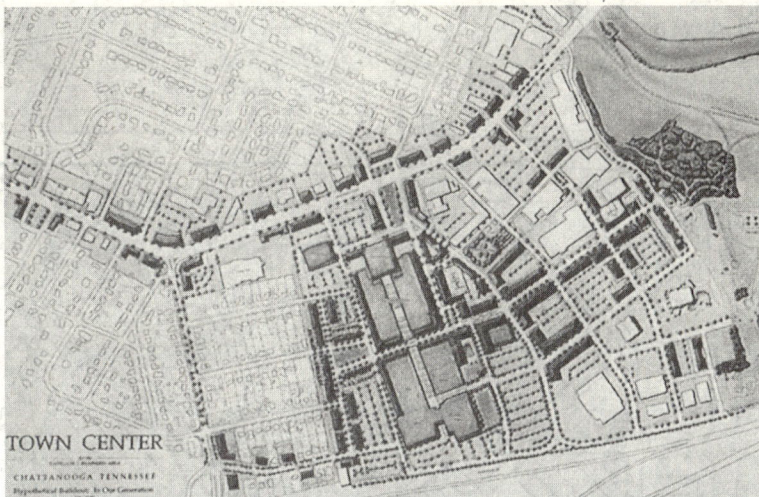

TOWN CENTER
CHATTANOOGA TENNESSEE
Hypothetical Buildout In Our Generation

Clothiers

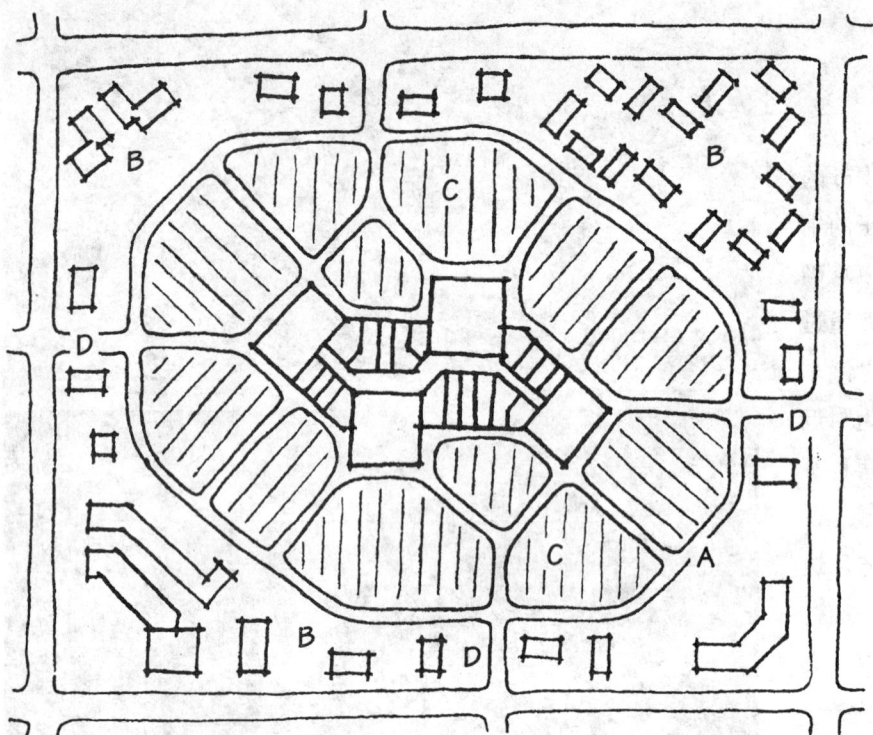

图 7.19 　(A) 典型的环型道路作为整个区域的主要结构形式并为其服务。(B) 各式各样互不联系的用途设置, 如: 饭店、银行、办公楼、商店和商场周边的居住区。(C) 大面积的停车场, 常常将商场与周边的支持结构相分离。(D) 与周边道路行成网络的道路, 只有少量的视觉标志, 所以需要更多的标识性和交通上的管理

如果我们考虑到这个结构本身的真正目的时, 大厅结构和停车场之间的设计用意就会有冲突。大厅的设计是为了吸引人们主要通过位置重要且强调建筑学风格的端位商场。这些就要求最重要的位置有最大的能见度, 而且要放在其他设计允许的范围内。直接通往小商店的第二个入口, 可以理解为阻止访问。然而, 这些在端位和有趣的设计中形成了填充物, 有趣的活动, 季节性的展览, 他们希望能吸引人们的眼球, 扩大规模。分歧就是如果采用通过端位的通道, 那么为什么要到处提供这么多停车场? 为什么不就近提供主要的且需要的停车场, 或者采用附近其他的停车场: 办公室、酒店, 甚至高度密集公寓住房或者是老年人的住房?

TND 替代方案

　　机动车是我们建设商场的主要原因。商场的存在是因为汽车, 汽车的存在是因为大部分人都没有生活或工作在一家商场附近。因此从一处到另一处需要大量的、供汽车通行的道路。这也

照片 7.10，7.11 你更愿到哪里去购物？

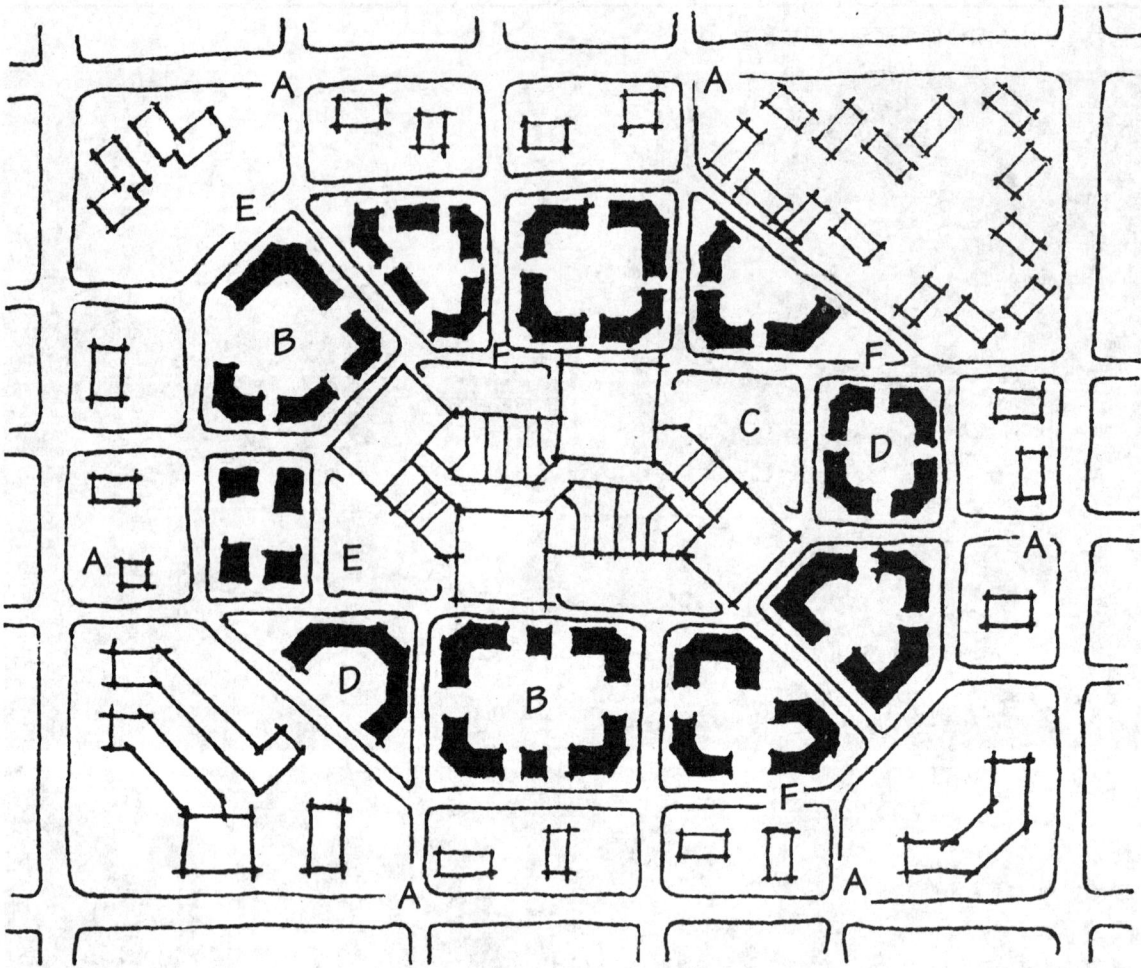

图7.20 (A)城市道路延伸到基地内,分散、缓解了交通压力。(B)环路与商场之间的区域,让新的发展很容易实现。办公楼、临街商店和高密度居住区都成为商场以外的用途补充。(C)真实的需要减少了不必要的停车空间。(D)在新的道路上,看不到布置在新结构后部的停车场。(E)随着新的发展,地面与结构底层停车场的利用率也提高了。(F)可步行的街道,减小了基地的庞大感,也鼓励了步行交通

让人们住得越来越远，需要更多的道路，从而另一家商场也就形成了。这种模式还在使用，大部分人认为商场是商业区布置的最高形式。这种最高级理论最初是在 20 世纪中叶形成的。但为了让其达到另一个高度，就必须再次对其进行设计。设计成为购物者而不是为汽车服务。

在传统的邻里设计理念中，商场和它们的附属用地应当作为一个整体发展，而不是像今天一样孤立地发展。入口通路与环行道路应当真正成为城市道路系统的延伸，并与周边区域有直接通路相连，这样可以减少社区道路的交通负担。

如图 7.20 所示，首先我们需要明确在有限的用地中，什么样的商场可以提供更丰富的使用功能(办公、商业、居住、甚至仓储、销售部门)。其次，我们要设计的是未来的商场，它可以为丰富的使用要求提供服务。如果附属结构可以按照这一章中所给定的方法进行设计，那么商业区的设计就不再是铺满柏油的孤立荒漠，而成为新型的郊区购物、社会与城市活动中心。但设计要结合现状，不应过于脱离实际及地段的原有特征。

小　结

伴随着社区中心的成长与发展中出现的问题——负担过重的建筑底层，缺乏社区整体感，各种社会经济团体的分化以及其给环境带来的压力，有证据表明，郊区的发展并不能支持其自身的发展。也就是说必须有新的模式形成，来保持社区整体性，并将它们完整地传给下一代。

我们郊区的商业区，必须通过再次处理其与街道的关系，提供适量的停车场，抑制机动车通行等手段，使其融入社区结构中。独立的基地规划必须被联系的设计手段所取代。商业活动应该根植于我们的邻里空间，来创造真正的城镇中心。

第8章

你愿意在哪里工作？

【摘要】

❖ 理解在郊区发展中，用计算的方法来确定办公停车是最普遍的一种方式

❖ 探索利用多用途的用地来替代单一的办公停车区。以此在郊区网络中创建出更传统的邻里空间

❖ 创造一种丰富的设计手法，可以将工作场所融入到社区之中，而不是将它孤立出去

社区的居民选择到哪里工作是依赖于许多因素的：包括教育、技能、培训，以及个人的兴趣爱好。虽然在社区中，人们可以到许多地方去工作，我们这里将视点主要放在郊区办公区的停车问题上。虽然停车问题只是工作考虑的一部分，但是的确它可以是郊区发展的象征，同时它也需要商业与零售业的支持。

办公区的停车区域

大多数的办公区的停车，都采用下述三种方式中的一种。①广场式；②独立自由式；③新郊区中心部分（如城市中的乡村）。街区一般为 $2\sim10hm^2$，也对临近的道路和控制线有慷慨的 $0.5\sim1hm^2$ 后退。郊区的人均办公区停车面积是 CBD 区的人均

面积的 30 倍。除了这些地块需要提供停车场外，这还应归功于低层的建筑结构形式。成功的办公停车区，需要附近配有一些其他辅助设施：合适价格的住房、文化娱乐设施、一所学院或大学、一个不错的技术学校，以及服务支持部分（商业、旅馆、托儿所、饭店等）。最初，独立的办公区不是 CBD，它独立地布置在城镇外的道路旁。这种做法在现在是被排斥的。

广场式停车的发展

广场式停车是当今大部分发展商的主要选择。这种形式被建筑层数低、占地面积大，而又与其他办公建筑相分离的办公区所采用。它们有广阔的用地，也有大面积的停车场。更易于被认同的发展形式，保持了建筑风格和景观的一致性，也与政府的规定很切合。合约与规定保证了建设的标准水平。标准水平是包括，最小的建筑与停车场后退街道与控制线、景观引导线、停车场、被限定的使用功能、被采纳的建筑材料与基地范围（是不可以被替换的），以及地方法令等。合约与规定可以帮助居民消除因周边区域建设停车场而带来的影响。因为人们认为在限定条件下的发展，要经过更好的设计，同时也具有更高的水平。

这些附加的规定，可以或不能保证一个更好的结果。其结果往往是更大的后退，以及在高密度区与低密度区之间留出更开敞的空间。还经常是在更广阔的用地上建同样底面积的建筑。这也就需要铺设更多的道路，离发展区更远的大规模街区，增加的公交距离，与无望解决的大量交通。——这种做法并不是去解决场地规划中最基本的问题，而是一开始就先迅速地制定限制条件。

"在那些与城市相邻的区域里，应该作为城市的特区进行规划和组织，并与现存的城市模式成为一个整体。不相邻的发展区应该组织成乡镇、乡村，它们应有各自的边界，并规划考虑其内部工作、居住的平衡，而不只是建设成卧城。"

——新城市主义议会宪章

城市的边缘化

最近时期的一个现象是城市的边缘化或城市的乡村化，这两

照片8.1 自由独立的结构形式：大盒子式的立体停车场

个称谓意思是一样的。不断增长的用地与发展投资，导致这种典型的广场式停车沿纵向发展。让它与高耸的办公楼、公寓、大厦在网络化的道路、车库和地面停车的联系下，形成了一个整体。这些既不是城市的区域，也不是郊区的区域，在办公职员等方面与城市中心区进行竞争。

从大的方面来看，它们或多或少的与常规的规划方法相对立。最初，大部分设在城镇近郊的次一级道路的交叉口处。随着住区的发展，大量的土地被吞噬，城市中心区变得难以维持，地价的上涨、办公区的纵向发展，商业和居住产业发展投资变得更加昂贵了。然而，大多数停车还是采用了广场式的组织模式。这种盒子式停车场形成的自由独立式的建筑形式，需要昂贵的代价。同时也未考虑到其与道路和建筑的关系，建筑师们也在致力于超越其他人，而不是去努力推出"革新的设计手法"。

近40年的发展趋势是：在城市边缘区靠近新的居住邻里区的地方，设置郊区办公停车场。因为当州际高速公路没有在这里设置，或此地的交通需要无法得到满足时，这些区域为短期的交通转换提供了服务。

伴随着州际高速公路的发展，带来的后果是：在过去的几十年里，郊区与郊区间的旅行转换远远超过了郊区与中心CBD区的旅行转换量。当郊区的边缘部分完全向办公停车活动开放时

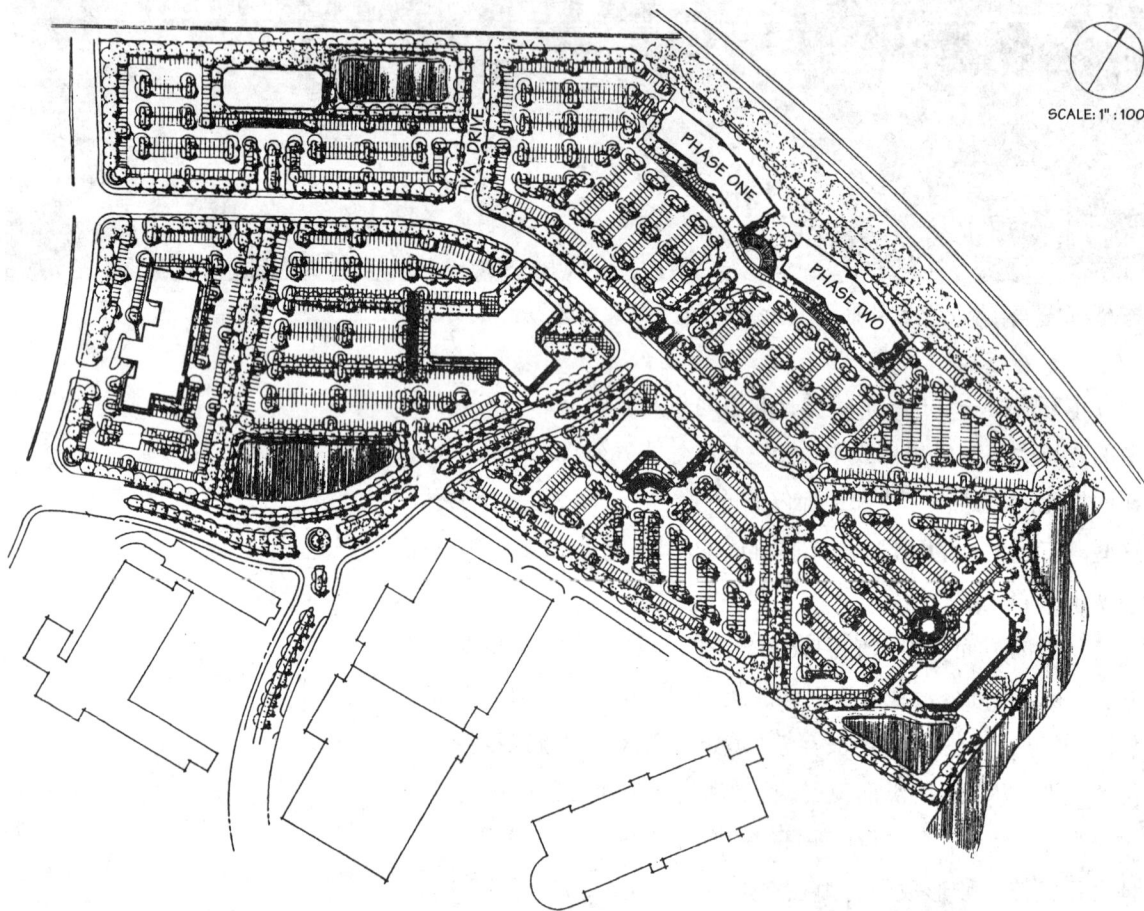

图8.1 典型的办公停车场

(特别是在州际转换部分)，常见的街区便是为办公区和公司总部在附近区域内提供所有的运输方式。这些似乎已经成为市场竞争力的重要组成部分。作为一个额外的优点，引人注意的场所，不仅对公司甲方和建筑师具有号召力，也使员工可以住在基地附近，从而上下班时路上耗费的时间也减少了。

除了优点以外，高速公路的立体化也导致了郊区停车区从周边邻里中分离出来。虽然很接近，但与居住区没有什么密切的直接联系。也就迫使人们认为所有的道路都应供机动车行驶。它们低密度的发展计划，禁止了一切为大量转换交通提供服务的努力。除非在附近设立一家大型商场。今天，让基地里发展区越来越远的做法有不断增长的势头。那么也就需要依靠更多的机动车交通，这与员工的真实需要是背道而驰的。

发展模式

CSD 模式

太多的时候，为了街区的发展，多样的用地性质被牺牲了。街区通常拥有一个类似的物理环境，停车场的设计是被用来限制街区大小的，所以也营造了类似的用地性质和场地规划。因此一个办公区的停车场与任何其他的办公区停车场没有什么差别。另外，对单一用地性质的热衷(考虑到土地的买卖)，也增加了建设停车场所用的时间。

TND 替代方案

土地的多种使用性质，需要与办公区停车场的设置相结合。这并不是指将用地靠近停车场的边界。但除了与街道相通的出入口外，还应设计其他的联系。商业、高密度住区、工作，甚至是一个单独的家庭，都应该被考虑，成为一个设计成功的停车场的使用者。希望居住区与工作区相邻近的群体，在社会中占有很大

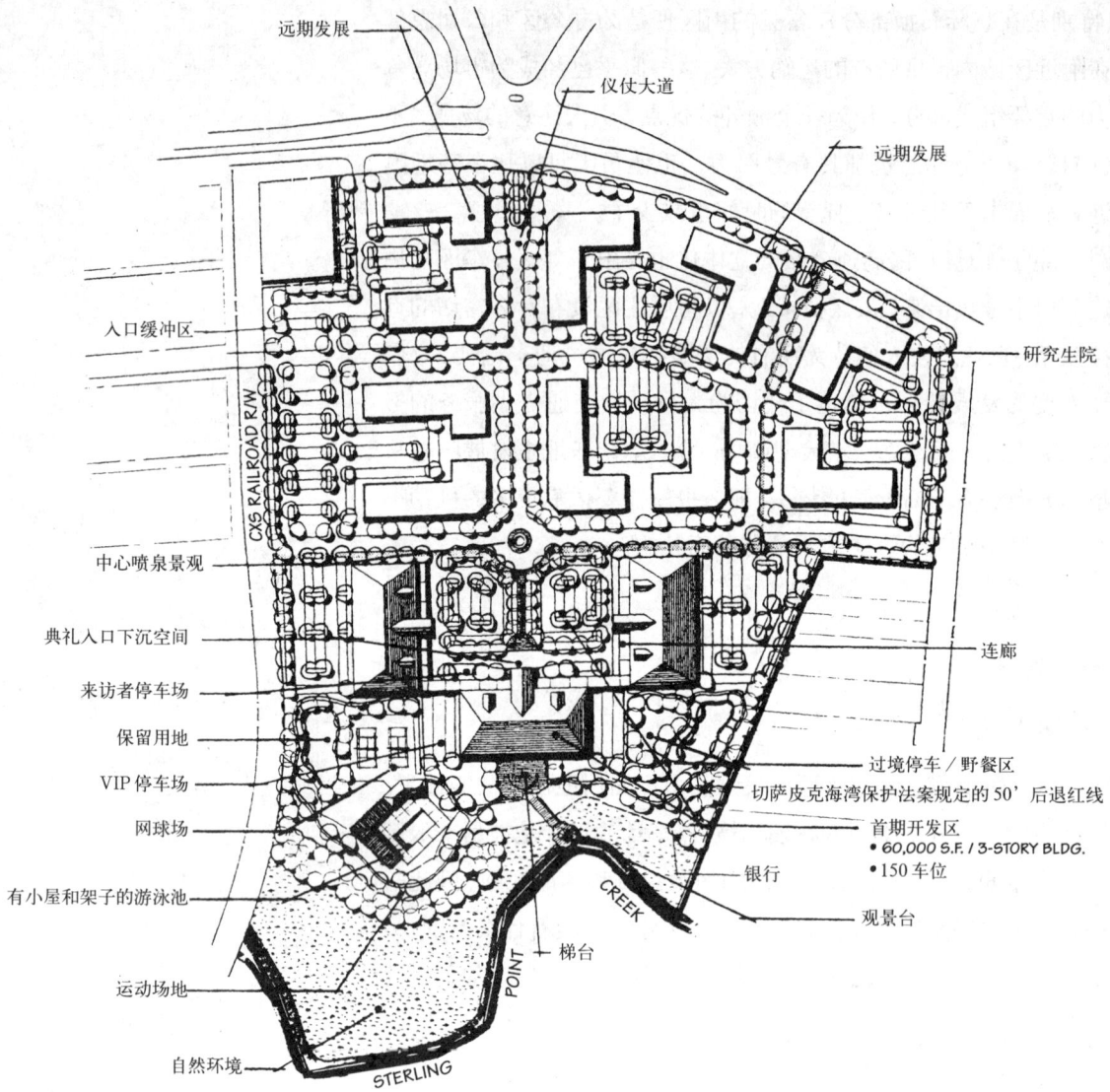

远期发展

仪仗大道

远期发展

入口缓冲区

研究生院

CXS RAILROAD R/W

中心喷泉景观

典礼入口下沉空间

来访者停车场

保留用地

VIP 停车场

网球场

有小屋和架子的游泳池

运动场地

自然环境

STERLING

POINT

CREEK

连廊

过境停车／野餐区

切萨皮克海湾保护法案规定的 50' 后退红线

首期开发区
• 60,000 S.F. / 3-STORY BLDG.
• 150 车位

银行

观景台

梯台

用地平衡表

• 用地	15.5 ± AC.
• 自然状态用地	5.0 ± AC.
• 剩余用地	10.5 ± AC.
• 总办公面积	180,000 S.F. (60,000 S.F./PHASE)
• 地面停车面积	450 SPACES (150 SP./PHASE)

图 8.2　中心区用地

比例。交通量的减小、更有效的土地使用率、由于全天都有人活动而带来的安全感、毋庸置疑的缩短建设时间,都只是这种设计方法所带来的优点的一小部分。提供了居住、办公和商业等用途,它们也有方便的交通来彼此联系,从而创造了它们之间更强有力的整体关系。办公区需要供应与支持服务,员工需要一个可以吃午餐的地方。在午休时间或下班后,也可以在此购物。居民需要与专业服务部门有直接联系(医生、律师、保险等)。商业区需要白天与晚上都提供服务。所有的使用要求相互依赖,也因此得以生存。实际上,如果它们相隔400~800m时,人们便可以步行去想去的地方。

CSD 模式

郊区办公停车区,只是郊区的一部分。街区前15~18m的空间,可以用来买卖和未来的发展。这种手法对于居住用地是很合适的,但它也导致了盒子式的停车形式。建筑位于停车场中央,彼此互相分离,几乎不鼓励人们在其间步行。实际上,任何形式的机动车直接联系通道也是很少的。一些重要的公司总部就是典型的例子。它们与另一个办公中心相距甚远,并被树林包围着。这主要是为了满足执行长官的需要,而没有真正考虑到城市与郊区的土地应该如何利用。创造这种内向的办公中心,相隔又如此之远,就连商业中心也没有什么联系的设计手法是很可笑的。在这种情况下,许多公

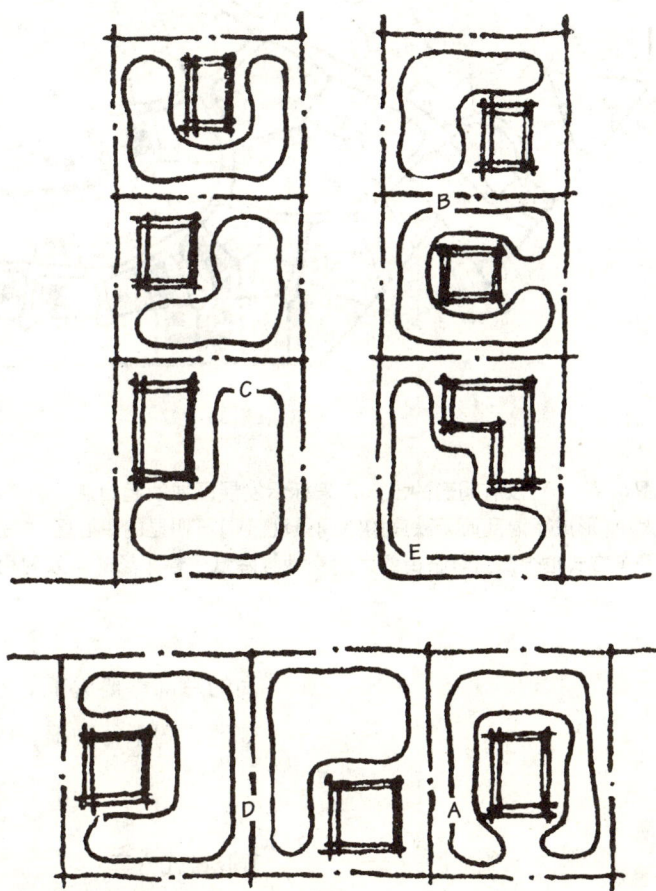

图8.3 (A)因为建筑的落位太多变化,所以觉得空间中的各元素之间完全没有联系。(B)各种各样彼此毫无联系的建筑后退红线,使街廓琐碎而不完整。(C)即使只有一点点,在两个停车区域之间也应该有所联系。(D)建筑和硬质铺地之间的距离,拒步行者于千里之外,缺乏交流气氛。(E)从街道望去,所见到的基本是铺地

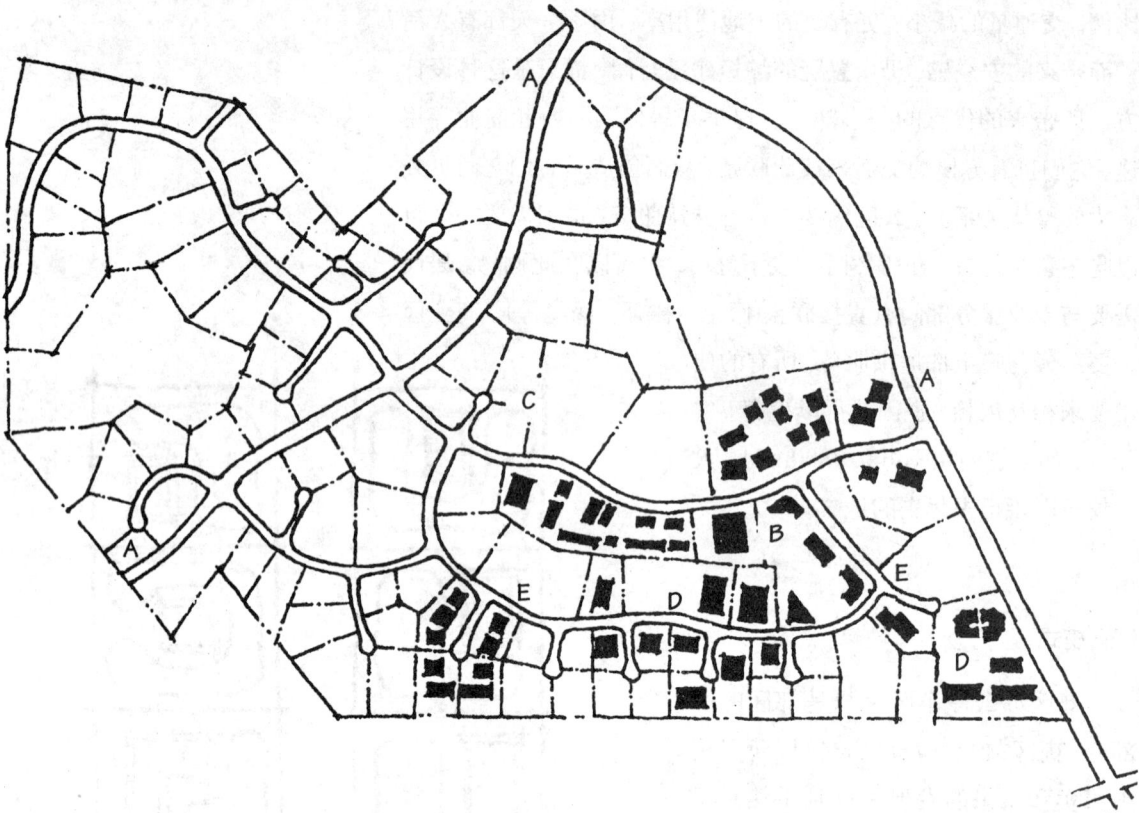

图8.4 (A)没有明确的出入口来标示发展区域的起始点。(B)各种各样的建筑布置形式,建筑的尺度和街区的大小,形成了混乱而无秩序的空间景观。(C)不明显的中心区,失去了发展的潜力。(D)由于缺乏明确的街道边界,停车方式也很乱。(E)临街的大量空地,降低了停车场的有效利用率

司的总部需要成千上万的员工,他们为了到达停车场,需要穿越郊区,驾车行驶很长的距离。

TND 替代方案

建筑应该沿街布置,并且相互之间及它们与道路间应形成联系。不应创造孤立的发展商和建筑师的纪念碑。我们应寻找结构上的联系,去建设连续不断的街区形式。通过注意建筑的设计,也可以为停车场带来很大的改观。是否有人知道,如果我们遵循

这种做法，我们还可以为郊区办公停车区创造一个良好的街景。

在发展迅速的区域里，建筑的布置形式可以靠近街道的拐角，同时在距转角一定距离的地方开设通向内部停车场的直接通路，与其他办公区连通。通过减少道路缘石的打断，在屏蔽了停车场的同时，也增强了街道景观的美感。

CSD 模式

大部分开发商为了使停车场更适合市场的需要，从而过度地建造了停车区域。他们认为额外的停车场的可利用性，使开发项目更容易租赁出去。结果就造成了过量的停车场的场地内过度的铺砌。在令环境质量下降的同时，也创造了一个无魅力可言的场

照片8.2 建筑应该沿街布置（由 Hanbury Evans Newill Vlattas 提供）

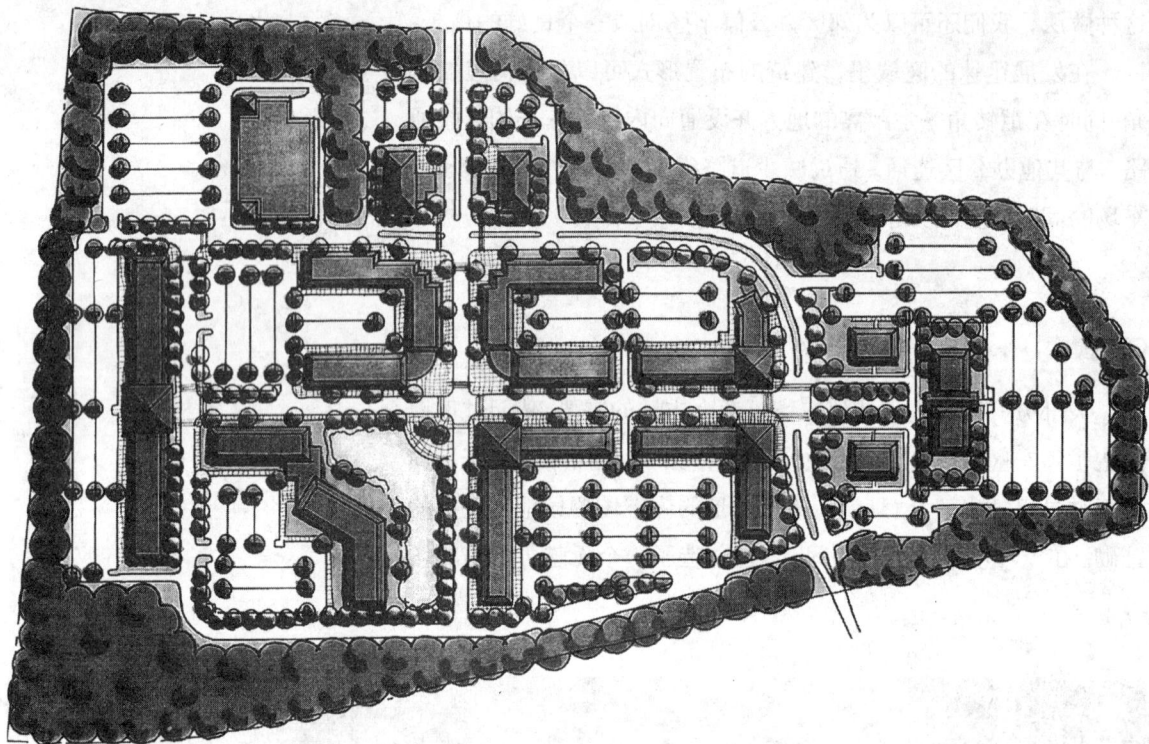

图8.5 办公用地应该是城镇中心区综合用途的一部分

所。当市政部门规定停车区必须在场地内设置，而不能沿街停放时，情况变得更糟了。

TND 替代方案

市政要求停车场只为租赁建筑服务，所以建筑的底层常用来停车。停车区包括所有休息室、预留用地、外廊、楼梯和门厅——这些与租赁无关的空间。不计算这些空间，可以将停车空间减少10%～30%。市政是不允许设置比需要更多的停车场的，除非通过各种途径进行呼吁。

另外，主要道路通常对停车场有直接的通道，如果允许一部分办公停车在道路上解决的话，那么停车场的使用率也会相应的提高。这种做法是很有利的，尤其当建筑沿街布置，而不是在基地后部时。大部分人不愿意从停车场到办公楼步行超过90m。街道停车也是出于对财政方面的考虑。成百上千万的税收被用来建设道路，作为各个独立地块间联系的纽带。这些道路只是在高峰时期才被充分利用，而平时都很空闲。通过允许在特定路段停车，纳税人可以节约更多的经费。同时更多的土地可以留出来用作绿地或继续开发。一般说来，一个停车场须投资1000~1500美元。可想而知，投资商都缴纳了这笔额外的开支。

照片8.3　当人们行走时，被迫与行驶的车辆相邻，他们会感到很不舒服的

项目分析：明尼苏达州，七个转角的入口区

位置：明尼苏达州，圣保罗
设计团队：城镇规划设计事务所
项目类型：城市空间填充

主要特征：

- 基地与商业区相邻，旨在建设一个可以吸引居住、医疗和贸易活动的场所。
- 邻近街区的复兴与再开发，带来了大范围的城市旧区的更新与发展机遇。
- 规划注重社区的原有的特色元素，它的传统的街道和街区模式，通过明确的道路系统和宜人的步行路、自行车道和机动车道的设计而得以更好的体现。
- 通过将西第七大街的三个街区看作是从城镇中心进入周边邻里的入口，而进行的整体设计，从而带来了新的商机。
- 设计为那些喜欢城市生活的活跃的社会阶层、新型家庭或单独的家庭提供了机会。

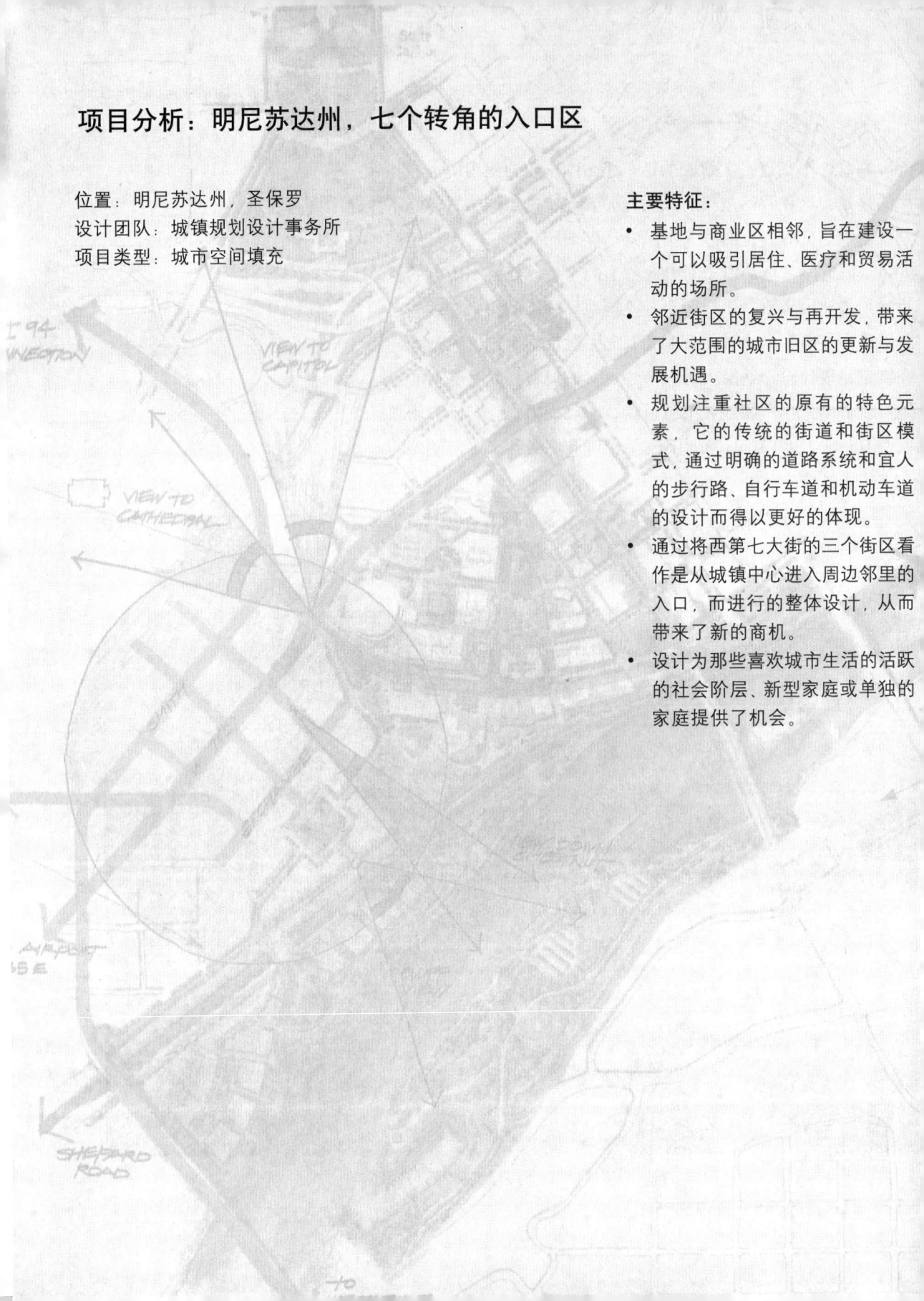

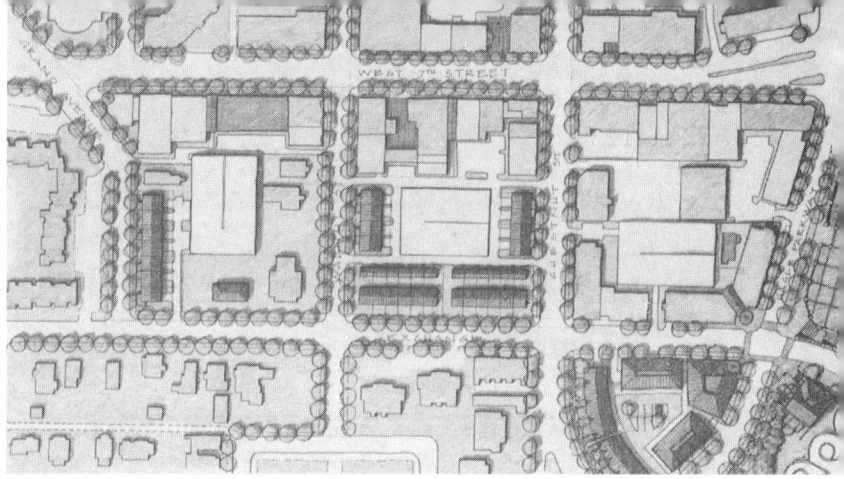

项目设计构思

此项目建设的目的是在现存的邻里街区中，通过对建筑的再设计，创造一个可供人们生活、工作、购物和活动的城市空间。凯洛格－布尔瓦／伊格尔－帕克韦（Boulevard/Eagle Parkway）是城市的七个转角的入口区与圣保罗中心区之间的连接部分。它主要的作用是缓解圣保罗中心区的交通压力，同时也提供了一些通路通向儿童／联合医院，西第七大街的商业区，欧文广场区，密西西比河边的峭壁，市中心娱乐区（河流中心、科学馆、明尼苏达州的野生动物园）等。设计小组用了四天的时间来调查住宅的、商业的、娱乐的，以及医疗的投资商对于停车场、交通组织和城市设计等方面的需要。工作的内容包括组织一个工作组，与社区领导交谈，召开设计会议，以及一个晚间的汇报会。

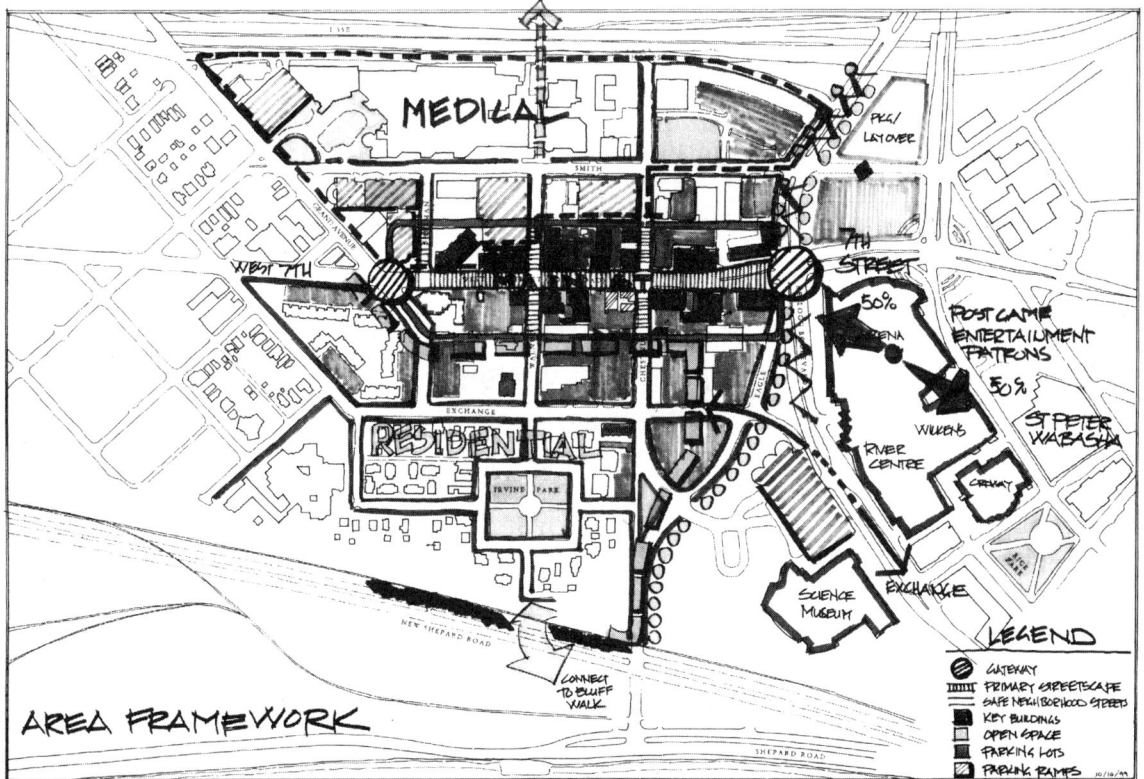

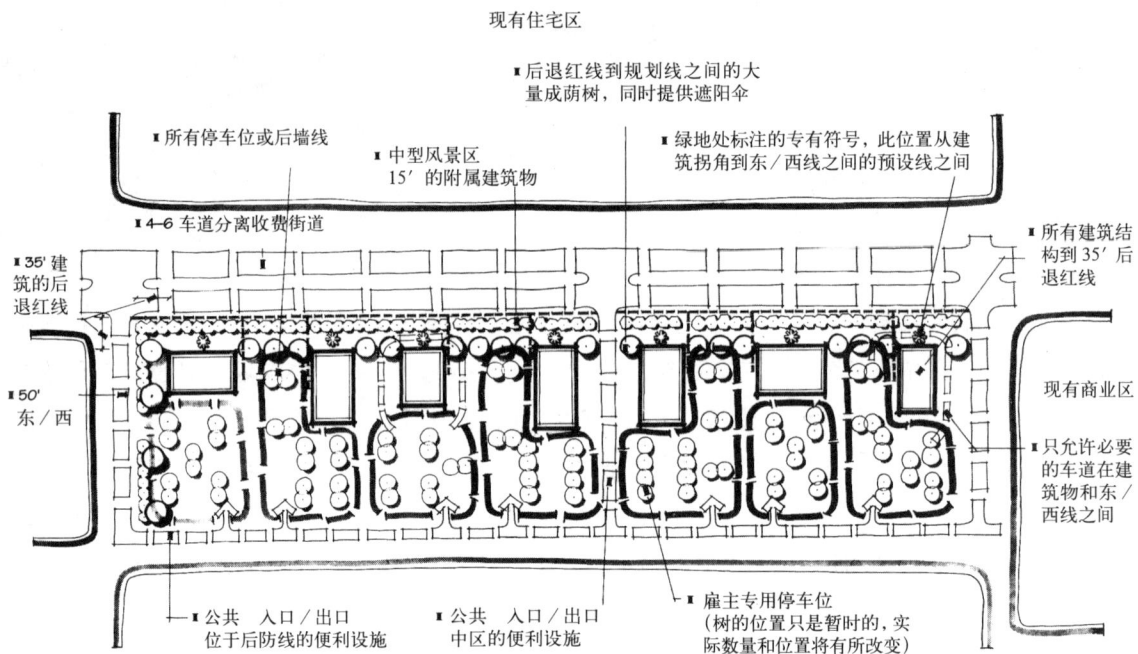

现有住宅区

■ 后退红线到规划线之间的大
量成荫树，同时提供遮阳伞

■ 所有停车位或后墙线

■ 中型风景区
15′ 的附属建筑物

■ 绿地处标注的专有符号，此位置从建
筑拐角到东/西线之间的预设线之间

■ 4-6 车道分离收费街道

■ 所有建筑结
构到 35′ 后
退红线

■ 35′ 建
筑的后
退红线

现有商业区

■ 50′
东/西

■ 只允许必要
的车道在建
筑物和东/
西线之间

■ 公共 入口/出口
位于后防线的便利设施

■ 公共 入口/出口
中区的便利设施

■ 雇主专用停车位
(树的位置只是暂时的，实
际数量和位置将有所改变)

图 8.6

CSD 模式

无论是郊区办公停车区内部还是外部的道路，都缺乏围合感。宽阔的道路不是为行人设计的，尽管它通过市政设施进行必要的安全防范管理，仍是不行的。另外，在不远处设置一个停车场，办公建筑布置在场地后部，以及街道过于开敞的步行道都让人觉得很容易受到攻击。一般说来，人们在开敞的步行道上步行是不舒服的，尤其是当行走时又与机动车交通相邻。虽然有地方可以步行，但很少有人愿意去尝试。除了在公共汽车站以外，很少看到行人，能看到的只是电话亭。

TND 替代方案

通过让建筑临街布置，将停车场设在建筑后面，一个更亲切

的人行道就形成了。建筑形式可以多样化，通过丰富的色彩、质
地，与街道形成一个更密切的联系。行人的空间应该很好地规
划，街道的设施应该提供遮阳设计和丰富的色彩。人行道与车行
道应该有至少 2.4m 的间隔，遮阳树应栽植在人行道中心约 11m
的地方。街道的设计也可以为储藏、休闲提供空间，而不单只是
装饰设计。

CSD 模式

通常在特定的区域中，地区的道路系统对于该区的工作、居
住的平衡是一个阻碍。大多数区域内大尺度、高速度的交通系
统，很有可能让居住区与工作区相距很远。当然也很可能住在城
市的一端的人，到达郊区办公停车场所需的时间，要比住在停车
场附近，却被迫使用城市道路系统的人们所需的时间还少。将注
意力集中在办公区上，你会发现地区交通压力更大了，也需要更
多、更远的行车距离。当然，低密度的郊区办公区的发展，可以
通过它的场地规划而缓解交通压力，因为它已经为基地外的交通
支付费用了。

TND 替代方案

市政的综合性规划，需要郊区办公停车区在整个区域内分散
开来，也可以在整个区域范围内为办公区的发展提供机会。地区
道路应与地区办公区紧密联系，从而让其与周边街坊有直接的入
口通路。同时到达办公区要经过居住区和商业区，这种体验是令
人愉快的。如果可以选择的话，大部分人会选择地区的林荫大
道。就两个收入不同的家庭来说，这样的设计至少鼓励一个家庭
的成员在当地的办公区内工作，另一个则在较远的地方工作。而
且后者可以开车将前者送到其工作地点。

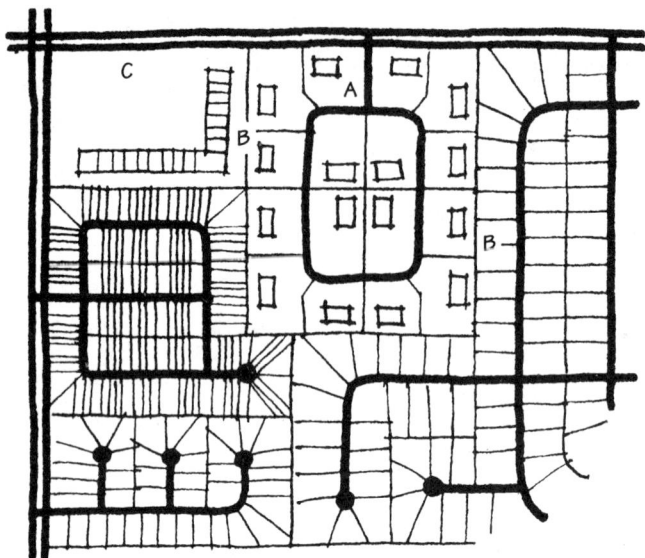

图8.7 （A）由于通向停车区的道路是单一的，因此邻近的区域也需要外部道路提供入口通路。这抑制了穿越活动，也令外部道路交通状况恶化了。(B)不同用途的用地间需要更大的后退、栅栏和缓冲区来将它们分离。(C)商业区的入口通路只由外部道路提供

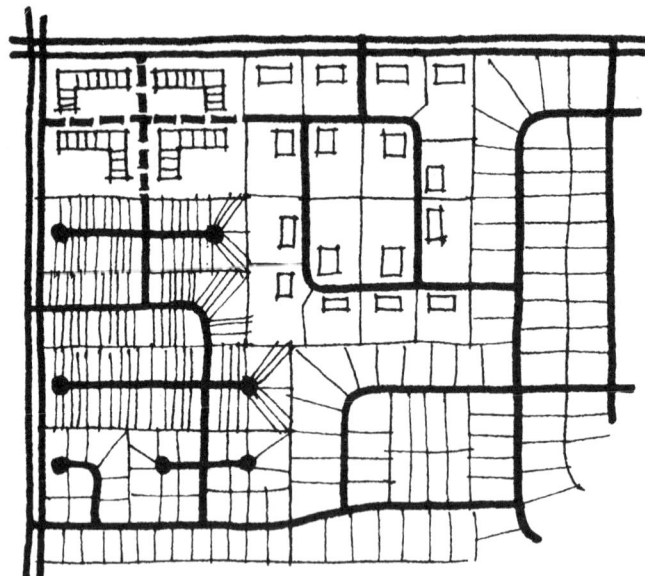

图8.8 道路的联系鼓励了在区域内部不同性质用地间的间接联系

CSD 模式

在距郊区办公停车区不远的地方，设置其他性质的用地，而它们之间并没有联系，也就不会有更大规模发展的可能了。它们的分离反而会带来许多不利的影响。大部分市政设计都设计了栅栏和缓冲区，来软化两个区域的边界。区域的边界只是图纸上的界线——与我们的城市与郊区中的棋盘式土地利用相比，这些没有价值的线似乎更加重要。他们并没有直接面对不同性质用地间的摩擦的存在，而去寻求解决的方法。而是依靠添加界线来消除冲突。

TND 替代方案

一般说来，通过便捷的道路系统、建筑布置和停车场布置来提供自然的用地过渡，是一种较好的设计方法。它只需要一点点努力，去设计开敞空间、循环体系和结构中的一些元素，就可以在发达区和发展区中拥有多种用途的土地。如图示8.7,就可以通过在用地间加入更多的联系，而变成如图8.8所示。这不是一个理想的形式，但它的确可以描述出通路是怎样加强区域间联系的。在第9章，我们将去发掘这个区域是怎样真正成为对用地性质进行自然转换的区域的。

照片 8.4, 8.5 你更愿意到哪里工作？

小　结

郊区办公停车场内部或周边的用地,应该被建设成有综合用途的发展区。通常,因为场地中不同的活动在更长的时间内进行着,比起单一性质的场所来说,综合用途的用地为土地带来了更高的价值。今天普遍存在的生硬的交界线,也可以被去掉了。否则,我们就会看到更拥挤的交通和更长的交通距离。我们在近些年里自由地使用廉价的燃料,和无联系的高速路系统的建设,也将被这种形式的城市发展所替代。我们需要建立一个有多种适应性的可替代方案,使得无联系的区域形成一个社区,而不是把它们当作是互相分离的部分。我们需要更多地考虑邻里空间,更少地考虑空间的再分割;更多地考虑内部联系,更少地考虑空间的互相屏蔽;设计更多的通路,更少的限制。简而言之,更多地考虑形成社区,而不是分散的用地。

第9章

你愿意到哪里休闲，娱乐？

【摘要】

❖ 了解过去公园与开放空间是怎样被利用的，这有利于更好地进行今天的设计

❖ 让它们成为邻里和社区整体的一部分

❖ 去组织各种元素，而不是用剩余的土地去满足绿化要求

❖ 为设计程序和布置方式制定导则，这样设计就可以按照意愿实施了

开敞的公共空间在社会发展中的重要作用是不容置疑的。

从希腊的广场到纽约市中心广场，各种形状、尺度的公共空间可以证明这一点。所有的文化都将这种空间的设计放在一个重要的位置上，似乎也意识到它们对市民生活的重要性。实际上，美国自18世纪以来，这种重要性就得以体现了。可是最近，这些空间所扮演的重要角色似乎被遗忘和忽视了。

最初，公众的开敞空间，不仅是休闲、聚会的场所，也是从事商业、贸易和政治活动的主要场所。它们是社区的中心，并布置有许多主要建筑——教堂、同业行会、文化建筑，和不错的居住区。它们或是与这些空间结合，或是围合形成了这些空间。以欧洲人的眼光来看，开敞的空间是设计的灵魂。而建筑只扮演一个小角色，是空间组成中纵向的元素。这些空间几乎全部是铺

装，同时提供了灵活的活动空间。因为周边的用地是不同的，所以活动形式也就不尽相同。在美国，开敞空间可以是由道路环绕的绿色空间。

这种形式的开敞空间，在美国一直占有统治地位，直到丹尼尔·伯纳姆和弗雷德里克·劳·奥姆斯特德于1893年在芝加哥举办的世界博览会上的合作，才得以改变。根据当时流行的"城市美化运动"，他们利用古典的设计手法和风格，采用广阔的林荫大道、华丽的文化建筑和绿化空间作为视觉焦点，创造了一个真正的纪念性城市。"城市美化运动"是从拿破仑三世与奥斯曼的巴黎改建规划开始的。这可能是第一次城市更新运动。

这一运动触发的对城市不同的理解，它允许越过城市边界，与开敞的空间有直接的道路联系。然而，由于第一次世界大战，这种将开放空间纳入城市网络的做法停滞下来了。在那个荒凉的时代，不再去重视所谓的华丽、雄伟等不实用的部分，而去注意那些更实用的部分。而随着这个坦率而荒凉的年代的结束，林荫大道也就被高速公路所取代了。

20世纪50年代，第二次世界大战过后，经济的不景气，令城市的结构与开放空间的定义都发生了变化。控制性规划是为城市与郊区的发展提供控制性条件。开放空间只不过是发展区与待发展区之间的空地。公园与娱乐的概念发生了分离，只有需要使用球场和游戏场的活跃运动才被特别的重视。由于人口的猛增，这些设施经常与初高中联合设置。

在大量的人群涌向郊区的过程中，以进步为借口，牺牲了为我们服务了几千年的统一社区的设计理念。开放空间只是郊区发展的剩余用地，这些用地有的是没有开发的必要或是距离开发区太远，不适宜做进一步的开发。在30到35年的时间里，社区的开放空间由原来的与社区结构处在同等重要的地位，变成了次一级的社区元素。在同一时期里，交通工程上的变革为我们带来了高架轻轨和立体交通系统。建筑也被限制对高速公路开口，同时现代化运动带来了孤立的、让人难以亲近的建筑物。可以这样

"公园、乡村绿地，和社区花园应该分散到邻里社区之中。保留用地与开放空间应该用来定义和衔接不同的邻里社区和行政区。"

——新城市主义议会宪章

说，这两次变革对于社区设计理念的破坏，比任何其他因素对社区的破坏都要大。

运动空间与大众空间

的确，在过去的10到15年里，又有了新的发现。这一点会在城市中心区的社区空间中，特别是城市的滨水地区中得以体现。对滨水公园建造的空前热爱与积极的态度，体现了人们对当今城市开放空间的渴求。这些城市公园(不是娱乐场所)建设的成功，满足了人们可以在公共场所聚会、娱乐的要求。当然类似的手法也可以在郊区规划中使用，因为这种开放空间在那里也是极度缺乏的。实际上也可以说是伯纳姆和奥姆斯特德以他们的手法在设计城市的开放空间。

现在，郊区的开放空间有两种形式：①为有组织的活动提供活动空间(垒球、网球、游泳、足球等)。②保留用地(漫滩、湿地、峭壁、输水道等)。前者是为周六早晨的足球比赛以及整夜的垒球比赛服务的。后者经常是位于偏僻的地方，或者是环境的敏感地带，所以也就不易于被利用。

在郊区很少有那样的地方——人们可以轻松地来到户外，与大自然进行交流，还可以在那里野餐。这就是问题之所在——过多的精力放在只是在有限的时间里，有限的人去活动的娱乐活动区的设计上。在休息的时间里，这些地方没人使用。这样不仅对群众来说没有意义，对于用地的使用和税收的花费都是没有效果的。

然而，当我们变老时，将棒球手套留给下一代时，开放空间有了另一项作用，与伯纳姆和奥姆斯特德的想法很类似的作用。因此，对于娱乐和开放空间来说，一种不同的看法产生了，这种看法可以满足我们的愿望、理想和对未来的需求。要实现这种想法，我们必须从规划、选址和设计等方面入手。

照片 9.1 保留区是郊区开放空间的一种形式

规划方面

每个人都有平等的通路进入公园。这一场所应该为所有年龄层次与社会阶层的人提供服务。年老的、年轻的、男的、女的、富有的、穷困的、爱运动的、不爱运动的，都可以在每个公园内找到适合自己的活动。太多的时候，设计的重点就是为有限的人群提供体育活动场地。当设计为垒球或溜冰运动提供了场地的话，就会优待一部分使用者，而另一部分使用者则被抛弃了。另外，这也导致了为特别用途而做的特别设计，即意味着每个人都可以驾驶着机动车进入场地。

同时休闲和娱乐的区别也应该得到更好的理解。休闲是由时间和经历来定义的，而娱乐是活动和空间的范畴。一个是为了陶冶情操，一个是为了自身的需要。我们必须抛弃那种将两种用途等同对待，或将球场作为是否满足休闲需要的一个标准的看法。当今，设计的重点显然放在娱乐或活动的安排上，所以休闲区常常被放在不便于利用的场地里。这样做的后果是，市民们的多种需要无法得到同等的待遇。

与时下流行的想法相反，大多数人的休闲时间比上一代人少。从经济角度来看，传统家庭带来的日益增多的问题，需要家

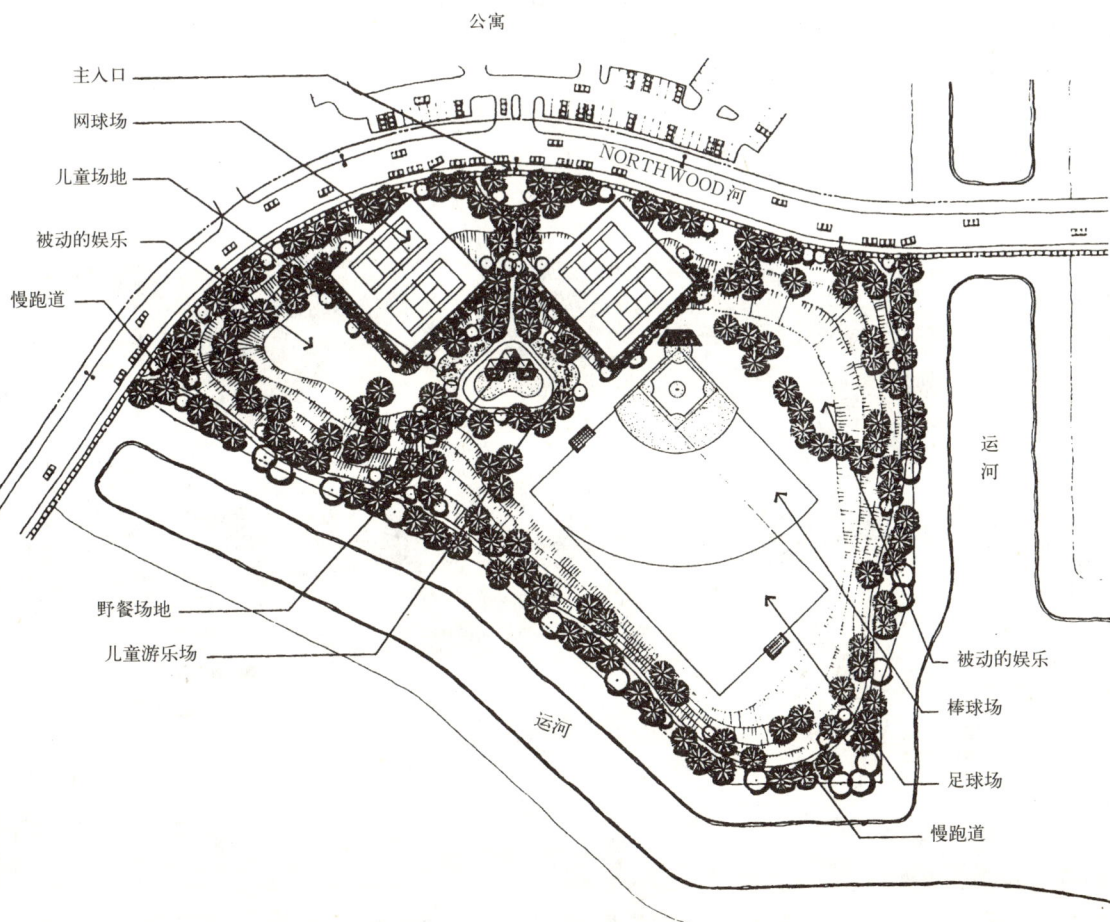

图9.1 为有组织的体育活动提供的空间，是郊区开放空间的另一种形式

庭成员花费大量的时间去解决。这样一来，公园的利用率和人们到公园去的时间都减少了。对于20英亩（80.09hm²）或更大一些的公园来说使用是不方便的，因为对于人们的精力、时间，它的方便程度及其给人们带来的恐惧感，使这些公园都不如邻里公园的使用率高。我们应该重视使用更频繁的邻里公园的设计，让它们有更方便的道路系统，有更熟悉的结构形式，更容易观察到的各个部分，也就会更有归属感。

伴随着不断增长的工程预算，使市政的公园、娱乐设施和开放空间的建设，受到了抑制。邻里公园是一个很好的实践机会。如果有机会的话，大多数的邻里居民很乐于去负责他们所熟知的邻里公园。另外，这为居民培养了主人翁责任感，也令暴力犯罪率降低了。

照片9.2 在许多郊区市政建设中，邻里公园越大，效果就越好。但当它们过大时，只有少量的居民有合适的步行距离，大多数的父母是不允许小孩子单独去公园里玩的

好的社区设计将开放空间和绿地空间作为规定设计的元素。边界，也就是说给区域提供了一种连续性和相互的转换关系。这种做法不仅提供了节奏感，也增强了人们处在不同空间或城市一角的新鲜感受。我们可以向不同的空间引入绿化，如：高尔夫球场、环保区、农场、剩余的森林，甚至是公墓。利用这些视觉上的开敞空间不仅花费少，而且有助于营造社区的氛围。

正如开放空间所提供的用途，或为社区所做的贡献，它们应该像道路和设施那样网络化地布置。它们应该是连续的、可进入的，和易于识别的。

发展模式

CSD 模式

市政区域常常要求适当比例的开放空间，就像每小块的居住用地的绿地一样。但对于发展商来说，设计师并没有给出明确的应将其放在何处的指导。发展商经常得到一些诸如怎样的球场可以满足运动的要求等指导。例如：排水组织系统的布置是有要求的，要求发展商将其布置得合理化。然而在许多实例中，它们被安置在不合理的位置上，还设置了栅栏，以防有人因不甚跌入而受伤。同理，湖面也常常由许多家的护栏围合着。只有少数人拥有滨河区，或使用通往湖区的道路。

游乐场经常被设在不合时宜的地方，它们常常被设在大型公园中，而且往往设计精良，并包含了休息室和野餐区。然而，由于距离太远，人们只能驱车前往。而当游乐场设在一个合适的步行距离范围内时，又往往处在社区的后面。由于大部分郊区住区都有防护栏，对于孩子来说，也就没有直接的通路到达社区游乐场。父母也就不必担心孩子会很容易跑到游乐场去玩。

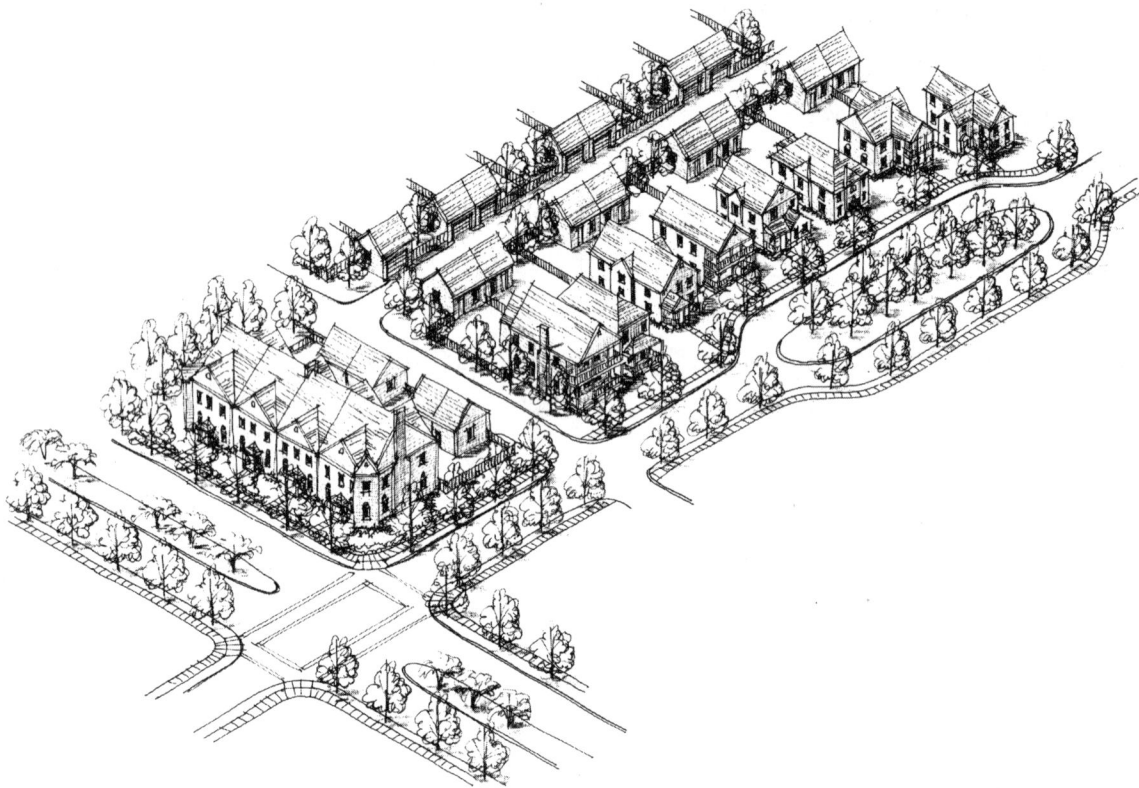

图9.2 邻里公园应该让所有的居民都有一个合适的步行距离

TND 替代方案

社区公园对于每个居民来说，都应有合适的步行距离。理想化的社区设计应该是邻里布置一个或多个公园，并有步行路相联系。当无法实现时，就应把它设在一个明显的地方。这样居民就会有一种自豪感和作为主人的责任感，这是保证公园被维护的最好途径。在所有的实例中，公园都应设在方便到达的中心位置上，并应有道路至少界定了公园的两侧。这样，也就允许在公园前面设计住宅，这既保证了公园活动的安全性，也为购房者产生了良好的心理感受。

CSD 模式

在郊区的公园里常设有娱乐设施，而休闲空间相对较少。因为人们更愿意去娱乐，而不是休闲。我们建议孩子们去运动；我们在每个周六，从一场比赛赶往另一场比赛。此外，我们选择加入一个团队，组织投资，举办活动，还建设娱乐中心。那里设有符合比赛规定的场地、健身房、健美中心和球类运动场，为从篮球到空手道等多种活动提供场地。市政府应该为市民提供更多的选择，但这些又常常会排斥开放空间的设置。

> "街道和广场应该是安全的、舒适的，对于行人来说是具有趣味性的。好的设计有助于步行，也令邻里相互熟悉，以此来保护他们的社区。"
>
> ——新城市主义议会宪章

TND 替代方案

公园和开放空间应该设在明显的地方，这样居民们就可以在日常的时候也可以看到。那些环绕着高速公路与城市道路的商业空间是随处可见的。当每小时行进45～50英亩(18.21～20.24hm²)时，沿途注意到商业空间的同时，如果也可以看到公园和开放空间的话，行程就会是令人愉悦的。

CSD 模式

大部分人并没有住在主要娱乐中心的附近。大部分地区的公园设在郊区开发区的边缘，而那里永远也不会为游客提供住宿。用低密度的区划控制，作为控制许多地区发展的一个标准。这种做法只被极少数的设计者所采纳，自然也就不会有便捷的通路可以到达这些开放空间。

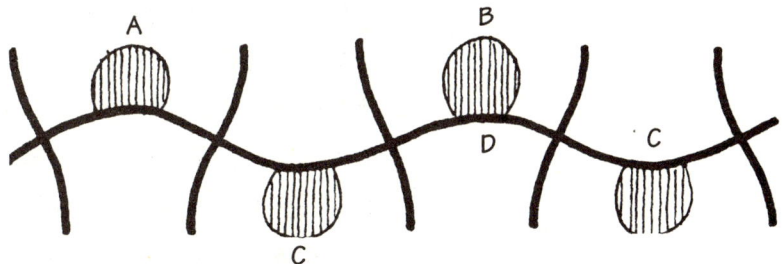

图9.3 （A）有潜力成为公园和绿地的空间。(B)理想的位置是在主干道上，并使之成为视线的焦点。(C)点缀在开发区中的公园应该在街道上有节奏地布置。(D)这些公园为邻里社区服务，同时在街道沿线也形成了良好的景观效果

图9.4 公园和开放空间应有最好的可视性

TND 替代方案

公园通过合理的位置选择，可以鼓励游客们的使用。如果人们在去一个公园前需要预先准备的话，许多乐趣也就在这一过程中消耗掉了。公园还应该扩大相互之间的联系，并设有到达其他场所的通路。区域的公园可以成为不同性质用地间很好的过渡空间。例如：一个坐落在居住区和办公区之间的公园，为办公区的员工提供了方便的午餐环境，也为居民提供了晚间的活动场所。办公区的停车场也为周末高峰时期的停车提供了空间。

CSD 模式

与许多公园相似，学校和校园活动场经常用围墙将它们与周边邻里空间分隔开。通常，它们会设在高速公路旁，以提供方便的交通出入。但这也使得每个人必须开车或乘公车上学。如果步行的话是很危险的。典型的郊区学校，花费成百上千万美元去建设，还配备了室内球场、跑道、操场、篮球场、网球场和大量的开放空间。但这些设施只在上课时才被使用，也只是对校工和学生开放。那么放学后是什么样子呢？夏天是怎样的呢？放假时又有怎样的情况发生呢？你猜猜看。当然使用的人是很少的。除了校长和办公人员，设施也是为大多数人服务

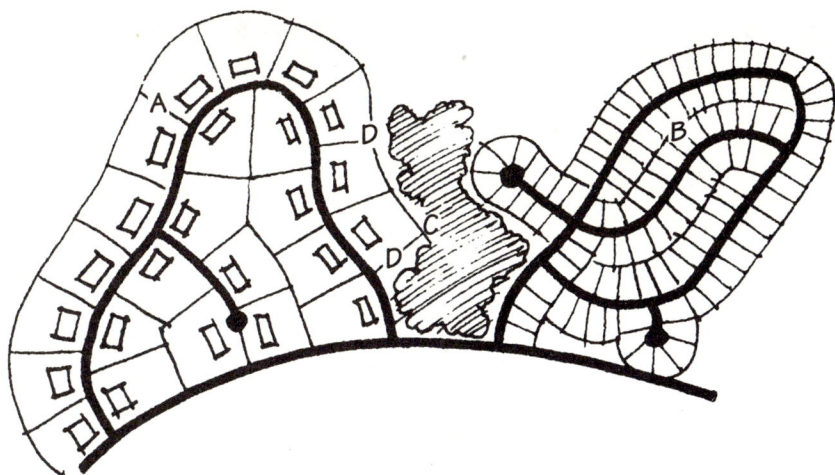

图9.5 (A)办公开发区。(B)居住区。(C)公园成为两种用地间良好的过渡和缓冲。它为办公区员工在午休活动和居民晚间活动提供了空间。(D)办公区的停车场，在周末时可方便到公园来玩的居民们使用

照片9.3 郊区的学校与周边邻里经常被栅栏隔开，只留有机动车出口

的。而这种设计是与建设社区公共空间的初衷相悖的。只有在郊区的实例中会出现这种脱节的设计。

TND 替代方案

学校应该成为社区中很有价值的一部分，并被更广泛地加以利用。它们应该全天都被使用，从而成为许多社区活动的场所。如：邻里聚会、远程教育、社区基础教育、露营活动，以及烹饪课程。其本质就是：它们应该成为邻里晚间和夏日活动的娱乐中心。以防止每个人都要开车穿越城镇到达娱乐场所。这样有助于扩大社交范围，居民们可以在活动中互相认识。这并不是说校方

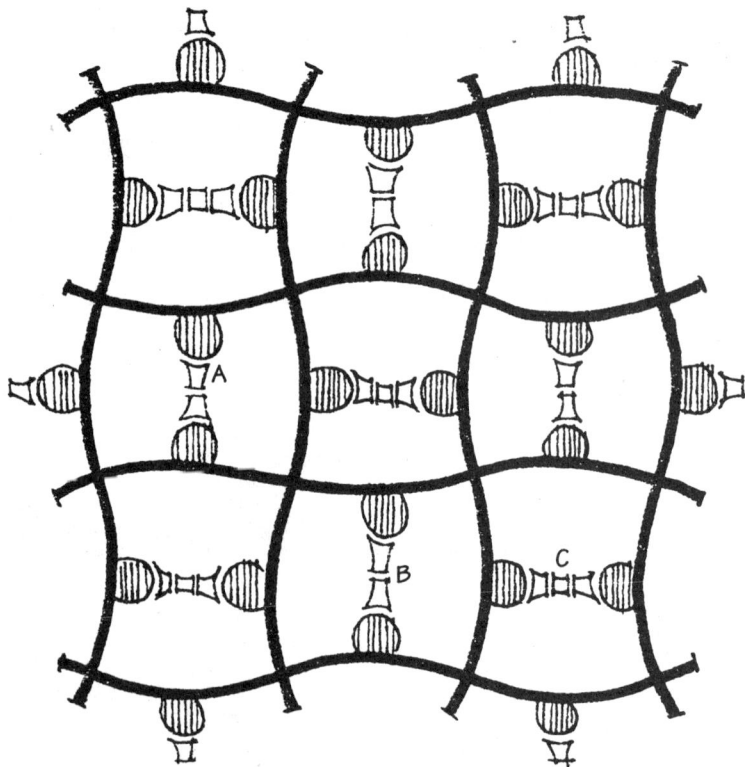

图9.6a （A）公园间的相互联系，让公园更突出，也提高了利用率。(B)公园间的联系可以是自然的绿化区域，也可以是林荫大道。(C)机动车是允许在公园间穿行的，这样更便于公园被充分地使用

要监督活动的进行，校长与工作人员也可以去参与一些与学校有关的活动。

CSD 模式

郊区规划中，经常不会考虑到涉及开放空间联系部分的设计。开放空间只是多余的空间，虽然设有游泳池和步行路，但它们却与更广阔的社区相脱离。区级公园虽然经过精心设计，却经常设在独立区域里，并需要驱车前往。农场、森林和自然的水体，常常由私人控制，直到他们决定转让，或由于政府征地而令土地升值。当用地拥有丰富的自然资源时，如：邻海岸的社区拥有许多的湖泊、河流和港湾，这些保证了用地环境的安静。如果在市政规划文件中，提出有关开放空间规划的话，那也只是建设性的

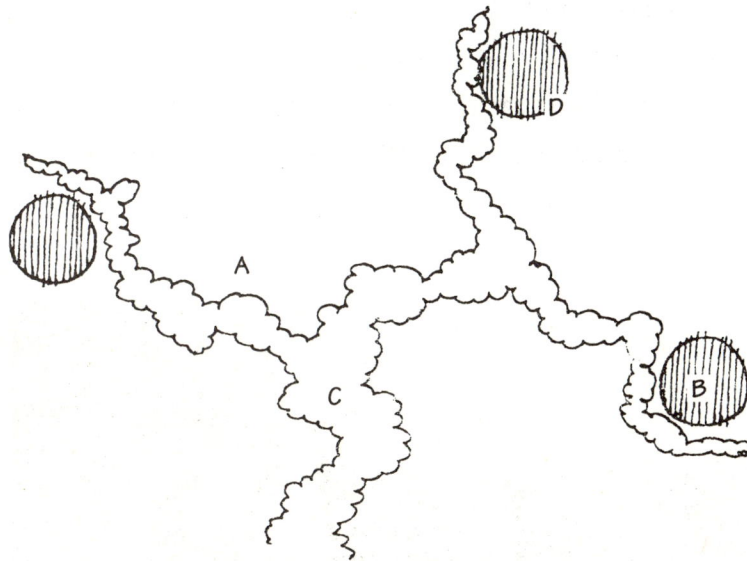

图 9.6b （A）自然形成的绿化区域。(B)考虑到居住或商业的开发，有潜力成为社区公园的区域。(C)自然的排水沟和小溪，如果有娱乐场所邻近，那么它便可以成为联系空间。(D)孤立地考虑问题，每块用地和自然区域的开发都受到了限制，而作为一个整体考虑，一个便于使用的区域公园就形成了

意见，而不是实际的可操作性规划。

TND 替代方案

已有公园的联系部分应该是有明确特性的，并同时考虑人们的需要。这样在为更多居民提供到达公园通路的同时，也为更好地利用公园提供了最好的机会。大部分郊区的用地都被当作"更有用途"的土地，而不是作为开放的绿色空间。虽然这些用地的娱乐开发潜力是无关紧要的。与此同时，它们似乎也是作为一个体系规划中的一部分来实施的。但是如果规划人员在实施过程中稍加留意的话，与开发商协商留出公园用地是很容易的。

在公共建筑中也应增加更多的公园。公共建筑与它们的绿化空间应该设置在明显的位置上，这样才会形成社区的视觉焦点和活动中心。一个新建的图书馆或娱乐中心会成为社区形象的象征，同时也是不错的景点，但这些空间却往往建在市政用地上，或是在那些廉价的土地上。财政上的控制是必要的，但也会减少建设新项目的机会。我们不应该错过形成社区荣誉感的机会。城市突出的土地经常被用作商业用地。然而，在一些实例中，应该

照片 9.4 公园也要有中心景观点

作出一些让步，那些重要的公众建筑和与其相关的开放空间，也可以作为商业空间的一部分。只需稍加留心的设计，便可以创造出不错的城市空间。当然在规划实例中，尤其是在小城镇中，可以清楚地显示这种设计手法是怎样运用的。

一般设计形式

对于公园景观和审美方面的设计，并没有得到足够的重视。人们常见到的设计包括有球场、休息室、有围栏的网球场，以及无屏蔽的公园空间。其实设计人员应该作更多的景观设计，使场地更加友好，更加和谐。需强调一点的是，应重视质量而不是追求数量。

所有的公园和娱乐设施的设计，都应该与社区设计使用同样的设计元素。如：道路、边缘、区域、节点和地标等，规划的基本要素，是在任何设计中都应该注意的。对于使用者，也应提供具有美感的可用空间。一个公园给人的感受是自然的、和谐的，并能成为不同用途空间之间的过渡。

所有的设计中，一个公园都应该有一个视觉的焦点，一个核心，一个存在的理由，尤为重要的是它的必要性。如：可以看到海景，拥有一棵古树，或有慎重保留的杜鹃花圃。所有的公园都有其潜在的意义，这也是使用者所重视的。

公园里的活动空间应该同时考虑使用者和观看者的需求。阿尔伯特·拉特利奇在他的《公园的标志性设计》一书中指出，一个可以到达剧院的公园，会成为许多活动发生的场所。[1]一方面是展示，另一方面是观看，所以两方面的需要都应该得到满足。另外，在尺寸有限的地方，远远地观看活动也是另一种形式的参与。

活动的空间相隔过远，会削弱场所的整体感，也不利于活动的共同进行。更好的组织活动的办法是，将相似的活动集中布置。如果可能的话，去创造一个活跃的、兴奋的焦点空间是很有

项目分析：密歇根州，坎顿镇，樱桃山村

位置：密歇根州，坎顿镇
设计团队：Looney RicksKiss 建筑事务所
项目用地：328 英亩（132.7hm²）
项目类型：村镇规划

主要特征：

- 一个新的村镇广场，坐落在历史街区的反方向，并处于主要道路的交叉口处。
- 广场是小村的节点，在这里可以进行社区活动和商业活动，还可以布置城镇的公共建筑。
- 开放空间的网络，营造了村镇尺度感的开放系统，有公园、绿地、广场和郊野公园。
- 在村镇的林荫路系统设计中，开放空间比原来的农田形成的边界，效果更好。
- 随着与节点距离的增大，建筑式样包括由单独家庭的别墅，到四个为一组的庄园等式样，这归结于对当地市场情况的分析。
- 一本规划模式的指导性书籍，给出了规划设计的关键要素和细节设计。

项目设计构思

项目建设的目的是为坎顿镇已存在的传统城镇结构，带来新的发展机遇。这种发展要满足未来居民的居住、购物、工作、娱乐和社区活动的需求。为了达到这个目的，一个有计算机支持的社区形象测量图形成了。图纸让参与者可以比较，并选择出街景、住宅、公园和商业区的设计意向。这样一来，村镇里的官员、居民、发展商和建筑师，就可以探讨可替代的方案。在给予每一方主人权利的同时，各方也为设计者及时提供了反馈意见。规划的结果是，让规划区域真正成为了文化、社交、商业和特殊活动的场所。也在合理的步行范围内，建设了新型的居住社区。

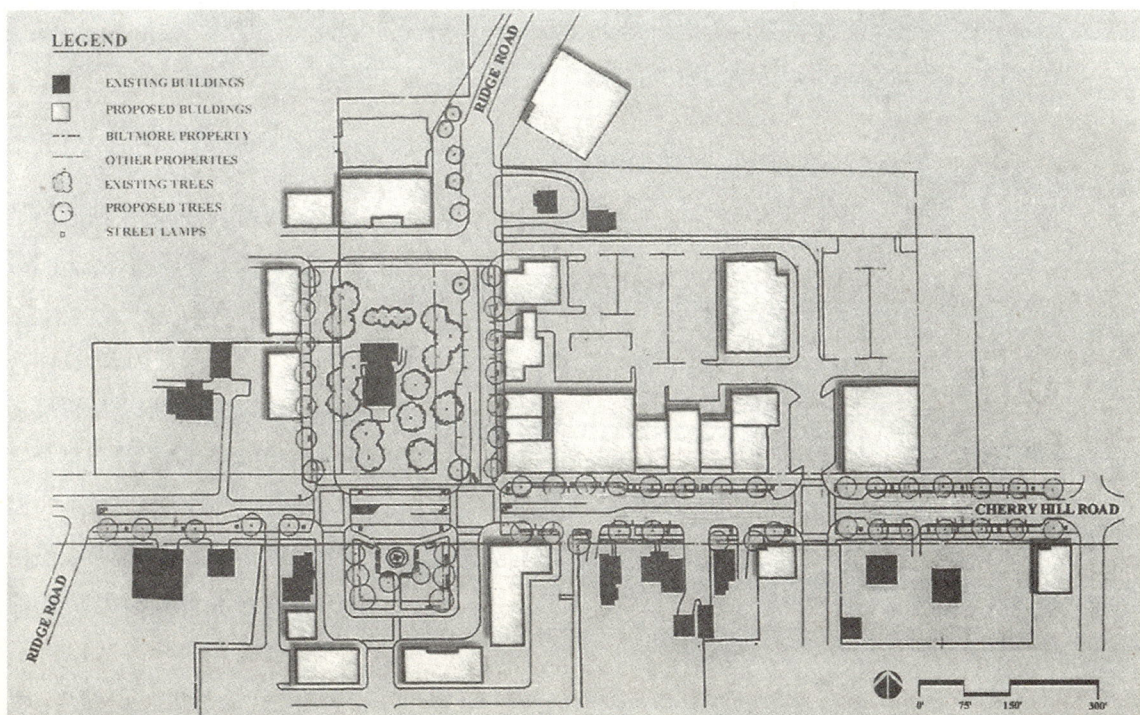

照片9.5 公园是其周边邻里社区品质的反映

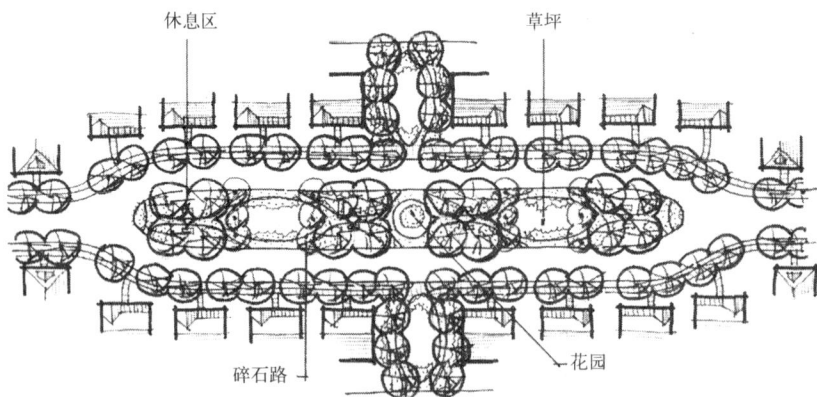

图9.7 公园应该既满足功能，又满足形式美的需要

必要的。同时要注意的是不要让一种活动支配另一种活动。

公园是为人设计的，所以它必须以人的尺度为依据。除了符合整个空间比例之外，座椅的高度、步行街的宽度、座椅的布置形式以及广场的空间，必须给人以舒适感。合理的座椅摆放，对

于营造一个令人愉悦的交往空间是非常重要的。如为方便一伙人
交往，应该布置长凳，或者面对面地布置座椅。这不是说将它们
集中布置在一个区域里，有时休息长凳和交往空间可以布置在角
落里，或较幽静的地方。

公园的设计还要考虑使用者的要求，而不必遵从设计者所认
为的必须设计的设施。为游客提供他们不需要和不想要的设施，
是最大的浪费。对于 Rutledge 来说，有 8 个目标是每一个公园
设计要想取得成功所必须达到的：

(1)设计的每一部分都是有目的的。一位教授曾经对我说，一
个设计师的设计必须是在实践中被证明是所需要的。没有空间可
以做其他功能使用，所有的空间都是必须的。

照片 9.6　公园必须是为人设计的（由 Looney Ricks Kiss 建筑事务所提供）

照片 9.7 公园应该为人所使用，就像佛罗里达州的喷泉广场一样(由 Looney Ricks Kiss 建筑事务所提供的)

(2)设计必须为人服务。过多的依赖于维护设施、停车需要，以及活动设施的数量和种类，就会让空间变得单一化。

(3)功能和审美需求都要得到满足。没有哪一方面可以控制另一方，必须取得两者的平衡，即效果和需求要被满足。

(4)提供实实在在的场所。任何设施都不能无目的地摆放。要运用设计的元素，注意各种不同的心理感受，这样公园才会成为一个整体。

(5)提供令人愉悦的经历。总而言之，要连贯、有序，设计要满足基地要求，还要与周边邻里相融合。

(6)满足技术要求。活动场地和球场的尺寸要符合标准。正确的布置和对活动的组织也是设计的关键。

(7)以最低的支出满足各项需要。应当将需求与效益进行分析。注意场地的限制条件，也会令设计的效果更好。

(8)便于监督、管理。让人们有逻辑、有秩序地进行活动。各类活动通过易于理解的系统进行串联，就可以减少彼此之间的冲突。

小　结

公园和公共空间应该成为社区整体的一个组成部分。实际上它们应成为构成社区的基本元素。在过去的社会里，这种公式化的设计已经很好地为人们服务了 8000 多年。在人类社会发展进程中，我们的社会和规划的实践，在过去的 75～100 年间，将作为另一方向的探索，而被载入史册。

前辈们知道并理解一个布置合理的结构，和为市民提供的开放空间的重要性和优越性。他们用无数的途径证明，对于设计者来说，三个要素必须要联合使用，才能创建好的社区。它们是：目标、热情和信仰。他们知道开放空间不是消散的空间，而是确确实实地创造一种感受，并使之成为社区的组成要素。

照片 9.8～9.11　在邻里社区里，你需要哪一种形式的公园

照片由 Dover Kohl 及其合伙人提供

第10章

学习如何将这些元素综合起来

【摘要】

❖ 理解郊区发展形式是有多种途径可供选择的

❖ 给予步行更多的重视，而不是只重视车行

❖ 运用技巧去创造一个有综合用途的邻里空间

而不是单一用途空间的简单串联

❖ 在第二次世界大战前的传统社区中寻求设计理念，创造出具有宜人尺度和场所感的社区空间

在第6章到第9章里，我们要求读者做出多种选择，如：愿意到哪里居住、工作、购物和娱乐。我们让读者比较不同的场景，并做出选择。为了发掘不同性质社区所创造的不同空间，我们也比较了郊区的发展形式。这样分析后，让我们清楚地知道在社区中形成邻里亲切感是适应发展需要的。很明显，我们称之为家的许多地方，并没有遵从书中所给出的设计模式。虽然大多数美国人生活在城市或郊区，但如果可以选择的话，我们会去选择一个更小、更熟悉的环境，一个可以与邻居互相认识的地方作为家乡。在现代化郊区的设计中，我们与许多人接触，如：零售店的收银员、办公室的清洁工、收费亭的工作人员。我们知道许多人，但我们了解他们吗？当然不。我们已不

再是生活在有草原和牧场的英国山村中，或住在美国南部交通不发达地区的一个小镇上的人了。这样的设计就不会使社区的比例超出个人可以接受的空间尺度。在这些场所中，开车只是为了方便，而不是必须。实际上，当时间允许时，从城镇的一端步行到另一端也是可能的。像 Burlongton、Annapolis、Maryland、Williamsburg、Virginia 或者 Aspen Colorado，在今日标准区域的建设中是不可能出现的。当人们想去一个并不熟悉，而恰好位于区域中心周边的社区时，很可能也会步行去看一看。

将所有的元素整合起来，就包含着确定的、可以被掌握的规划设计方法，也包含着让规划完整起来的方法。但似乎我们的发展并未从此种方法中得到受益，而现状已经是不错的环境了。但在市中心周边的大部分地区并没有明确的发展目标，它们被设计成农业用地，或低密度的独院住宅，同时也在等待着被划入发展区中，从而得到更好的利用。

不要误以为，自由的市场就是发展最明智和有效的途径。当然，我们不可以让一个中心城区的规划去满足市场的需要。但对于规划者和市民自身来说，这种想法无疑更多地关注了人们的居住环境，而不仅仅是机动车的通行问题。这不意味着二者不能共存，只是需要更多的努力去实现罢了。

为了明确整个社区的形象，我们应该将之前讨论的设计方法和设计元素运用到一个社区的建设当中去。我们要应用这些设计手法和传统邻里社区的理念，真正有效地改变一下已存在的郊区，而不只是在人口稀少的美国小镇的景观设计中才使用这种设计方法。这样做的目的很明确：我们必须关注发展，关注这种手法带来的便利，以此来改善过于混乱的社区建设。那么可否改变一下我们社区的规划手法，去维持发展，又不用建立标志性建筑物呢？让我们来看一下。

发展模式

正如第6章到第9章，我们试图去比较常见的郊区发展与传统邻里社区发展的差异一样。结果也清楚地证明了社区的特性，并为社区所需要的设计形式提供了可供选择的设计方法。我们运用了常见的郊区发展模式(CSD)和传统的邻里发展模式(TND)去比较设计理念。

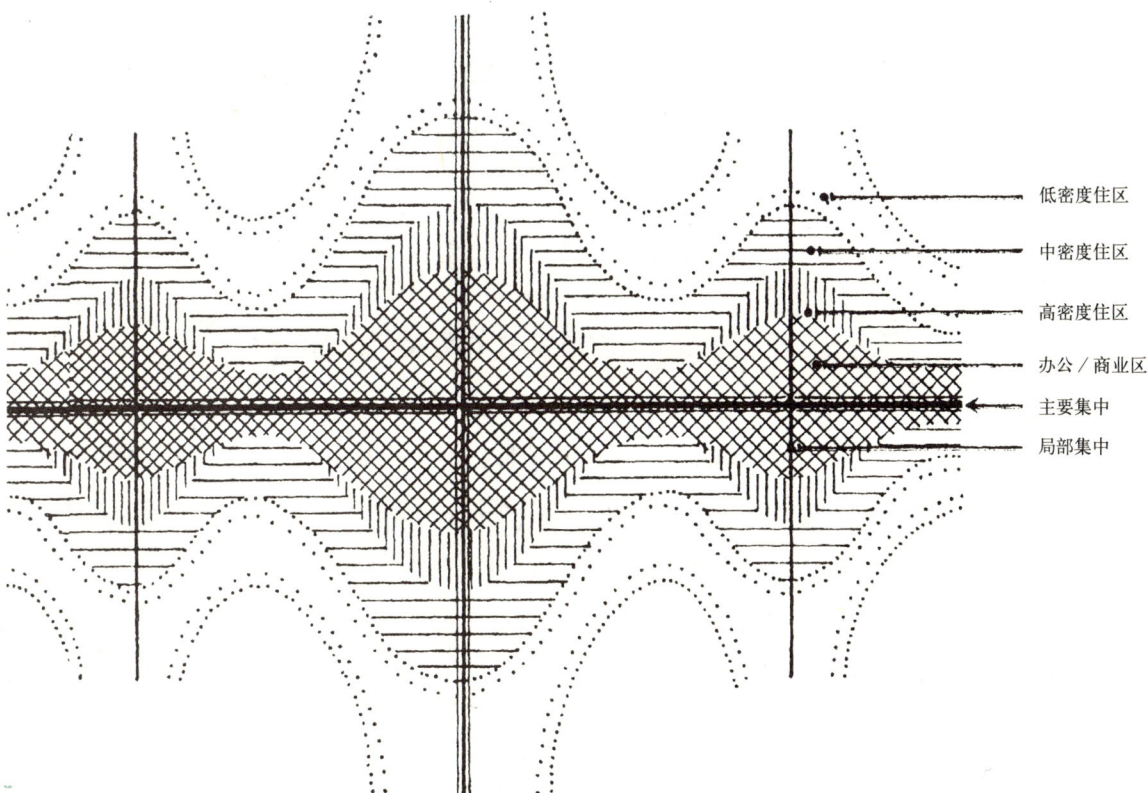

低密度住区
中密度住区
高密度住区
办公／商业区
主要集中
局部集中

图10.1　常见的郊区发展模式。在主要道路上设立连续的办公／商业区，道路的交叉口令商业空间成为视线的焦点。成功的住区联带系，中密度和低密度的住区设在道路后面。为了提高商业区的吸引力，所有居住区的交通利用社区道路来解决，没有其他道路系统存在。增长的交通需求使社区道路得到了发展，也带来了更多的交通量。结果是，建筑沿着社区道路不断发展，蔓延开来

常见的郊区发展模式

历史告诉我们，伴随着发展，模式是怎样不断建立起来的。CSD模式是为了避免在主要的农业区形成低密度住区。越来越多的小块土地，使从农场到商业区的道路变得拥挤不堪。为了缓解拥挤，市政就要改善道路，而道路的改善就会更吸引投资建设高密度的住区。直到由于交通问题，而在一条或两条道路的交叉口处又建设一个购物中心为止。这种模式不断发展，结果导致了商业和办公建筑沿主要道路满布排列，同时也与远离快速干道的中、低密度住区有方便的联系。在开发中，大量的交通通过社区道路渠化。从前联系农场与商业区的道路只设有很少的平行道路。也就是说两条社区道路的联系是惟一的。我们可以想象，当高峰时期到来时，一个信号灯控制下的交通，情况是怎样的。

传统邻里发展模式的可替代方案

我们的社区应该是为步行者设计的，人们一般以每小时4800~6400m的速度行进。而不仅仅是为了以每小时56000~72000m行进的公交车辆。我们可以通过在主要道路交叉口处提供综合的土地使用性质，来建立两套环通的体系，以分离过境交通和本区交通。

我们在第7章探讨过的解决办法是：在用地中建立相邻的高、中、低密度的住区，并且与商业和办公区紧邻。这样也就可以有一个新的规划模式去代替今日郊区开发区的规划。新型规划也很容易成为市政规划文件的首选形式。因为通过对主要交叉口周边用地的评估，也不会限制它们的适应性。

如果按这种模式规划社区，发展商和市民就会对发展的目标有一个明确的认识。结果便是对土地进行更加丰富的综合利

低密度住区

中密度住区

高密度住区

办公／商业区

主要集中→

局部集中

居住集中

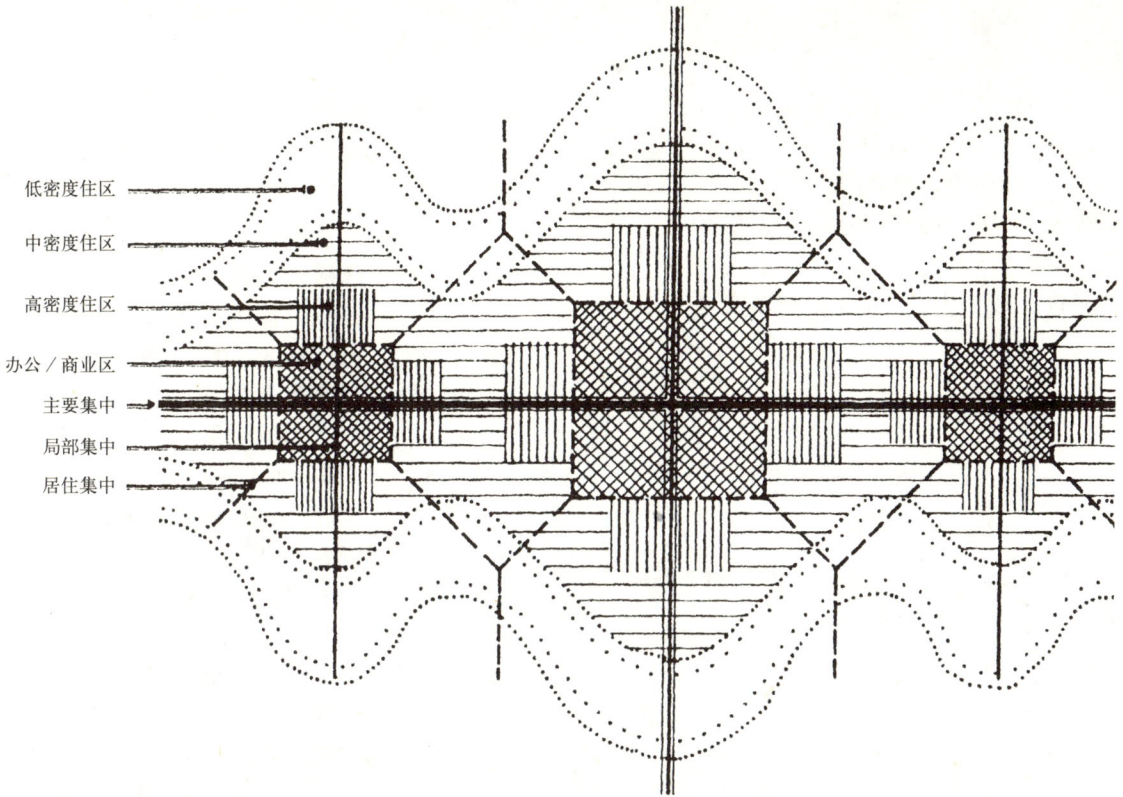

图10.2　传统邻里社区发展的可替代方案。主要交叉口处集中设置商业建筑，并限制它们的发展。这样就营造了一个有限的商业区。多样的住区限定了商业区，也为高密度住宅提供了适宜的步行距离。通过利用社区道路将地区内的交通渠化，也不会与主干道上的过境交通相冲突。次级道路环绕办公／商业区，使得地区交通很便捷，不会与过境交通相混合。当商业与高密度住区都集中在主干道的交叉口处时，低密度住区或绿色空间的出现营造了区域间的节奏感，也将各个区域相互分隔。这也令重新区划所耗费的时间、精力与投资减少了

用；重视道路和步行路的设计。简而言之，就是在更大的市政规划下，创造了一个小比例、易识别的社区。而不是建立另一个庞大的郊区或开发区。这种理念的魅力在于它可以简单、快速地实现。因为它不需要对所有已存在的区域和郊区发展区进行重新规划。

项目分析：田纳西州，孟菲斯，哈伯镇

位置：田纳西州，孟菲斯，马德岛
设计团队：J.Carson Looney,AIA,.Lonney Rickskiss
　　　　　建筑设计事务所
场地规划：RTKL 建筑事务所
项目用地：135 英亩(54.63hm²)
项目类型：多种功能相结合的城镇区域

主要特征：
- 项目由 745 个单元组成(每英亩 5.5 个单元)。
- 它包括一个蒙台梭利学校。
- 包括一个码头。
- 有综合使用功能的城镇中心，包括：商店、服务设施和一个 600m² 的零售商店。
- 一个游艇俱乐部和办公建筑 (5000m²)建在一起。
- 项目包括可出售的大厦。
- 街道和街区都可以看到密西西比河的景色，并形成了孟菲斯的天际线。
- 放射状的林荫大道将邻里社区引向河边。
- 在基地中心的湿地保护区，被设计成看似小溪和池塘的自然区域，以此来形成邻里社区的自然边界。
- 每个邻里社区以复合式公寓作为结束。它们沿街布置，形成了门廊与阳台线形排列的街景，与紧邻的独院住宅形成了对比。在建筑后面设计的公园被建筑物遮挡着。

项目设计构思

哈伯镇规划的目的在于将形式、风格和不同档次的住宅，很好地在传统邻里社区中融合在一起。从而唤起人们对20世纪20年代孟菲斯邻里社区的回忆。那时的商店和服务区都可以步行到达。因此为满足市场需求，社区提供了大小不同的单元和档次不同的住宅（每月租金800美元的公寓和800000美元的滨河住宅），也有不同的单元宽度为7.5m～15m。小路为后部更大的住区解决了机动车交通问题。隐蔽的车库和单侧的车行路让机动车远离前面的住宅。原有的控制性规划采用轴线设计，让前部的小住宅拥有公园和广场。但是可以看到滨河的住宅减少了。所以针对不同的发展形式，为了保证设计质量，就必须进行视线的规划设计。其中应包括对基本的比例、尺度、建筑主要立面和关键细部的控制。

"发展模式不应该影响到大城市的边缘。对于城市边缘和荒废的区域进行开垦，就是对已经存在的城市区域再进行填充。应该注意的问题包括保护环境资源、经济投资和社会网络。城市的区域发展应该采取策略，提倡区域填充行为。"

——新城市主义议会宪章

为采取 TND 规划理念而提交的一份地区申请

我们认为规划私有财产不是市政规划的工作范围，它们的任务在于规划未来区域的发展，和开发的时间、强度以及结果。市政做的许多总体规划都没有能够为区域的发展提供明确的意象，和最终的规划成果。大部分规划只是各种区域规划的拼凑，没能够明确地给出某个区域的发展样式。

这种认为在总体规划中所必要的含糊性的想法，是一种错误的认识。如果没有针对性地对于每一个特定区域的规划，那么真正意义上的规划就没有进行，——只是作了政策上的陈述罢了。另外，假如这些特定区域的规划没有经过实际情况的指导，规划的缺陷就会无一例外的存在。

只有通过一个分析的过程，包括归属、发展机遇、限制条件和区域性质的分析，才可以对于用地的情况有一个真实的了解。一个区域被公认的自然边界应该受到重视，因为它影响了区域未来的发展，也决定了区域的重要性。

地标，或城镇中心，是定义一个区域的关键要素，也是郊区中所缺乏的。然而，它们可以由土地的所有者、开发商、工程师和建筑师提出发展目标，倡议建设。正如前面讨论过的小城市，它们的市中心由多种社区构成，如：学校、图书馆、政府办公楼、文化设施、教堂、商务办公区、零售商店、住宅和娱乐设施。所有这些设施在郊区也是存在的，然而它们却分散在一个大区域里，没有重点，彼此之间也没有联系。当规划在一个强烈的网络控制之下时，就可以确保一个有连续主题的结构形式。这些中心区也就真正成为所需要的中心区，并且可以像之前分析的那样，有人愿意居住在那里。

回想一下我们设计的环型系统，是另一种可以增加中心区周边人和车活动的设计途径。正如我们看到的，大部分郊区的建设是一个项目接着另一个项目进行的，并且对社区的出入口投入建设最少。如果与周边其他项目紧邻时，出入口的数量还要更少。一般说来，商业区成了居住区和主要道路交叉口之间的胶粘剂。结果是所有的社区道路交通量都很大。它们百分之百的供过境交通使用，只因为没有其他可选择的道路。

通过在城市或区域建立环型系统，过境交通和本区交通就分离了，在更小的范围内交通得到了缓解。环绕交叉口的环型道路，不仅是让进入主要建筑的通路可

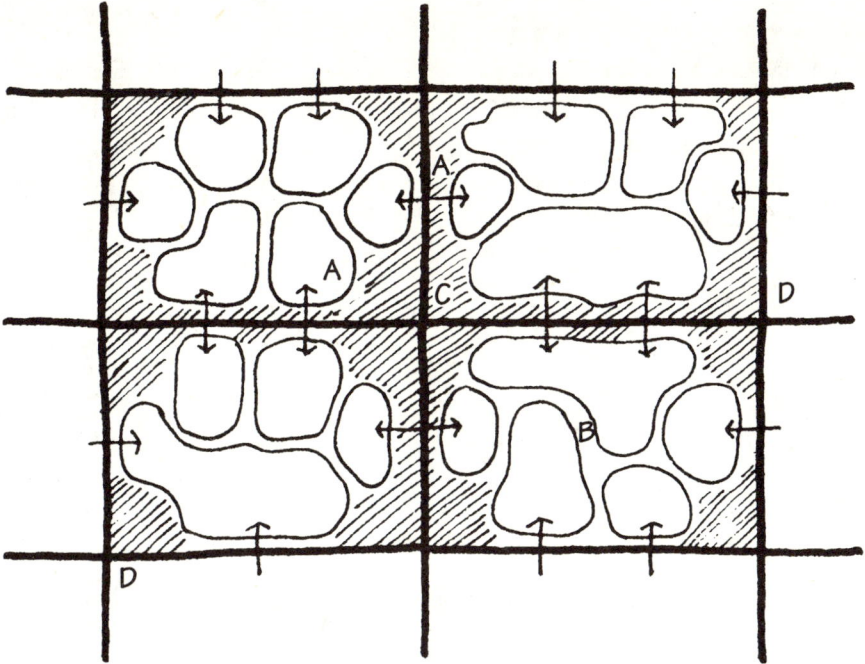

图10.3　(A)独立的住宅区是不同时期建设的，所以各自都有入口通路。(B)一般在各个住宅区之间只有间接的联系。(C)商业区建在主要道路的交叉口处，并延伸到居住区前面或它们之间的空间。(D)所有的过境交通都要经过社区道路

以选择，也创造了额外的价值。即：令用地适于办公，商业和中、高密度住宅等项目的建设。当一个由林荫路组成的网络可以到达居住区和商业区的网络形成后，社区道路的交通负担也随之减轻。考虑到建设道路的费用，而且用地也要开设更多的社区道路，这种手段也令花费在道路上的税收减少了。在整个系统的作用下，住宅区的道路系统可以由独立的开发商自行支付。所有这一切发生的前提就是市政的规划可以适应发展的需要，也可以适应建设新型社区的需要。

如果我们可以将这种环型联系系统应用到大部分市区中心的话，那么这种理念对其他的城市是否具有吸引力呢？

项目分析：佛罗里达州，Greater Lake Okeechobee

位置：佛罗里达州中心区
开发商：Greater Lake Okeechobee旅游联合公司
设计团队：Dover Kohl 及其合伙人
项目用地：2600 英亩 (670000hm²)
项目类型：区域景观规划

主要特征：

- 规划为地区的发展开拓了新的市场。其重点放在对旅游业的开发和保护环境上。
- 规划创造了旅游支持系统，并以地区的环境与文化为依托。文化指贸易、码头、水闸、灯塔、树荫、茅屋、码头上的餐馆、老式的火车站、农艺、博物馆、住宅、帐篷、风景好的旅馆以及马术表演中心等城市的许多组成部分。
- 重点在于恢复历史性城镇的活力，并唤起人们对它们的回忆。
- 已经存在的城镇和自然的联系加强了。
- 每个城镇都应该有一个详细的规划设计，并遵循传统邻里的发展模式。
- 每个城镇都应该有一个自然的入口，并且令它与众不同，同时增强它的标识性。

项目设计构思

项目建设的目的是，创造地区景观，以此来区分城镇和乡村。规划还包括在区域中建立步行、骑车等不同旅行方式的联系。规划小组和地区海洋保护规划协会的地方官员，考察了这一地区并做出了规划。规划人员研究了该地区的历史地图和技术数据，以及为建筑师 Clewiston 和 Canal Point 所做的规划。然后制定新的规划方案，以及在周边区域的景观意向图，并且努力去建设一个网络来对城区发展进行协调和保护。

实验证明，一部分甚至是大部分城市，都可以在郊区中心的发展中提供有用的帮助：

- 城市中心区发散出去的放射型道路，可以由城区延伸到周边区域。会有一或两条城市道路经过郊区的中心区。
- 宽阔的林荫大道有两个方面的作用，一是满足交通需要，二是为居民提供一个生动的活动场所。郊区有时等同于大型的公园。
- 格子式的路网系统提供了在城市的大部分核心区域旅行时，行走线路的可选择性。在郊区，分级的道路系统将交通引向一些特殊的节点。
- 建筑沿街道布置，确保并延续了人行道和车行道的边界。视觉上不确定的空间，庞大、低级的结构形式，让郊区的中心区给人的感觉很不友好。
- 使用功能很相近的用地布置在一起，会使区域缺乏活力。只有在少数综合开发的郊区开发中，情况会好一些。将用地分成许多零散的小块，也需要用地间车行道的设计，同时步行路的用地也被占用了。以上就是今天郊区中普遍存在的问题。

传统社区的设计理念与过去40或50年间的社区建设，其实只有少数的不同点。即在规划中，并没有考虑到人的尺度，以及人在空间中的真实体验。实际上，今天的社区质量只是为了吸引开发商或投资公司，而不是确实去考虑用地的区划和具体的规划。由于大量的土地聚集在一些所有者手中，他们就会去建设自己的社区，去综合地开发土地，并将重点放在结构的细节，和社区的标识性上。这些个人或团体作了一些什么使得我们的市政规划不能够按预想的去实施？难道只是简单地因为比例的不同，或者是因为市政办公人员缺乏对社区建设内涵的真正理解？问题虽然存在着，但答案并不能在这里找到。我们所要做的就是努力去探询现在不同类型社区中普遍存在的问题。

"日常的许多活动都应该在一个适宜步行的范围内，而不必一定开车到达。这样做对老年人和青年人都有益处。内部道路的网络化也会成为鼓励步行的因素，这样会减少汽车的使用，从而节约了能源。"

——新城市主义议会宪章

场地规划原理

　　首先我们应该摒弃那种认为只有几何形式的区域规划，才是社区设计的惟一途径的理念。这种理念指导下的规划所造成的问题，似乎比它努力去解决的还要多。最初，这种设计理念的使用具有明确的理由。即：排放烟尘的工厂与独立的住宅区紧邻，那些资本家的工厂又残酷地剥削工人们。现在这种区域规划的形式明显地将社会的不同阶层区分开来。正如图示10.5所表示的那样。

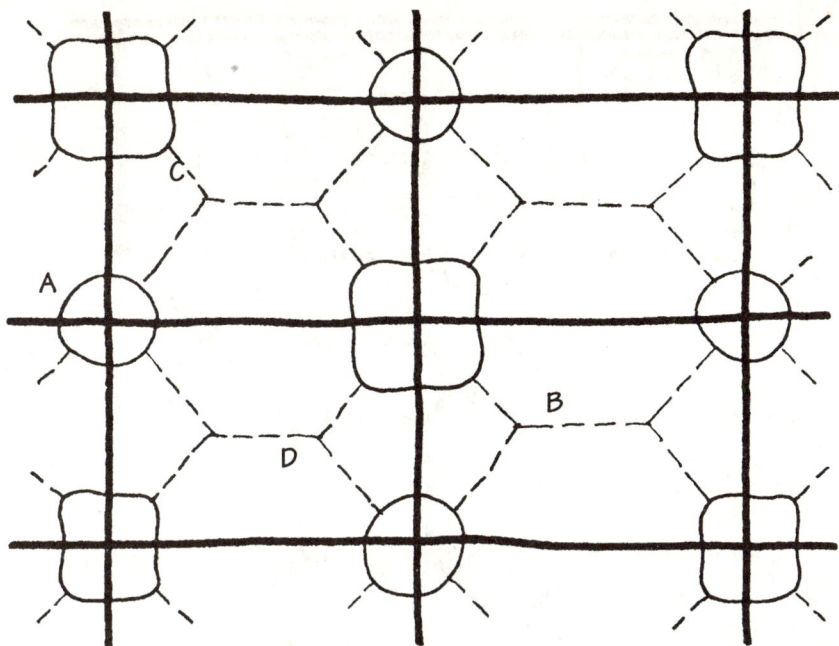

图10.4　（A）如果在主要的道路交叉口附近设置小型环状道路，地区交通就可以从主要干道上分离出来，让道路只为过境交通服务。(B)居住区的道路系统与主要道路的联系，以及其与商业区域的联系就可以不再依靠城市干道系统。(C)从居住区道路进入环状道路的交通量，为商业区提供了新的商机。(D)由于居住区道路系统的存在，主干道上出入口的数量减少了，因此建设费用也随之降低

在一个区域内不仅设置商业区和办公区，还可以设置不同类型的住宅，并且应该有内部的道路系统互相联系。将这一点作为最基本的设计理念，就可以将过境交通与本区交通分离开，同时也不必去限制高速公路上开口的数量。图10.6就是应用这种设计理念的一个典型实例。

　　规划师和市民需要清楚地区分，城镇中心是一个购物中心还是一个可以进行商业、办公和社会活动的中心。通常一个商业中心有一些固定的服务项目，如：零售商店、比萨餐厅、干洗店，同时一到两个街区还设有一家快餐店和加油站。而对于一个城镇的中心区，会有更多的功能，如：办公、零售、文化、居住，甚

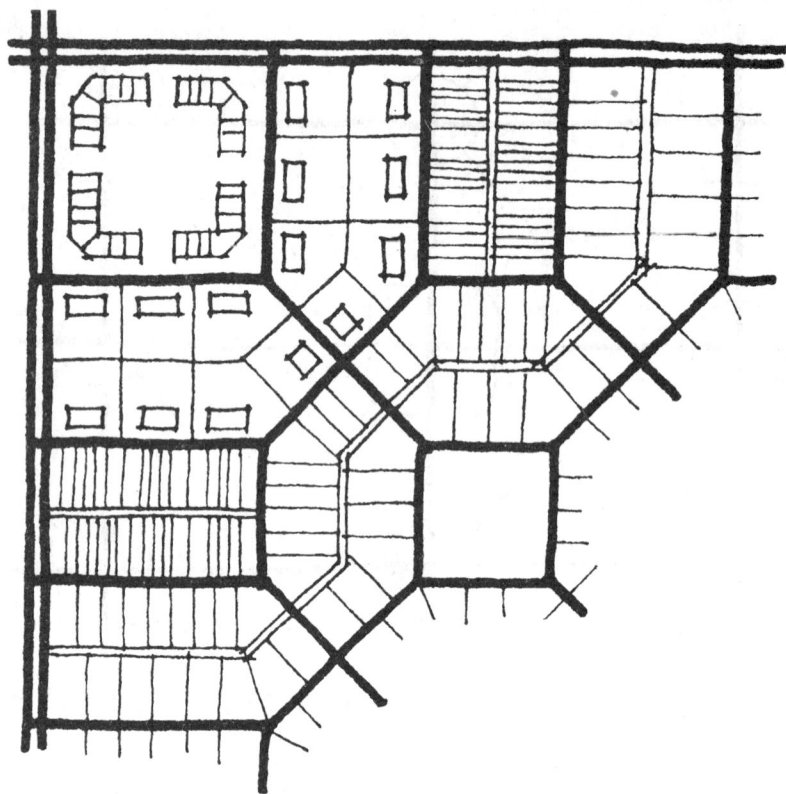

图 10.5　商业，办公，公寓，小住宅，中、低密度的住宅区都可以建在一个区域内。地块内连续的内部道路可以同时为各个部分服务。建筑不需要额外地后退，各个部分也不需要栅栏的隔离，一个结构清晰、明确的综合性用地开发就形成了

至还包括轻工业。其实从定义上来讲，中心区还包括周边一些设有支持设施的区域。城镇的中心区是一个令人兴奋的地方，在那里会有不期而遇的巧合和不可预知的奇遇发生。图 10.7 是图 10.6 的变形，说明了这种形式是如何运用到一个交叉口的设计当中去的。如果这种形式出现在原有的城市区域当中的话，那么一个小城镇的景象就形成了。虽然这是理想化的想法，但是它的确给出了一个城镇中心发展的结构框架，这与孤立地去建设商业区是不同的。

我们还需要抛弃那种认为商业区只是一个单独的区域的想法，因为可能在某个地方需要商业活动。所以我们必须认识到标识性并不是大多数商家所必须要求的，同时将重点放在规划设计上。任何封闭的购物商场都是很好的例子。在邻里社区的建设中，建立社区内外互相联系的商业系统，是可以实现的。当然这与前面提到的理想模式有所差异，但是它反映了对理想化模式的改造，并且是适应实际需要的。这也给了我们信心，在现存的封闭的、不方便使用的街区里，新的规划理念仍可以创造出比预想的更好的环境。

更规则的布置形式和街道规划，以及空间的有组织规划都应该应用到社区规划中来。在密度更高的地块中，弯曲的道路开始

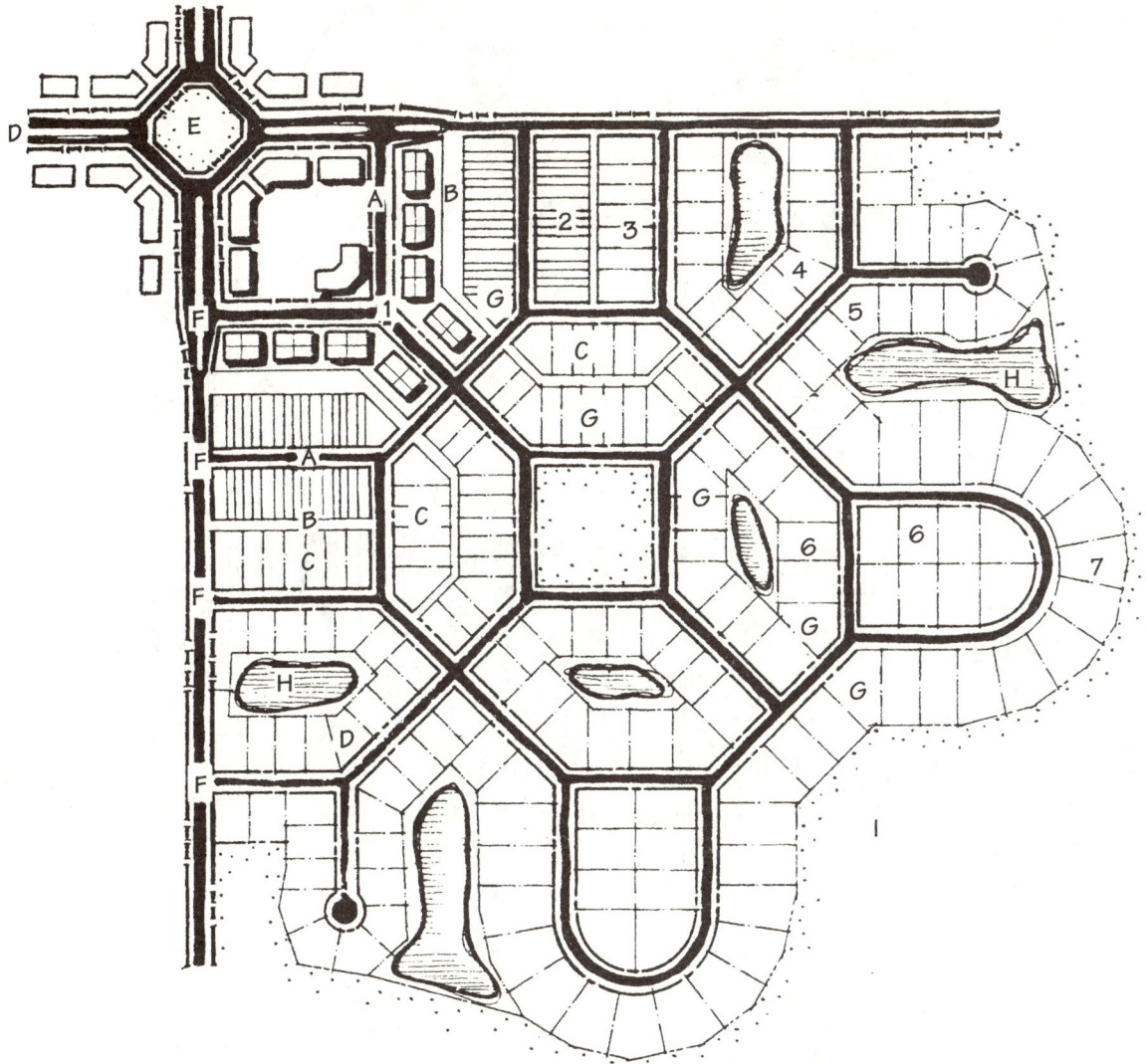

图 10.6 （A）公寓／商品房沿街布置，并在用地后部设带有停车场或车库的小住宅，形成了丰富的街道景观。（B）建筑后部的停车确保了居民停车的安全，来访者也可以在道路上停车。（C）沿街325～560m² 的独立式住宅、小路，以及设在后面的居民停车场，形成了连续的街道景观。（D）700m² 的独立式住宅，都没有设置宅前停车场，减小了停车占地面积。（E）交通环岛在为雕塑小品、其他艺术设施，以及景观元素提供展示场所的同时，也加强了社区步行空间环境的氛围。（F）直接的出入口通向不同类型的住宅，提高了商品化住宅的市场竞争力。（G）从公寓到1860m² 的独立式住宅的逐渐过渡，创造了一个社会等级不十分明确的邻里社区。（H）水景区的作用也很大，它提高了住宅的价格，扩大了开放空间，也提供了内部连续的水景区域。（I）娱乐／观赏景观，如：高尔夫球场、湖面，或在乡村附近骑马／慢跑，这些景观的作用是无可限量的

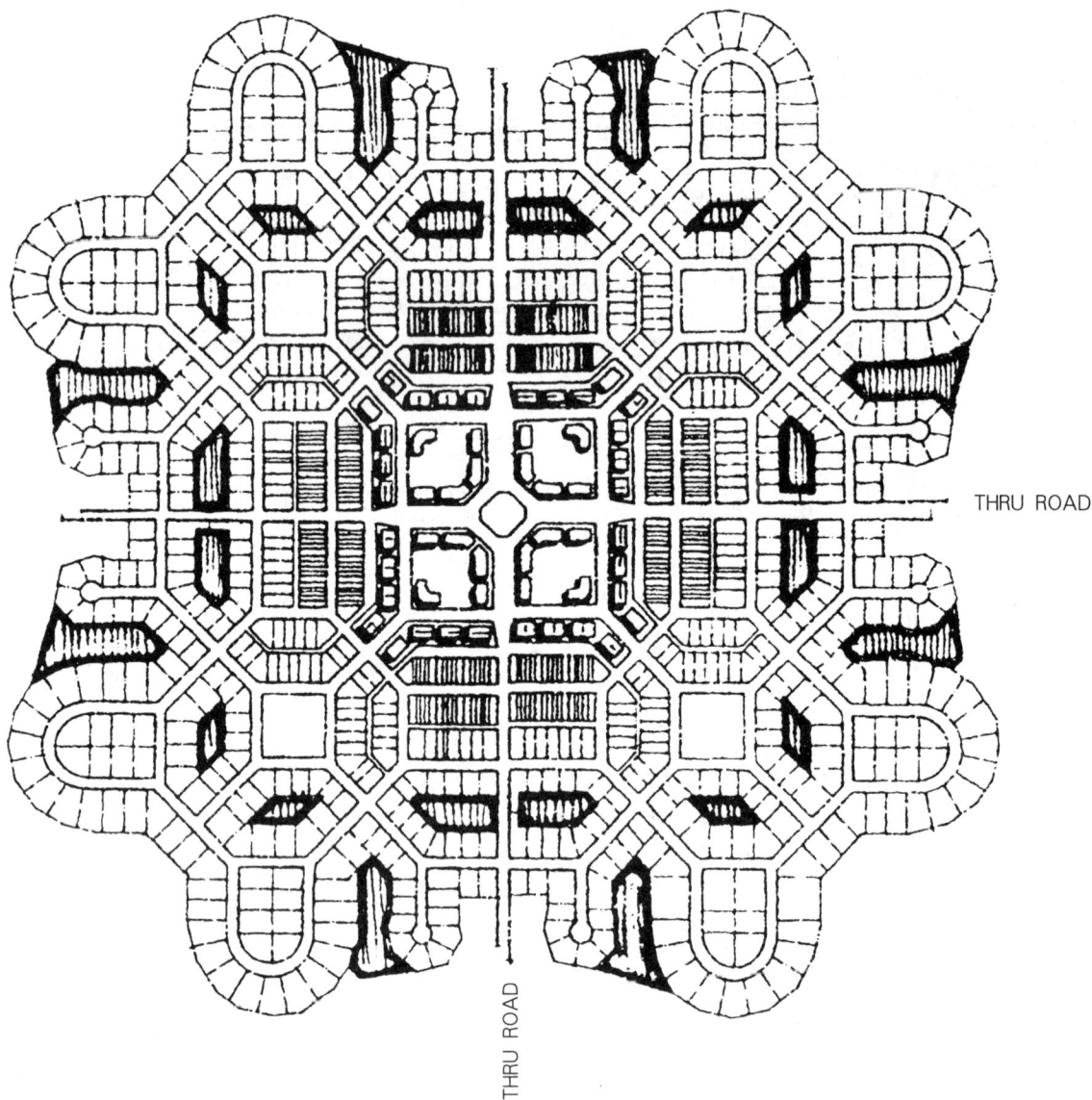

THRU ROAD

THRU ROAD

图 10.7 过渡区乡村的格式化规划实例

变得不那么方便了，组织交通也不再有效了。这些道路常常分布在中、低密度的住宅区里。它们给人一种独立和隔离的感觉，而一个方格状的系统却给人以开放、通达和相互关联的感觉。像"匀称"和"平衡"这一类词汇，在规划的专业语汇中已经不再

照片10.1　再次将小路的设计作为社区规划的一个元素来考虑

使用了。居民和设计者更愿意去发掘邻里社区规划中一些新的结构形式和秩序感。另外，一个方格状的系统更易于被理解，也比弯曲的路网易于接受，更不会给人以迷惑感和不可预见性。

更多的道路应该被认为是可利用的。不应该认为在分级的道路系统下，建筑只能布置在次要道路两侧，而更宽的城市道路只能作为城市的环路或为次级道路提供入口。应该让所有的道路都工作起来，并且都可以直接为用地提供出入口。这样为一块用地或一些单元服务的道路就更少了。更低的投资与更少的维护费用，使住宅的价格更易于被接受。同时这种做法的另一个好处，就是让居民们具有主人的责任感，并能对社区道路进行自觉管理。

设计应该重新将小巷作为社区设计的一个要素。这种做法会令由车库门组成的街景有所改观。此种设计理念已经在城镇化的住宅和占地更少、密度更高，或独立式住宅中使用了。同时也就形成了明确的道路边界，有更多的来访者的停车空间、更少的交通阻塞，当然更好的街道景观就形成了。

设计也要努力去减少在新的开发项目中，机动车所带来的消极影响。在过去的15到20年的时间里，伴随着人们汽车拥有量的增加，机动车所占有的地位已经不容再忽视了。我们必须去发掘一种创新的途径，去处理机动车的停放问题。社区规划设计中的所有元素，从景观效果到高速路，都应该重新去审视一下，它们首要和次要的作用到底是什么。如果在严格的遵从设计规范要求下的建设，破坏了社区设计的初衷的话，我们就必须对其进行修改。

我们应该对于步行系统与车行系统之间的区别给予更少的重视。20世纪70年代流行的规划方式，就是在居住区范围内建设一条环形的绿化带，而这样形成的景观往往是单调、乏味的。同时在一些实例中，许多真正为人们生活提供安全保障的设施就设在住宅区旁边。今天社区的道路已经成为了社区活动的场所，住宅的后院也因为它远离过往行人的干扰而成为了家庭或朋友聚会的空间。

必须重视社区道路网络化的建设，其结构必须真实地反映街道面貌。无论是住宅、商业建筑，还是办公建筑，都应该作为连续的道路边界的组成部分，并且有垂直的墙面来界定和围合空间。现在就是由于许多建筑墙面的不连续，而令许多空间的场所感减弱了。这一点又恰恰是街道特征形成的关键部分，因此没有生命力的城市道路也就形成了。

我们的公园和开放空间应该像社区的前花园一样，让不同年龄阶层的人都可以很好地去使用。它们除了球场、活动场、公园以外，应该设计更多的设施。它们在建设时应该有一个明确的目标，而不是只是利用那些不利于建设的土地。这些活动的空间既可以分隔用地，也是用地之间联系的纽带。它们应该建

照片 10.2　规划建设中必须更加重视社区道路网络化的建设

设在明显的位置上，就像古典式公园中会有文化建筑，集会广场会有喷泉，或是在喧闹的地方需要一个清静的空间那样，为人们服务。

景观设计应该不仅仅被理解为只是用绿化来装饰空间。以树木为例，其尺度、质地、颜色、对设计的适应性，以及艺术效果，只是社区环境设计与开放空间建设中的一部分。除了可以提供阴影以外，树木还可以形成很好的空间，很好地引导人们的视线，并且是空间很好的过渡元素。植物的确可以像粘合剂一样，将其他设计元素联系在一起。

对于社区中心区的建设来说，用地使用功能与建筑密度的

照片 10.3   景观设计应该不仅仅被理解为只是用绿化来装饰空间

"文化建筑和公众集会空间要设在社区的主要位置上，这样可以很好地体现对人们的重视。它们的形式应该是有特点的，因为在社区中其所起的作用是特殊的，它们也是延续整个城市网络的关键。"

——新城市主义议会宪章

过渡设计是必要的。一种用地的使用功能与另一种之间要进行很好的组织，百分之百地利用基地进行建设。而不应该像现在的大多数规划一样，总是受到各种建设的更改。同时各种用地之间分隔明显，还必须有缓冲区来过渡空间。一个真正的社区应该允许多种类型的住宅和商业建筑的存在，并一起构成社区的中心。

塑造建筑的场所

塑造建筑场所，就是要加强建筑的比例、材质等，在街道景观的形成中所起的作用。每一栋建筑在营造一个生动、有趣的街道空间的过程中，作用都是很重要的。当人们以每小时 65 英里(100000m)的速度观赏街景时，墙面与光滑的玻璃幕墙给人很强的雕塑感。但从街道的一侧望去，这些建筑却给人一种冰冷、不友好的感觉——也就是说建筑超出了人的正常尺度。建筑可以通过一些手段来减少其单调感，如：增加细部的处理，使用更易于被接受和为人们所熟悉的材料，增加设计的深度(有效地利用建筑的连接部分，处理好建筑的檐口、基础)，这样就可以创造一个适合人自身尺度的街道空间。

对于文化建筑、商业建筑和住宅，都有一个新的发展前景。社区建设应该与这种前景相协调，这样就会丰富社区的建筑空间。实际上，那些尺度、样式不适合的建筑，不但不会增强社区的整体性，还会破坏它。

人们也开始逐渐认识到，与过去 40 到 50 年间的单一规划思想相反，在同一栋建筑中融合各种功能，不是一种消极的做

照片 10.4　非人体尺度的建筑

照片 10.5 适于人体尺度的建筑 (照片由 Hanbury Evans Newil Vlattas 提供)

法，而且可以营造一个更有趣的，带来更多经济效益的空间。在美国，我们早已经习惯在大部分的城市中那些体量巨大的建筑物。在这些地段中，开发商与规划师似乎都认为只要设计了低密度、小尺度的办公楼和公寓，就无法合理地利用土地，也无法更好地开发沿街的商业潜力。这种观念在 20 世纪的小城镇中很普遍，同时也很快应用到郊区的发展中。

在新的开发中，设计应通过运用地方性的材料和地方性的建筑形式，去协调发展区与周边区域的相互关系。注意设计中的一些细节问题，如：是否采用地方性的色彩，就可以很容易知道一个开发项目的成败。由于这些因素直接影响到社区的存在形态，所以一定要加以注意。

照片 10.6 文化建筑应该是社区文化特色的体现（由 Hanbury Evans Newil Vlattas 提供）

小 结

　　目前建设社区的理念并不成功。它创造的问题要远远多于它所解决的。在半个世纪以前，规划师们便抛弃了为人们服务了几千年的社区规划设计理念。在我们也急于适应新发展需要的同时，我们就犯了如同还没学会走路就想跑的婴儿一样幼稚的错误。

　　这样就导致了景观的杂乱无章。我们让新的设计理念去决定我们的城镇和邻里社区的模样，于是就将各种活动进行分离与阻隔。我们已经对过去的规划设计进行了回顾，解决问题的作法就是设置缓冲区，或屏蔽设施，再明智一些的做法就是将一种用途的区域藏在另一种用途的区域之后。将眼光过多地集中在细节上，也就谈不上真正意义上的规划设计——只是一种形式罢了。

照片10.7 这条Nantucket的街道是联系零售店与住宅的纽带（由Jean 和Michael Sleeman 提供）

　　的确,市政规划师们掌握了长期的发展方向和重大的项目建设,同时也需要有一些实质性的手段来帮助规划的实施。在想像(长期的规划设计)和现实(建成规划的回顾)之间，存在很大的差距。我们应该在这个差距之间去寻找社区建设的真正方法。对于现实环境来说，改变是大家所期待的，——通过明确建设的目的，并细心地考虑开发区到底应该怎样规划，就可以将零散的元素进行整合，也不会形成散落四处的商业中心，与设置在道路交叉口处的办公区停车场了。本书就是在试图探询解决这些问题的方法，也希望可以影响到所有与社区建设有关的设计人员。在书中提出的结论并不是问题的最终答案,相反它只是对解决郊区发展区的建设问题作出的一点点努力。这些想法与理念只是为了提醒人们更加重视存在的问题，也去为郊区建设所存在的问题提供解决的途径。

　　未来的设计应该重新去审视社区的实质所在。我们必须熟悉社区生活中自己所必需的，并很好地将它们组织在一起，来建设我们自己的社区。社区的设计不仅对于办公人员或市政官员，而且对所有的人，都应该是易于理解的。市政规划人员所要做的是整理信息，并确定目标，而让使用者去决定社区究竟建设成什么样子。为了提高规划人员在未来的工作效率，他们除了政策的确立，还必须做另一项工作，即：概念规划。他们不必要为特别的用地提供特别的规划，但他们必须对规划给以明确的描述，如：目标、意向和相关政策。未来的规划不是按照文件上的规定一成不变的执行，而应该针对现实的形式进行修改。

　　我们也要知道社区的内容是远远多于这一章中所提到的。它要为人们提供生活所需的一切，也包括归属感。每一个社区也应该有各自独特的性格特征，其内部的各元素应该相互支持，相互补充。总而言之，社区应将生活在其中的人联系在一起，而不是去孤立他们。要取得这样的效果，需要改变设计的理念和手法。所以我们必须对问题提出真正的解决办法，并有责任去建设一个新型的郊区开发区。

注 释

绪论

1. 经新城市主义协会授权许可。（原书中未见注释）

第1章

1. 约翰·R·斯迪州。1580至1845年美国通貌。纽黑文，康奈提格州：
   耶鲁大学出版社，1982。

2. 同上。

3. 凯勒·伊斯特林。美国城镇规划：一段时间比较。普林斯顿，新泽
   西州：普林斯顿建筑出版社，1933。

4. 经许可，从第十版《韦氏词典》大学生字典。1993年版权韦氏公司，
   出版商韦氏字典。

5. 芭芭拉·菲利普斯和理查德·T·李盖德。城市之光：介绍城市学。
   纽约：牛津大学出版社，1981。

6. 经许可，从第十版《韦氏词典》大学生字典。1993年版权韦氏公司，

出版商韦氏字典。

7. 乔治·B·托比. 园林建筑的历史：关于人类与环境的关系. 最由美国大学出版社公司出版，现在，根据书籍需求，国际大学缩微胶卷公司子公司经销，安阿伯，密歇根，1973年。

8. 凯文·林奇。城市意象。剑桥，美国马萨诸塞：麻省理工学院出版社，1960。

第 2 章

1. 美国陆军工程兵团。

2. 箴言 16 章 18 节。

第 5 章

1. 交通工程协会。传统社区发展街道设计指南。华盛顿特区：ITE，1999。

2. 威廉·H.怀特。社会生活中的小城市空间。原先由工程研究基金会发行，现在根据书籍需求，国际大学缩微胶卷公司子公司经销，安阿伯，密歇根。

3. 简·雅各布斯. 美国大城市的生存和衰落。纽约：蓝登书屋，1961。

第 6 章

1. 经新城市主义协会授权许可。

第 7 章

1. 凯文·林奇。网站规划，第二版。剑桥，美国马萨诸塞：麻省理工学院出版社，1963。

第 9 章

1. 阿尔贝·拉特利奇。公园的视觉呈现。纽约：花环出版有限公司，1981。

参考文献

Arendt, Randall. *Crossroads, Hamlet, Village, Town: Design Characteristics of Traditional Neighborhoods, Old and New.* Washington, DG: American Planning Association, 1999.

Arendt, Randall. *Rural by Design: Maintaining Small Town Character.* Washington, DC: Planners Press, 1994.

Attoe, Wayne, and Donn Logan. *American Urban Architecture, Catalysts in the Design of Cities.* Berkeley, CA: University of California Press, 1989.

Beckley, Robert M. " Urban Design." In *Introduction to Urban Planning.* Edited by Anthony J. Gatanese and James C. Snyder. New York: McGraw-Hill, 1979.

Bishop, Kirk W. *Designing Urban Corridors.* Washington, DC: American Planning Association, 1989.

Boden, Margaret A. *The Creative Mind: Myths and Mechanisms.* New York: HarperCollins, 1991.

Business and Industrial Park Development Handbook. Washington,

DC: Urban Land Institute, 1988.

Cervero, Robert. *Suburban Gridlock.* New Brunswick, NY: Center for Urban Policy Research, 1986.

Coleman, Richard C. " Sub-Urban Design: Re-creation of a Town Center in the Face of Suburban Growth. " In *Urban Design and Preservation Quarterly*, winter 1990.

Cost Effective Site Planning. Washington, DC: National Association of Home Builders, 1976.

Cullen, Gordan. *The Concise Townscape.* New York: Van Nostrand Reinhold, 1961.

DeChiara, Joseph, and Lee Koppelman. *Site Planning Standards.* New York: McGraw-Hill, 1978.

DeChiara, Joseph, and Lee Koppleman. *Urban Planning and Design Criteria.* New York: Van Nostrand Reinhold, 1982.

Duany, Andres, Elizabeth Plater-Zyberk, and Jeff Speck. *Suburban Nation: The Rise of Sprawl and the Decline of the American Dream.* San Francisco: North Point Press, 2000.

Duany Plater-Zyberk and Company. *The Lexicon of the New Urbanism.* Miami, FL: DPZ, 1999.

Duany Plater-Zyberk and Company. *Towns and Town Making Principles.* New York: Rizzoli, 1991.

Easterling, Keller. *American Town Plans: A Comparative Time Line.* Princeton, NJ: Princeton Architectural Press, 1993.

Glaser, Nathan, and Mark Lilla. *The Public Face of Architecture, Civic Culture and Public Spaces.* New York: The Free Press, a Division of Macmillan, Inc., 1987.

Gold, Seymour M. *Recreation Planning and Design.* New York: McGraw-Hill, 1980.

Graves, Maitland. *The Art of Color and Design*, second edition. New York: McGraw-Hill, 1951.

Heckscher, August. *Open Spaces, The Life of American Cities.* The Twentieth Century Fund, Inc. New York: Harper & Row,1971.

Hedman, Richard, and Andrew Jaszewske. *Fundamentals of Urban Design.* Washington, DC: APA Press, 1984.

Howard, Ebenezer. *Garden Cities of Tomorrow.* Cambridge, MA: The M.I.T. Press, 1973.

Howard, Ebenezer. *Garden Cities of Tomorrow.* England: Faber and Faber Ltd., 1965.

Institute of Traffic Engineers. *Traditional Neighborhood Development: Street Design Guidelines*. Washington, DC: Transportation Planning Gouncil Gommittee SP-8, 1999.

Jacobs, Jane. *The Death and Life of Great American Cities*. New York: Random House, 1961.

Katz, Peter. *The New Urbanism: Toward an Architecture of Community*. New York: McGraw-Hill, 1994.

Kunstler, James Howard. *The Geography of Nowhere: The Rise and Decline of America's Man-Made Landscape*. New York:Simon and Schuster, 1994.

Langdon, Philip. *A Better Place to Live: Reshaping the American Suburb*. New York: Harper Perennial, 1995.

Laseau, Paul. *Graphic Problem Solving for Architects and Designers*. Second edition. New York: Van Nostrand Reinhold, 1986.

Lynch, Kevin. *The Image of the City*. Gambridge, MA: The M.I.T. Press, 1960.

Lynch, Kevin. *Site Planning*, second edition. Gambridge, MA: The M.I.T. Press, 1962.

McMahon, John. *Property Development, Effective Decision Making in Uncertain Times*. New York: McGraw-Hill, 1976.

Merriam-Webster's Collegiate Dictionary, tenth edition. Springfield, MA: Merriam-Webster, 1993.

Newman, Oscar. *Defensible Space*. New York: Gollier Books,1973.

Parking Requirements for Shopping Centers: Summary Recommendations and Research Study Report. Washington, DC:Urban Land Institute, 1982.

Philips, E. Barbara, and Richard T. LeGates. *City Lights, An Introduction to Urban Studies*. London, New York: Oxford University Press, 1981.

Planning for Better Housing. Washington, DC: The National Association of Home Builders, 1980.

Planning for Housing, Development Alternatives for Better Environments. Washington, DC: Special Committee on Land Development, National Association of Home Builders, 1980.

Residential Development Handbook. Washington, DC: Residential Council, Urban Land Institute, 1978.

Residential Streets. Washington, DC: Urban Land Institute,American Society of Civil Engineers, National Association of Home Builders, 1974.

Rubenstein, Harvey M. *A Guide to Site and Environmental Planning*. New York: John Wiley & Sons, Inc., 1969.

Rutledge, Albert J. *Anatomy of a Park: The Essentials of Recreation Planning and Design*. New York: McGraw-Hill, 1971.

Rutledge, Albert J. *A Visual Approach to Park Design*. New York: Garland STPM Press, 1981.

Sherderjian, Denise. *Uncommon Genius: How Great Ideas Are Born*. New York: Viking Books, 1990.

Shopping Center Development Handbook. Washington, DC: Commercial and Office Development Council, Urban Land Institute, 1977.

Skokowski, Henry, and Mark Brodeur. " Maintaining the Pedestrian Quality of Small Town Downtowns." In *Urban Design and Preservation Quarterly*, winter 1990.

Stilgoe, John R. *Common Landscape of America: 1580-1845*. New Haven, CT: Yale University Press, 1982.

Tobey, George B. *A History of Landscape Architecture: The Relationship of People to the Environment*. New York: American Elsevier Publishing Company, Inc., 1973. Now distributed by Books on Demand (Ann Arbor, MI), a division of University Microfilms International.

Todd, Kim W. *Site, Space, and Structure*. New York: Van Nostrand Reinhold, 1985.

Tucker, William." Revolt in Queens." In *The American Spectator*, February 1993.

Untermann, Richard, and Anne Vernez Moudon. " Designing Pedestrian Friendly Commercial Streets." In *Urban Design and Preservation Quarterly*, fall 1990.

Untermann, Richard, and Robert Small. *Site Planning for Cluster Housing*. New York: Van Nostrand Reinhold, 1977.

Unwin, Raymond. *Town Planning in Practice: An Introduction to the Art of Designing Cities and Suburbs*. Princeton, NJ: Princeton Architectural Press, 1994.

VanDyke, Scott. *From Line to Design, Design Graphics Communication,* second edition. PDA Publishers Corporation, 1985.

Wang, Thomas C. *Plan and Section Drawing*. New York: Van Nostrand Reinhold, 1979.

Wentling, John W., and Lloyd W. Bookout. *Density by Design*. Washington, DC: Urban Land Institute, 1988.

White, William H. *City, Rediscovering the Center*. New York: Doubleday, a Division of Bantam Doubleday Dell Publishing Group, Inc., 1988.

Whyte, William H. *The Social Life of Small Urban Spaces*. Ann Arbor, MI: The Conservation Foundation, 1980.

Witherspoon, Robert E., Jon p. Abbett, and Robert M. Gladstone. *Mixed Use Developments: New Ways of Land Use*. Washington, DC: Urban Land Institute, 1976.

术语列表

收入：一个项目的组成部分出租或销售所得的费用。

屏障性景观设计：一种景观遮挡或绿化缓冲空间，用来遮掩或缓和不美观的设计。

定标：土地勘测时所使用的固定物，用来作为地面上的参考点

BMP：Best Management Practice 的缩写。用来表示暴雨降水的管理设施（譬如蓄水塘）。这个术语意指，在特定状况下采用最佳的暴雨降水解决方案。

林荫大道：一条有成行树木的宽阔大路，有时因其环境美化性的过重也指公园道路。

布朗领域：先前被开发作为其他用途的土地，通常是一块都市土地，并且能被重新用来做开发使用。

德沙雷特：一个术语，社区设计小组内市政职员、议会成员、地产商、开发商和所有感兴趣的市民一起热情工作的设计车间，是为了产生了一项规划以满足社区需求。

高级种类：生物进化的最终阶段，这里指商业发展成熟。

创意概念：努力到达设计方案的目标，以满足市场的需求和克服限制的条件。

有条件分区：一个差额在区划限制内，则允许使用，否则将受到限制，以作为开发商对当地政府的保障或提供。例如：发展一个开放空间，就允许这个地块有更高的密度。

建设文件：有关建设所用的计划、细则、评估报告或蓝图。

美国本土：有共同边线的 48 个州。

人口统计：人口的动态统计和特征。

蓄水池：一个排水设施工程，用于雨水的完全收集逐渐排放。

排水沟线：排水的壕沟。

多样性：混合使用，提供每个人的东西，从而导致灵活性和生动性。

控制性要素：因为一些显著的特征（型号、颜色等等），某物体引起注意并作为一个参照点。

地役权：为了某一块土地的通道权，开发商放弃了他的发展权，目的是另一方（通常是政府或事业公司）可以用作特殊的目的（如电力管线等）。

生态系统：完全由当地居民制造的动态整体。

围合感：物体间相互紧密靠近而形成的感觉。

欧几里德分区制：规定土地具有独立用途。该条例是在 1926 年美国最高法院具有划时代意义的一次决定，俄亥俄州欧几里德村案例，确认了土地使用条例实施的合法性。

最终细部平面：建议土地使用精确的比例表示。

第一层郊区：以城市为核心的最早郊区城市。

洪灾区：陆地毗邻大量水域或水道管件的区域易受洪水淹没。

冲突：减慢机动车交通速度的因素，需要机动车停下来再启动（十字路口、边石缺口、中央隔离带、邮箱等）。

特权建筑：以相似的特征，颜色核材料等构成的建筑形式，是连锁店和快餐店确立的典型形式。

新地皮：是指待开发的土地如农业区域或大量林地。在郊区分区的建筑房屋，购物中心和办公停车区在新地皮是普遍的开发形式。

Hardsheet：精准的绘图，以此建立一个三位的平面工程概念。

困难：当普遍的分区条件禁止雇主以他们希望的方式使用地产时，负担也随之产生。

基础设施：街道、雨水管、泵站、生活污水管线、水线等等为每天的生活提供框架工作。

出口/入口：出口和入口的点。

逆向：顶端排水口低于标准高度。

土地辐射区：直接在农场周围建造的住宅对当地居民来说，土地辐射区的含义是对另一方或土地两者之一以防的义务和责任。

Light-duty road：作为辅路，只有选择的通往相对偏僻的区域。例如，到达消防塔的道路。

开放空间：无建筑环境以此提供绿色缓冲区。

正射影像图：电脑图片由美国地质调查产生。

覆盖区：一个分区机构决定了一个地区的特殊使用。覆盖区常被适用于现存的分区计划中，以此来提出他们分界线内额外的土地使用规定（等历史区域）。

小区：分支的一部分（一个地域或更多）。

自然条件测量：由合格的土地测量员完成自然因素和合法边界的场地位置。

规划：行为方法，做事方式。

住宅单元规划开发：允许土地混合使用的分区策略，与其他分区策略相比可以提供更高的密度。

规划图：给出规划形式、细节和主旨的记录文献。

图：手绘或电脑制图的二维图纸。

主要高速路：用于机动车行驶的主要快车道。

提议：为了得到地方政府对规划的批准，开发商/所有人应提供某些服务或改变的承诺。例如，如果项目被规划委员会批准，开发商自愿承担市政基础设施延伸到块地的费用。

纲领：一个项目的目标或希望，在可支配的场所、空间或地块范围内出现预期的行为或活动。

四方窗：在美国国家地理信息图上获取的区域。

滞留器：一种收集和储备洪水的工业化设备。

检查委员会：任务是审核土地使用的若干团体（规划委员会，城市议会等）。

公用道路：在公共街道的一侧，专用于市政使用的道路。

边框：井盖或下水道入口的铺筑材料或同一水平面高度。

环路：大型购物中心外围限制的一种道路形式。

怡人风景区：街道一侧或两侧专用作为开放空间或景观美化的一块土地。

二级公路：到主要高速路的一个替代道路（如州与州之间出口的两条商业路线）。

后退红线：从公共通行面测量的要求距离，在这个范围内如果没有是当局先前的批准，不允许私人建筑入侵。

覆盖率：被建造环境所覆盖的地区在地段中的百分比。

利益相关者：那些可能受土地开发项目影响或对此项目感兴趣的人。

立体成像：两张相互重叠的高清晰度的立体图片。

立体照片：用立体镜看时照片会变成三维，显示出地形上的特征。

分部平面图：确立财产所有权关系，公共设施地役权以及通行权的记录文献。

郊区蔓延：无控制地发展；无计划地深入偏远地区。

道路弯面加倾度：高速路的横坡，保证车辆拐弯时不脱离路面。

摘牌：地块细分的一部分在给定的时间内被收购。

城市扩展边界线：由一个城市政府官员表决此城市或其近郊扩展到何处的绘图线。城市的公共设施和土地发展都不能超越此线。

垂直弯道：抛物线式的弯道保证机动车在拐弯时安全有效地行驶。

水域：土地区域被溪流或河水逐渐排光。